国家林业和草原局普通高等教育“十三五”规划教材

Revit 参数化建筑设计

沈嵘枫　主编

中国林业出版社

内 容 简 介

本书介绍了使用 Revit 进行结构设计和建筑设计的相关知识及全过程。本书内容深入浅出，讲解通俗易懂，完全按照工程设计、预算和施工的高要求来介绍设计的整个过程，可以让读者深刻理解所学知识，从而更好地进行绘图操作。内容涵盖了 BIM 概念、操作准备、建模操作以及成果输出等方面。本书编写注重易用性和真实性，以具有代表性的实际工程项目 BIM 建模为例，表达精炼、图文并茂，注重培养学生面对真实工程项目的 BIM 建模能力。本书适合建筑设计的相关工作人员及大中专院校相关专业的学生以及相关社会培训班的学员阅读，另外也可供房地产开发、建筑施工、工程造价和建筑表现等相关从业人员阅读。

图书在版编目(CIP)数据

Revit 参数化建筑设计 / 沈嵘枫主编. —北京：中国林业出版社，2018.7
国家林业和草原局普通高等教育“十三五”规划教材
ISBN 978-7-5038-9664-4

Ⅰ. ①R… Ⅱ. ①沈… Ⅲ. ①建筑设计-计算机辅助设计-应用软件-高等学校-教材 Ⅳ. ①TU201.4

中国版本图书馆 CIP 数据核字(2018)第 154415 号

国家林业和草原局生态文明教材及林业高校教材建设项目

中国林业出版社·教育出版分社

策划编辑：高红岩　　**责任编辑**：许　玮
电话：(010)83143554

出版发行　中国林业出版社(100009　北京市西城区德内大街刘海胡同 7 号)
　　　　　E-mail:jiaocaipublic@163.com　电话:(010)83143500
　　　　　http://www.lycb.forestry.gov.cn
经　　销　新华书店
印　　刷　固安县京平诚乾印刷有限公司
版　　次　2018 年 7 月第 1 版
印　　次　2018 年 7 月第 1 次印刷
开　　本　787mm×1092mm　1/16
印　　张　11.75
字　　数　356 千字
定　　价　28.00 元

前　言

建筑信息模型(Building Information Modeling，BIM)是一种全新的理念和技术，BIM 技术的应用，不仅为工程过程管理提供信息服务保障，而且可以集成建筑工程施工过程的各种信息，同时使工程项目在相关方协同办公、减少错误、提高功效、降低费用、优化工期等方面呈现明显优势。本教材作为福建农林大学教材建设专项支持计划的一部分，在内容的编排上，兼顾 BIM 应用基础知识和软件操作两个方面，力求案例项目具有典型性，易于读者举一反三；在软件功能和应用讲解上力求浅显易懂，有助于初学者掌握 BIM 软件操作。

本书是以建筑工程专业理论知识为基础，以 Revit 全面基础的操作为依据，带领读者全面学习 Revit 中文版软件。全书共分 13 章，具体内容详细如下。第 1 章主要介绍 Revit 软件的操作界面，了解 Revit 软件的基本构架和它们之间的有机联系，初步熟悉 Revit 的用户界面和一些基本操作命令工具。第 2 章主要讲解使用 Revit 的"标高""轴网"功能，为项目添加"标高""轴网"等基本信息。第 3 章主要介绍绘制墙体方法，如何设置墙体高度、位置、材质以及如何替换墙体类型；使用基本墙及规则幕墙系统绘制幕墙的方法，以及幕墙的设置和编辑的方法。第 4 章主要介绍门和窗在项目中编辑、放置与载入方法；基本门窗编辑工具方法。第 5 章详细讲解 Revit 中楼板、天花板、屋顶与室外台阶的创建方法。第 6 章讲解绘制单跑、两跑楼梯及多层楼梯的方法，精确绘制楼梯的方法。第 7 章主要讲述房间的放置和构成房间与房间之间边界的图元；房间标记和明细表与房间面积和体积的计算方法。第 8 章主要介绍使用高程点工具创建地形的方法；项目中创建多个不同高度地坪的方法；地形子面域的设置和场地构件的添加。第 9 章分别介绍创建明细表与创建图例方法。第 10 章分别介绍图索引视图的创建方法；详图视图的编辑方法；详图注释工具的使用方法。第 11 章介绍布置视图和视图标题的设置方法、多视口布置方法；"打印"命令及其设置方法；导出 DWG 图纸及导出图层设置方法。第 12 章分别介绍项目北与正北的设置方法；静态阴影设置及一天和多天日光研究的设置方法，并将日光研究导出为视频文件或系列静帧图像。第 13 章介绍了三大类型族的编辑、应用以及它们之间的异同；详细讲解系统族的编辑方法以及系统族在不同项目间的传递与复制方法。

本教材由福建农林大学沈嵘枫主编，参加本教材编写的人员有：内蒙古工业大学闫文刚，内蒙古农业大学裴志永，中南林业科技大学魏占国，福建农林大学周成军、许浩、纪敏、谢诗妍等。本书既可作为 Revit 软件初学者的学习教程，也可作为各大中专院校、教育机构 Revit 课程的培训教材，也可作为建筑设计等领域从业者的参考用书。希望读者在阅读之后，可以开阔视野，增长实践操作技能，并从中学习和总结操作的经验和规律，达到灵活运用的水平。本书得到福建农林大学出版基金、福建省中青年教师教育科研项目(JZ160113)资助。在此衷心地感谢福建农林大学对教材编写工作的支持。由于编者水平有限，书中难免有不妥之处，恳请读者批评指正，可以发邮件至 fjshenrf@ 163. com 与我们交流和沟通。

沈嵘枫

2018 年 6 月

目　录

▶▶▶第1章　Revit 建筑设计概述

本章导读

概述：本章概念性地介绍了 Revit 软件的基本构架和它们之间的有机联系，用以初步熟悉 Revit 的用户界面和一些基本操作命令工具，了解 Revit 软件基本构架关系及其有机联系，掌握三维设计制图的原理，以及 Revit 作为一款建筑信息模型软件的基本应用特点。

本章要点

Revit 功能及优势的整体介绍；
Revit 界面各部分名称、功能介绍；
项目与项目样板；
新建、保存项目。

学习目标

对 Revit 功能及优势有整体了解；
对操作界面各部分有大概认识，记住常用工具的功能和名称，以便熟练运用及技术交流；
了解和掌握中国样板设置流程以及新建、保存项目的方法等绘图准备工作。

1.1　Revit 软件概述

1.1.1　Revit 简介

Revit 软件是由 Autodesk 公司开发的一款专业三维参数化建筑设计软件。Revit 系列软件专为建筑信息模型(Building Information Modeling，BIM)构建，可帮助建筑设计师设计、建造和维护质量更好、能效更高的建筑，是有效创建信息建筑模型，以及各种建筑设计、施工文档的设计工具。作为一款专门面向建筑的软件，功能非常强大，可以兼任辅助建筑设计和建筑表现两方面工作。Revit 平台用于建筑信息建模，是一个设计和记录系统，它支持建筑项目所需的设计、图纸和明细表，可提供建筑项目所需的有关项目设计、范围、数量和阶段等信息。在 Revit 软件模型中，所有的图纸包括二维视图和三维视图以及明细表都被整合在同一个基本建筑模型数据库中。在图纸视图和明细表视图中操作时，Revit 软件将收集有关建筑项目的信息，并在项目的其他所有表现形式中协调该信息。Revit 软件参数化修改引擎可以自动协调在任何位置进行修改。

1.1.2　Revit 的特点及优势

Revit 面向建筑信息模型而构建，支持可持续设计、碰撞检测、施工规划和建造，同时帮助与工程师、承包商和业主更好地沟通协作。设计过程中的所有变更都会在相关设计与文档中自动更新，实现更加协调一致的流程，获得更加可靠的设计文档。

Revit 全面创新的概念设计功能带来易用工具，帮助设计者进行自由形状建模和参数化设计，并且还能够对早期设计进行分析。借助这些功能，设计者可以自由绘制草图，快速创建三维形状，交互地处理各个形状。可以利用内置的工具进行复杂形状的概念澄清，为建造和施工准备模型。随着设计的持续推进，Revit 能够围绕最复杂的形状自动构建参数化框架，并为您提供更高的创建控制能力、精确性和灵活性。从概念模型到施工文档的整个设计流程都在一个直观环境中完成。

1.2 Revit 界面功能名称及介绍

1.2.1 Revit 基本功能介绍

安装好 Revit 后，单击 Revit，启动 Revit，进入 Revit 界面。打开默认建筑样例项目，进入操作页面。点击默认三维视图，进入三维视图模式，如图 1-1 所示。

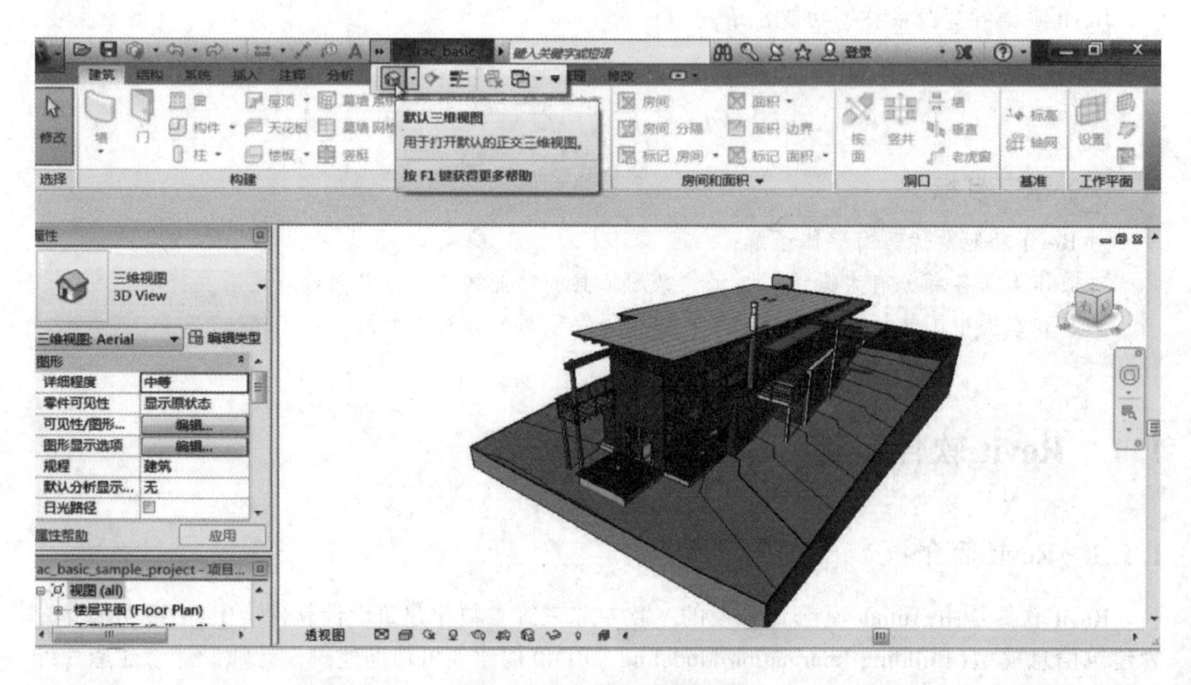

图 1-1　点击默认三维视图

这时菜单栏呈现可操作模式，如图 1-2 所示。

下面将对 Revit 页面进行简单的介绍：整个界面风格叫 Ribbon 界面，这个界面由几部分组成。首先单击左上角是应用菜单选项，有新建、打开、保存、关闭等与程序相关的一些应用命令选项卡，如图 1-3 所示。比如说在新建中项目可以找到新建项目、族、概念体量等，在本教材后面的内容中将会分别介绍这些工具的使用方式，在这里不一一介绍。Revit 最上面一栏称为快速访问栏，在快速访问栏中存储着最常使用的工具，依次为文件打开、保存、撤销等工具，如图 1-4 所示。

在快捷访问栏下面，最大部分工具栏称为 revit 选项卡，由不同选项卡构成，例如建筑、结构、系统、注释、分析、体量与场地、协作、视图、管理、修改等。在建筑选项卡中可以找到与建筑模型相关的部件，比如墙、门、窗、柱等。在视图中可以看到三维视图、关闭窗口等命令，如图 1-5 所示。

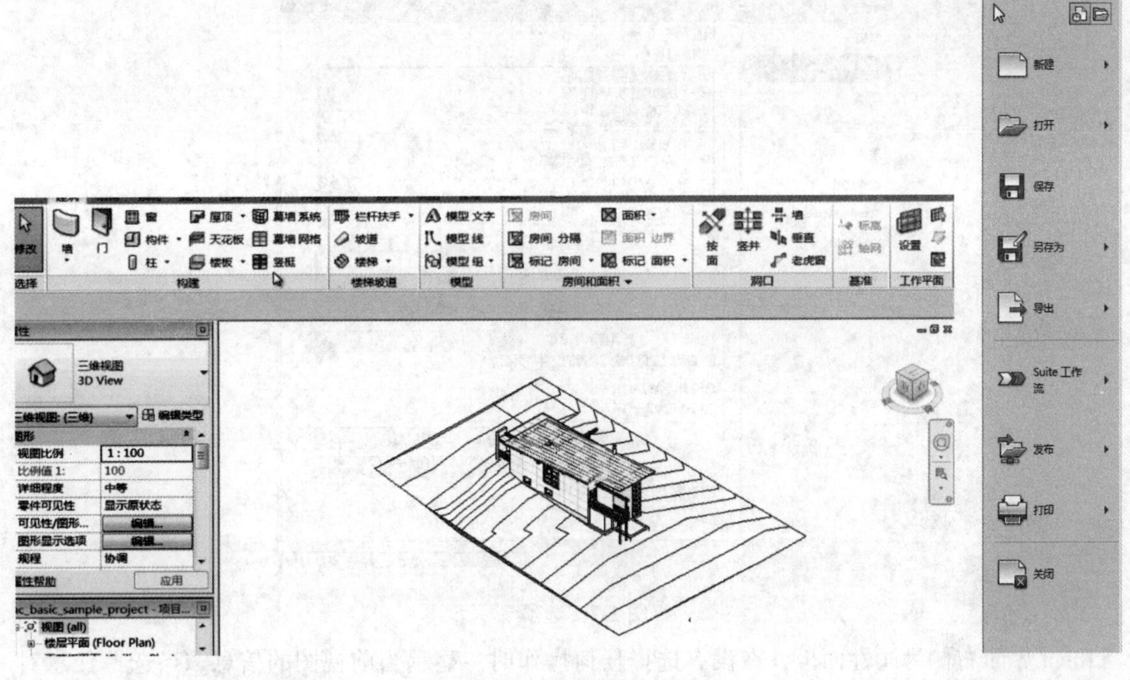

图 1-2 菜单栏　　　　图 1-3 菜单

图 1-4 访问栏

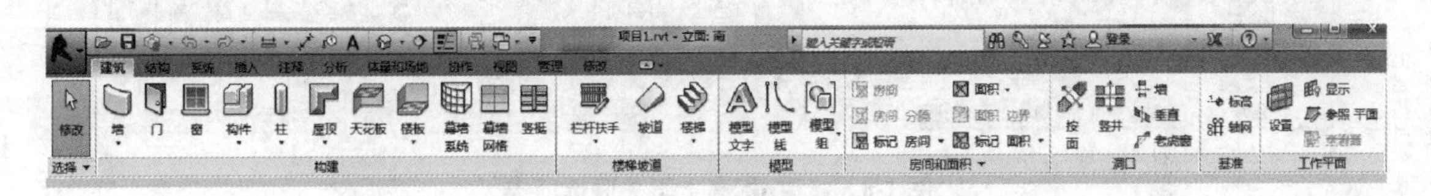

图 1-5 选项卡

在选定任意对象的时候，会出现一个默认之外的选项卡，该选项卡与选择的对象和需要执行的命令相关，故通常称之为“上下文关联选项卡”如图 1-6 所示。

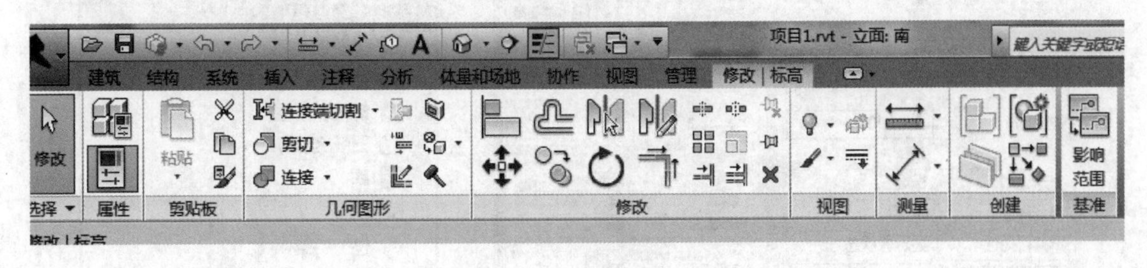

图 1-6 上下关联选项卡

由于本教材主要介绍的是 Revit 建筑部分，本课程将对机电管道部分进行隐藏。单击操作页面左上方应用程序菜单按钮，选择“选项”按钮，弹出新的操作框。在选项窗口中单击“用户页面”，将结构分析工具选项栏隐藏起来，机械、电气、管道选项栏隐藏起来，再单击确定，如图 1-7 所示。

单击确定后，“系统”选项卡将消失，具体变化如图 1-8 所示。

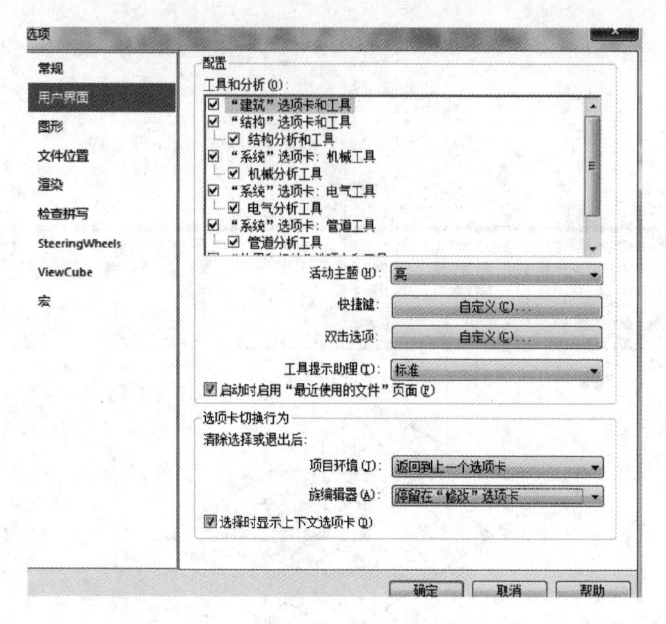

图 1-7　选项

Revit 界面右侧为属性面板，在没有选择任何操作时，显示当前视图的信息。当选择任意对象时，会显示选择对象的信息，如图 1-9 所示。

在 Revit 中有一个重要面板——项目浏览器，用来指示当前项目中所有可以浏览的信息。在该栏中可以看到视图、图例、明细表/数量、图纸、族、组等信息，如图 1-10 所示。

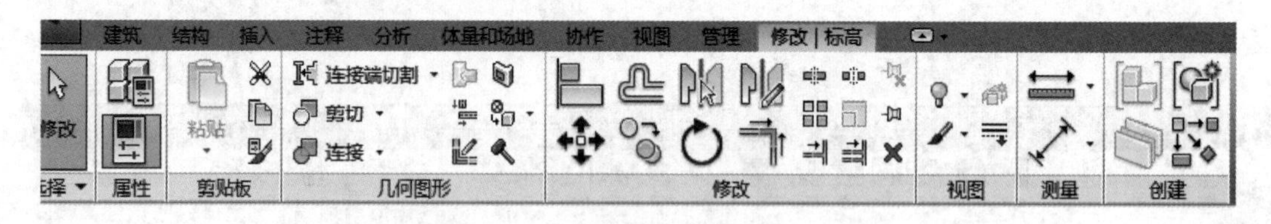

图 1-8　修改/标高上下关联选项卡

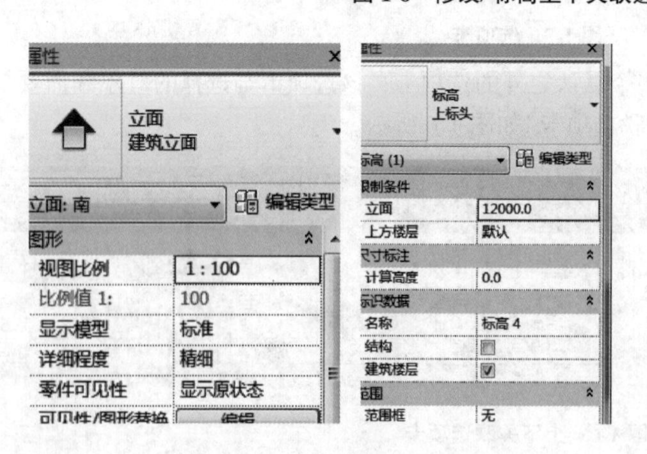

图 1-9　属性面板

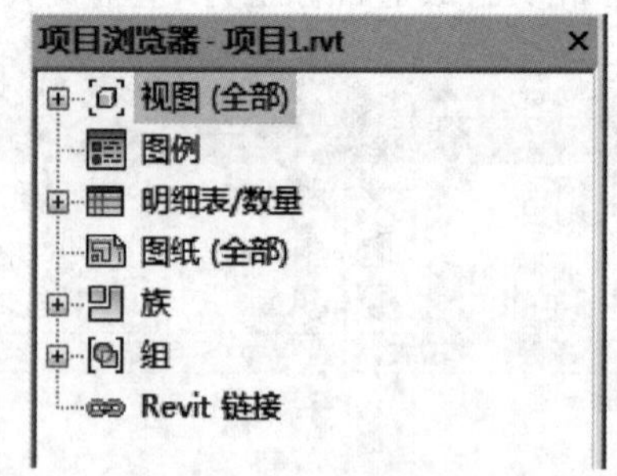

图 1-10　项目浏览器

在使用过程中如果不小心将项目浏览器关闭了，这时点击视图选项卡下的用户界面，勾选"项目浏览器"就可以调出。界面最下一栏，通常被称为状态栏，用来显示当前的工作状态。例如，切换到建筑选项卡，选择构建栏中的门，状态栏会提示当前工具的使用方式——单击墙以放置门，如图 1-11 所示。

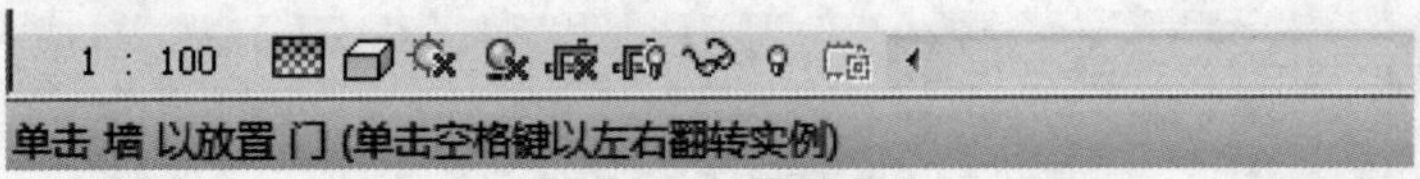

1 : 100

单击 墙 以放置 门 (单击空格键以左右翻转实例)

图 1-11 状态栏

1.2.2 视图导航

(1)视图缩放和平移

切换到楼层平面视图 Level1，移动鼠标到楼层平面 Level1 任意点，将鼠标向上移动时，会放大视图显示；将鼠标向下移动时，会缩小视图显示。亦可用鼠标滚轮控制视图的放大缩小。按住鼠标滚轮，左右移动，实现对视图的平移。单击快捷访问栏中的默认三维视图，进入三维视图模式，利用上述的方式，可以达到缩放和平移的效果。

(2)视图的旋转

按住 shfit 键，同时按住鼠标滚轮，将实现对三维视图的旋转。

(3)视图导航盘的使用

切换到 Level1 平面视图，单击导航盘，进入导航模式。鼠标移动到平移栏，按住鼠标左键不放，视图进入平移模式，此时拖动鼠标左右移动，对视图进行平移。松开鼠标左键，退出平移模式，返回到导航模式。鼠标移动到缩放栏，同样按住鼠标左键不放，将会进入缩放模式。鼠标向右和向上移动时，将实现视图的放大；鼠标向左和向下移动时，将实现视图的缩小。缩放效果和滚动鼠标滚轮的效果相同。松开鼠标左键，退出缩放模式，返回到导航模式。在导航盘中还有一个回放栏，按照上述的操作方式，可以实现操作视图的回放。按 ESC 键或单击导航栏上的按钮，退出导航模式，导航栏如图 1-12 所示。

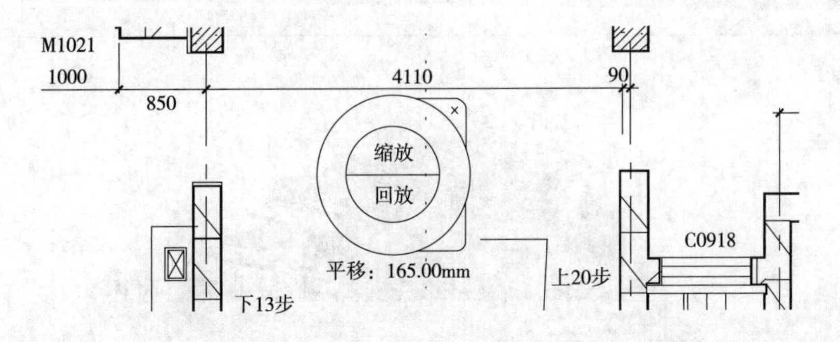

图 1-12 视图导航

使用导航盘时，右下角有个黑色下拉箭头，单击它，弹出导航盘设置选项，在列表中单击“选项”，出现图 1-13。

读者可根据自身的需求对导航盘的大小和透明度进行设置，这里就不进行演示，读者可以自行尝试。

1.2.3 使用项目浏览器

(1)项目浏览器的简单介绍

首先打开项目文件，找到一个别墅项目的文件，单击打开确定，如图 1-14 所示。项目文件为 2013 版，因此会出现文件升级的情况，文件升级后就进入样板文件中，如图 1-15 所示。

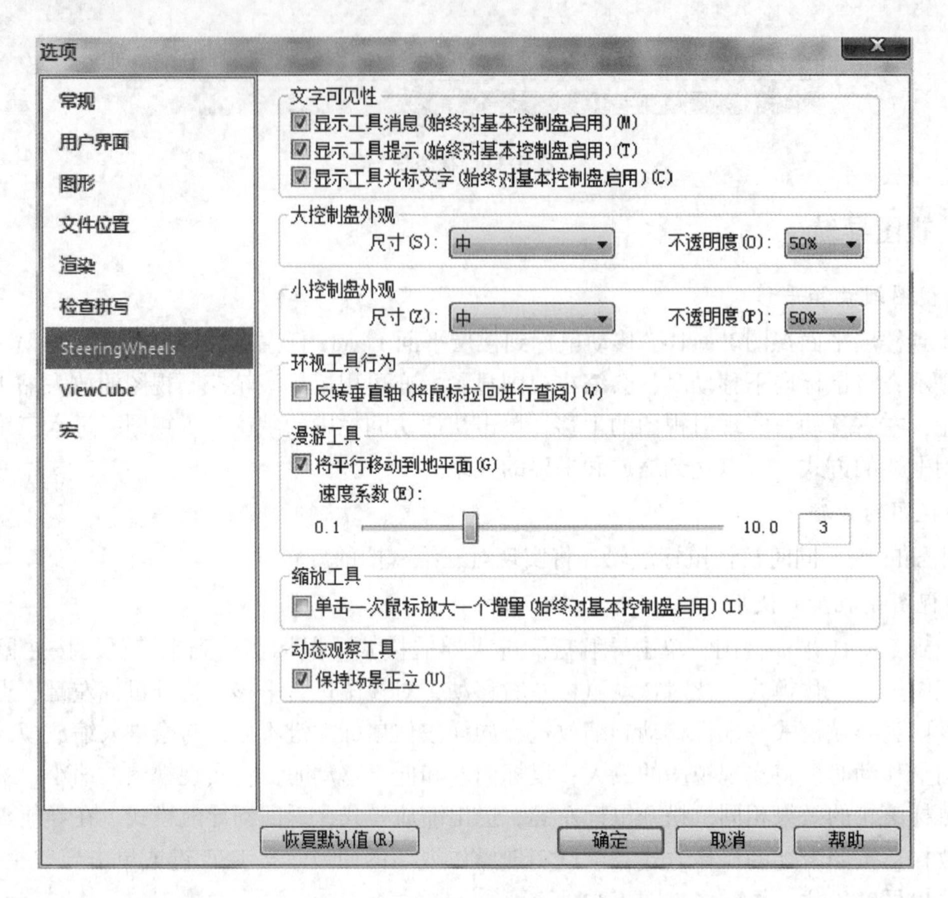

图 1-13　选项

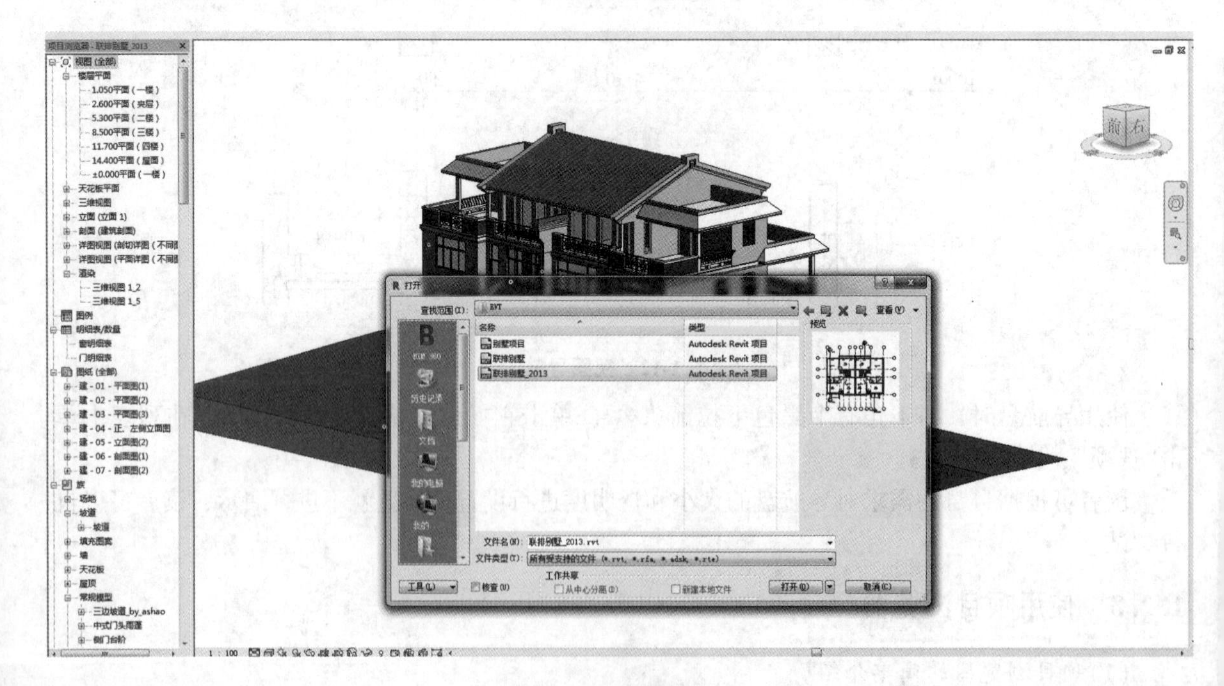

图 1-14　别墅项目

打开项目浏览器会显示出项目的名称，双击楼层平面→F1 会显示 F1 楼层平面视图，在这里切换的是视图，并没有切换到图纸上。选择项目浏览器中“视图”，单击右键，出现“浏览组织”和“搜索”两个工具。搜索工具可以根据关键字搜索需要的内容，如图 1-16 所示。

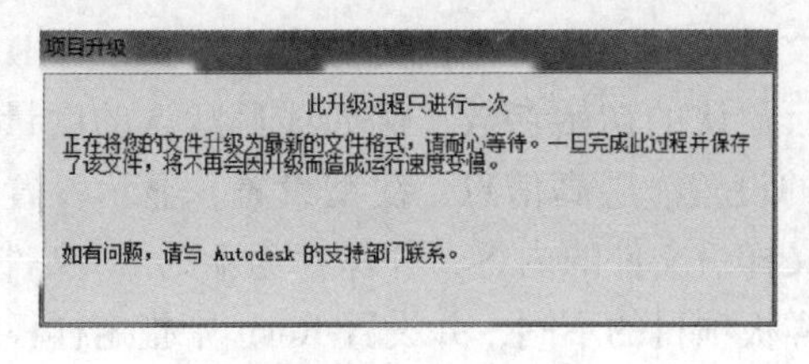

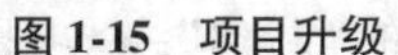

图 1-15 项目升级

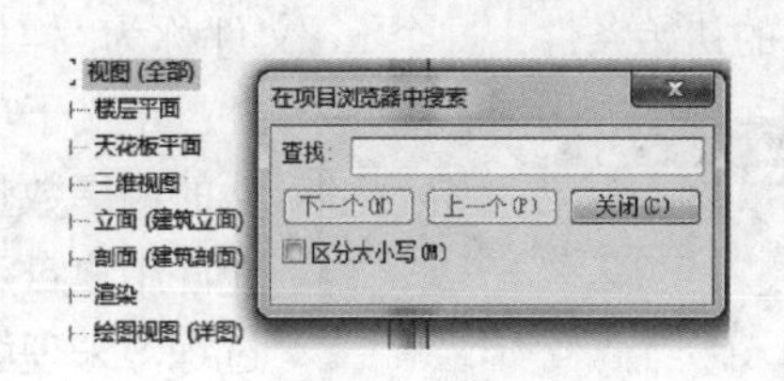

图 1-16 搜索

(2)项目浏览器的分类

项目浏览器默认的是根据视图来分类，在使用过程中可以根据自己的需求进行定义，例如用标高对项目浏览器进行分类。

选择视图工具，单击右键，选择浏览器组织，下拉勾选规程，单击新建，输入名称“按标高显示视图”，单击确定。进入编辑状态，单击“成组与排序”，在成组条件中选择“相关标高”，在“否则按(T)”中选择类型，“否则按(E)”栏中选择“无”，排序方式为升序，如图 1-17 所示。

再单击视图，发现视图已经按照标高的方式重新组织的视图，如图 1-18 所示。

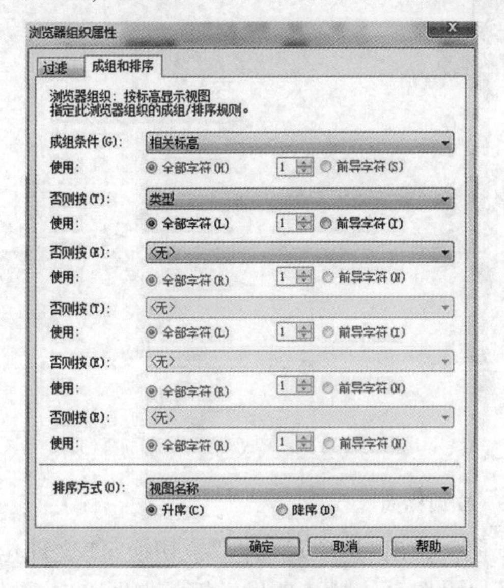

图 1-17 浏览器组织属性

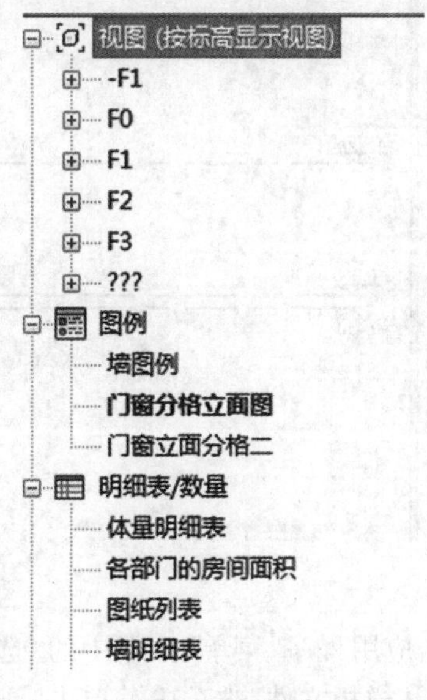

图 1-18 视图

1.3 项目文件

项目样板文件提供原始项目的初始状态。Revit 提供了几个样板，读者也可以创建自己的样板。基于样板的任意新项目均保留了来自样板的所有族、设置(如单位、填充样式、线样式、线宽和视图比例)以及几何图形。

1.4 项目与项目样板

Revit 中，所有的设计信息都集成在一个后缀名为 rvt 的 Revit“项目”文件中，这些信息包括建筑的三维模型、平立剖面及节点视图、各种明细表、施工图图纸以及其他项目信息。在一个项目中，所有的设计信息都存在关联关系。例如，修改了三维模型中的墙体的样式，那么 Revit 会自动修正包括墙体积明细表、立面图纸、剖面图纸等所有相关内容。因此在 Revit 中新建一个文件，就等于在 Revit 中新建了一个项目。当在 Revit 中新建项目时，Revit 会自动以一个后缀名为 rte 的文件作为项目的初始条件，这个 rte 文件称为“样板文件”。Revit 的样板文件功能同 AutoCAD 的 dwt 文件，定义了项目默认的初始参数，例如项目默认的度量单位、默认的楼层数量的设置、层高信息、线型设置、显示设置等。Revit 允许用户自定义样板文件的内容，并保存为新的 rte 文件。下面通过练习来理解样板项目的不同，并设置 Revit 中指定样板文件。

图 1-19　新建项目

①单击“文件”菜单中的“新建”→“项目”，弹出新建项目对话框，如图 1-19 所示。

②单击“浏览”按钮，打开课件中“样板 B_ 2013”，单击“打开”按钮，返回到“新建项目”对话框。确认“新建项目”对话框中，“新建”选项为“项目”，单击“确定”按钮，Revit 将以“样板 B_ 2013”为项目样板建立项目。

③在项目浏览器中双击“立面”下的“南立面”，切换到立面视图。单击“窗口”菜单中的“平铺”命令，Revit 会自动重新排列所有项目的显示方式，如图 1-20 所示，本项目采用的是“中国样式”模板。

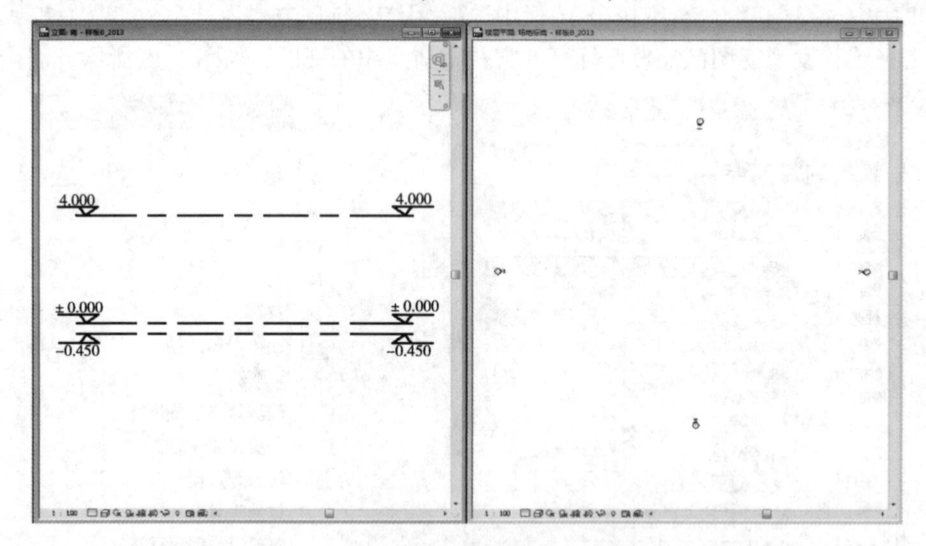

图 1-20　立面标高

④单击应用程序“菜单”命令中的“选项”按钮，弹出“选项对话框”，切换至“文件位置”选项卡，在“默认样板文件”选项中，单击“浏览”可以设置系统默认项目样板，如图 1-21 所示。

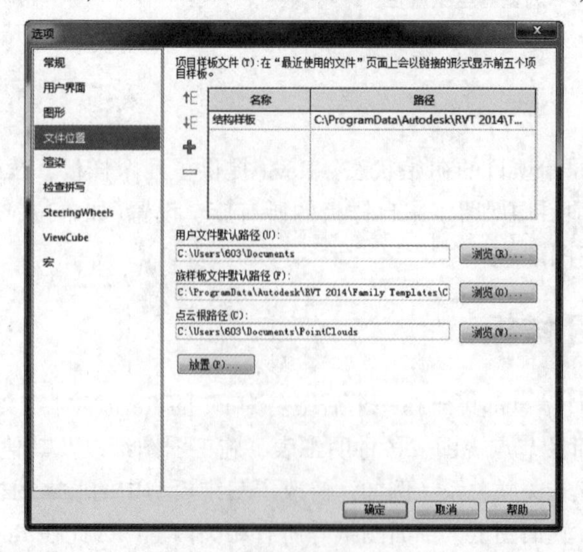

图 1-21　选项

1.5 族

Revit 的模型是由各种各样的图元组成。这些图元被称为“族”。Revit 项目中所用到的族是随项目一同存储的，同时族可以以单独的后缀名为 rfa 的文件格式保存为独立的族文件。(【提示】在 Revit 中，提供了“族”编辑器，使用族编辑器可以对“族”进行创建、修改等编辑。关于“族”详细信息，请参见第十三章)。

①单击“文件”菜单选择“打开”命令，在“打开”对话框中浏览“加油站服务区_ 2013”文件，单击“打开”按钮打开文件。

②确认项目浏览器中“楼层平面”下“一层平面图”处于加粗显示状态，这表示正在显示的视图为当前激活视图，如图 1-22 所示。

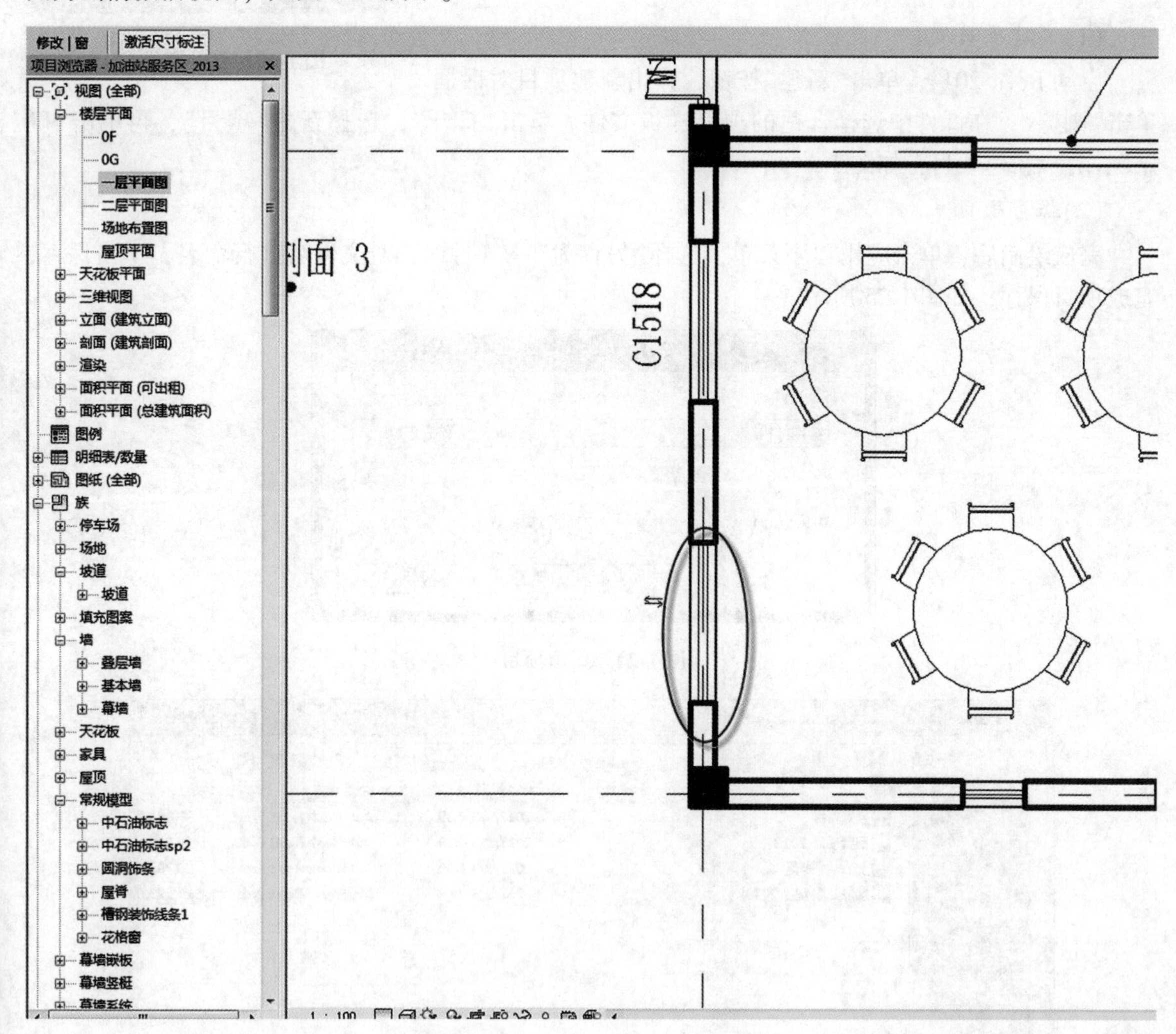

图 1-22 一楼平面激活视图

③在项目浏览器中，找到“族”。通常它位于项目浏览器的底部，单击前面的“+”展开节点，Revit 会按类别列出所有当前项目中可用的族。

④继续展开类别为“窗”的节点，将显示当前项目中所有可用的窗“族”，每种族前面都带有一个“+”，表示该族还包括不同的类别。展开“百叶窗”，显示该窗族包括三种类型：“塑钢百叶 1815”“彩钢 1815”“铝钢百叶 1815”。

⑤如图所示，在“百叶窗”上单击鼠标右键，在打开的右键菜单中选择“保存”，可将该窗族以 rfa 格式保存为独立的族文件，并可以载入到其他项目文件中使用。

⑥单击图 1-23 中被绿色椭圆圈中的编号为 C1518 的窗，该窗族将被选中，Revit 默认将以蓝色显示被选中的构件。注意观察属性列表，此时显示的类型“11 双扇推拉窗(有亮子)C1518”表示当前所选择的窗使用的是族名称为“11 双扇推拉窗(有亮子)”类型名称为“C1518”的窗。

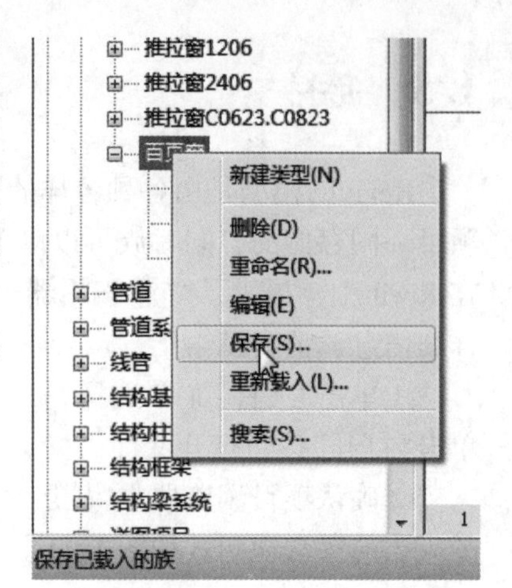

图 1-23　百叶窗保存

1.6　新建与保存项目

(1)新建项目

启动 Revit 2014，单击“新建”按钮，弹出新建项目对话框。单击“浏览”，在课件中选择合适的项目样板文件。单击“打开”，选择新建“项目”，再单击“确定”，完成新建项目，如图 1-24 所示。

(2)保存项目

完成绘制后，单击应用程序菜单，选择“另存为”→“项目”，对文件名进行命名，单击保存，完成项目保存，如图 1-25 所示。

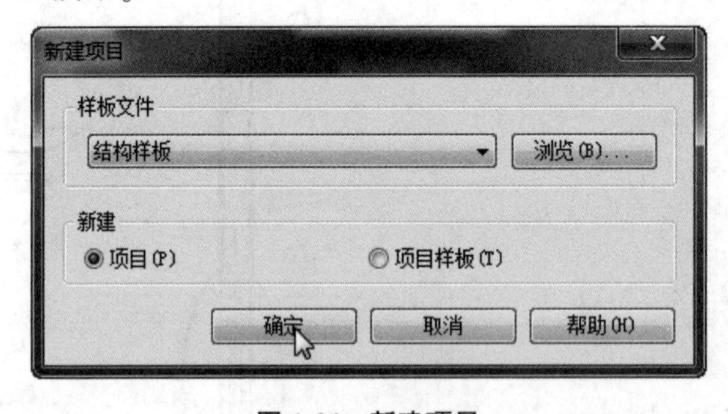

图 1-24　新建项目

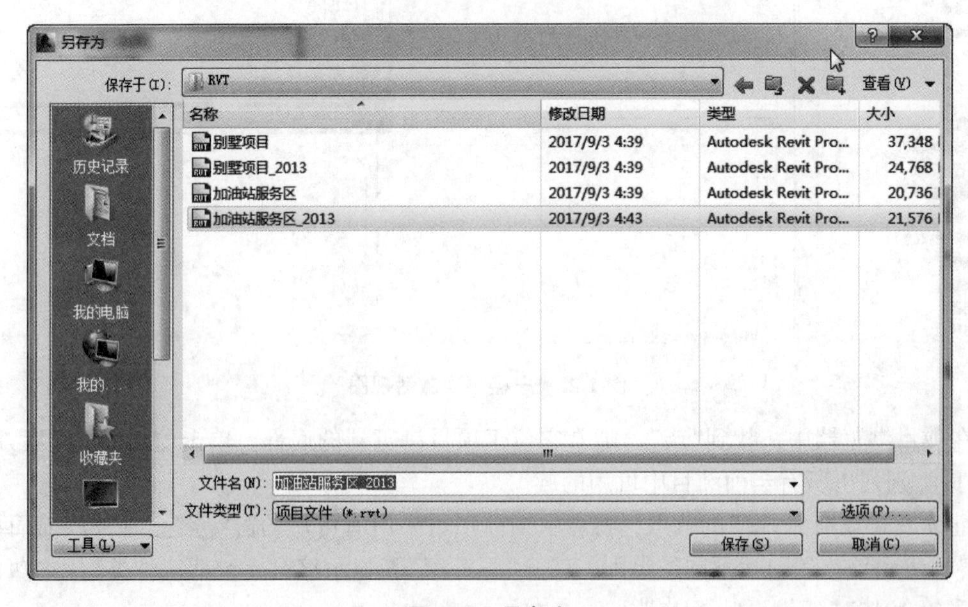

图 1-25　另存为

本章小结

本章主要对 Revit 界面进行了基本介绍，在 Revit 界面要熟悉、掌握界面的各项内容。介绍了 Revit 的基本操作、项目样板的使用、新建与保存项目、经常使用的修改工具。熟练使用修改工具可以有效提高建模速度，节约时间。

练习

练习 1：熟悉 Revit 界面。

练习 2：在项目浏览器中打开各平面、立面视图观察。

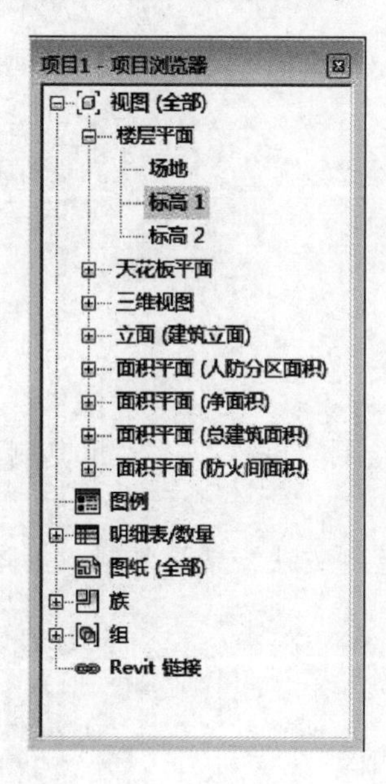

练习 3：使用立面符号打开各立面。

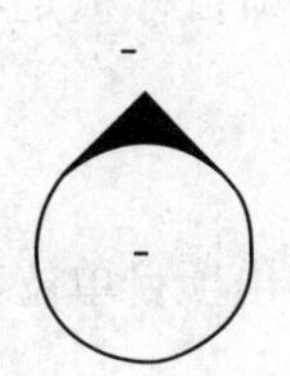

▶▶▶第2章　标高和轴网

本章导读

第一章中，介绍了Revit的几个概念和一些基本的操作方法。本章将从空白项目开始，使用Revit的"标高""轴网"功能，为项目添加"标高""轴网"等基本信息。这些信息是Revit建模的基础，它们将贯穿于设计的整个过程中。

本章要点

标高绘制/编辑；
轴网的绘制/编辑。

学习目标

熟练掌握标高的样式，标高的绘制方法，以及利用复制、矩阵、镜像等功能绘制出完整的标高。

了解轴网的各种样式，轴网的绘制方法，掌握复制、矩阵、镜像等辅助性功能应用，并利用辅助功能应用绘制完成轴网。

2.1　绘制标高

单击"新建项目"，弹出新建对话框。项目样板是项目初始化的基础，选择一个合适的项目模板，单击确定，开始绘制新建项目。

(1)项目单位

单击"管理"选项卡→"项目单位"，弹出项目单位对话框，从中可以了解到整个项目的单位，如图2-1所示。

(2)在项目浏览器中单击"立面"，再双击"南立面"，切换到南立面视图中。可以观察到在南立面视图中提供了两个默认的标高，标高样式符合中国式标高，标高以m为单位。在Revit中通常采用先创建标高，后创建轴网的方式，具体原因在后面章节将会介绍。

①选择默认标高F2，单击3.0输入3.6，按enter键确定，标高将改成3.6m，同时也会将标高修改成新位置。

②单击"建筑"选项卡下"基准"面板中的"标高"按钮，确定绘制线方式为"直线"。同时注意到在选项栏中有"创建平面视图"栏，该栏表示在创建标高的同时会创建一个"平面视图"。平面视图中可以选择要创建的平面视图类型，由于样板文件中默认的是楼层平面，在这里不做任何修改，平面视图类型如图2-2所示。

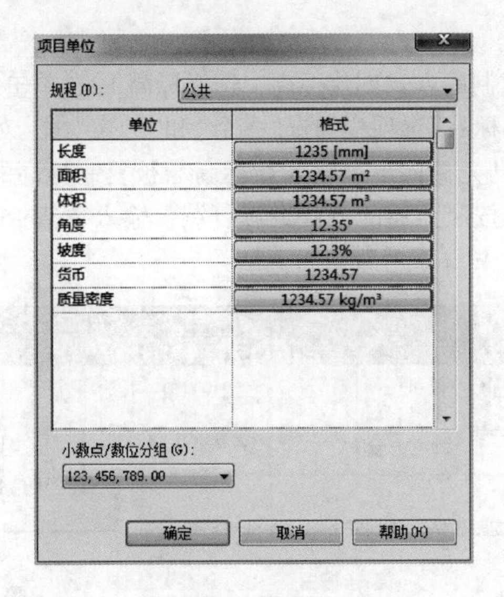

图 2-1 项目单位

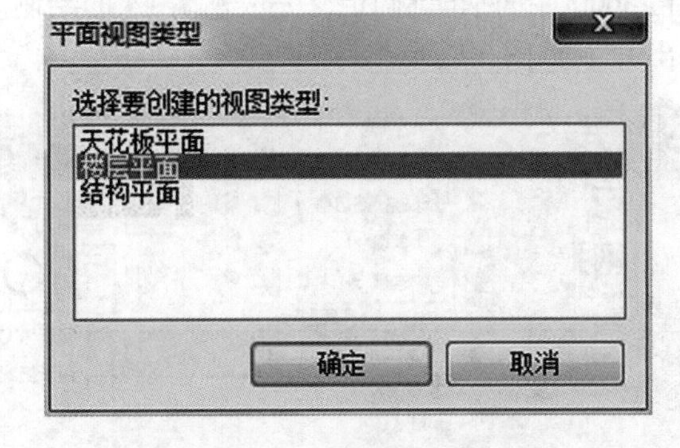

图 2-2 平面视图类型

(3)偏移量设置

在平面视图栏有一个“偏移量”，这里“偏移量”也保持默认 0，不做任何修改，如图 2-3 所示。

图 2-3 选项栏

(4)标高标头的设置

单击属性面板下的类型选择器，面板中有“8mm head”“上标头”“下标头”“正负零标头”供选择，在这里选择“上标头”，如图 2-4 所示。

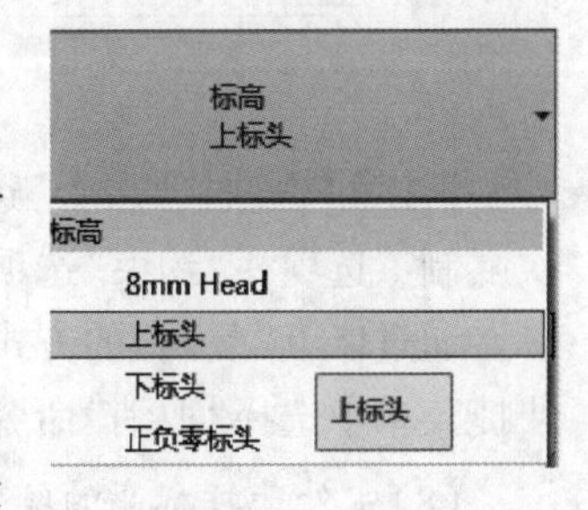

图 2-4 标头

(5)绘制标高

移动鼠标，F2 与光标之间会形成临时尺寸标注。当光标移动到已有 F2 标头，Revit 会自动捕捉端点，确认捕捉端点，单击确认，作为标高的起点。适当地配合鼠标滚轮，按下鼠标中键对视图进行缩放，鼠标移动到右端时同样也会形成对象捕捉，单击“确定”，一个标高绘制完成，按 ESC 键两次，退出当前的命令。

(6)修改标高

选择“F3”，在标高线左侧生成临时标注，单击“数字”，输入 3600，按回车键，层高值被修改成 3.6m，标高值同时修改成 7.2m，如图 2-5 所示。

图 2-5 标高

(7)标高的复制

除了使用绘制的方式创建标高外，还可以使用复制的方式创建标高。选择标高 F3，单击“修改”上下文关联选项卡中“复制”工具按钮，在“修改/标高”选项栏勾选“多个”和“约束”框，如图 2-6 所示。单击 F3 任意一点，作为复制的基点，移动光标向上，输入新标高与被复制标高的间距数值 3600，按回车键确定，完成标高 F4 的绘制。按照上述的方法继续复制，输入数值 1500，绘制出 F5，如图 2-7 所示。

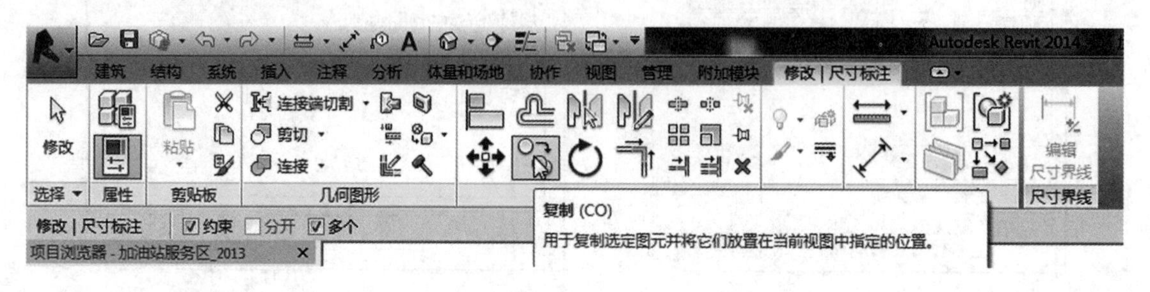

图 2-6　复制

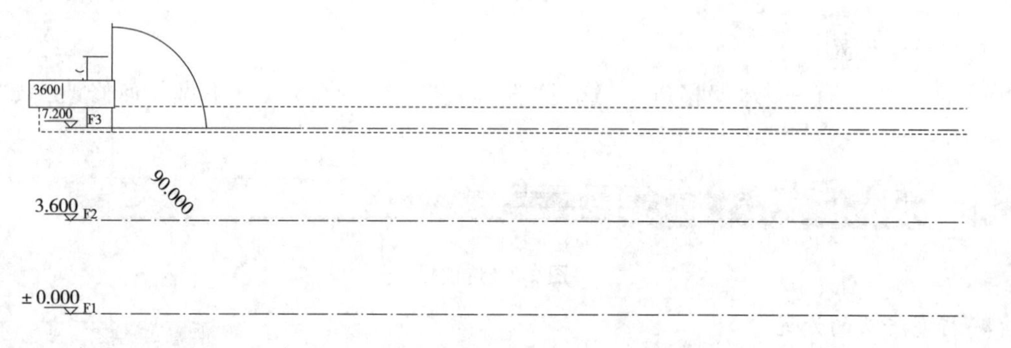

图 2-7　标高

【注意】选项栏“多个”选项可以保持多个复制命令，不需要再执行“复制”命令操作，实现多次复制，选项栏“约束”选项可以保证正交，也可以按 shfit 键保证正交。

通过以上“复制”的方式完成所需标高的绘制，结束复制命令可以单击鼠标右键，在弹出的快捷菜单中选择“取消”命令，或按 ESC 键结束复制命令。

(8)室外地坪标高的绘制

①选择“建筑”选项卡，然后在“基准”面板中选择“标高”命令，同时勾选“创建平面视图”，单击类型选择器，选择“下表头”，进行绘制，如图 2-8 所示。

②移动鼠标至 F1 左表头下方，会形成临时尺寸标注，在临时尺寸标注中输入 600，单击确定，配合鼠标向右移动，捕捉到终点单击确定，完成 F6 的绘制，按 ESC 键两次推出当前命令。选择刚刚创建的 F6，在属性面板里面参数中显示的是“-600”，代表当前标高的高程值；在下方“名称”显示的是“F6”，在这里将“F6”改成“室外地坪”，单击“应用”，会弹出“是否希望重命名相应视图”的对话框(由于当前标高在项目浏览器生成了，因此会提示“是否希望重命名相应视图”)，单击“是”，如图 2-9 所示。

2.2　绘制轴网

绘制轴网的方法：

(1)单击“建筑”选项卡→“基准”面板→“轴网”，如图 2-10 所示。

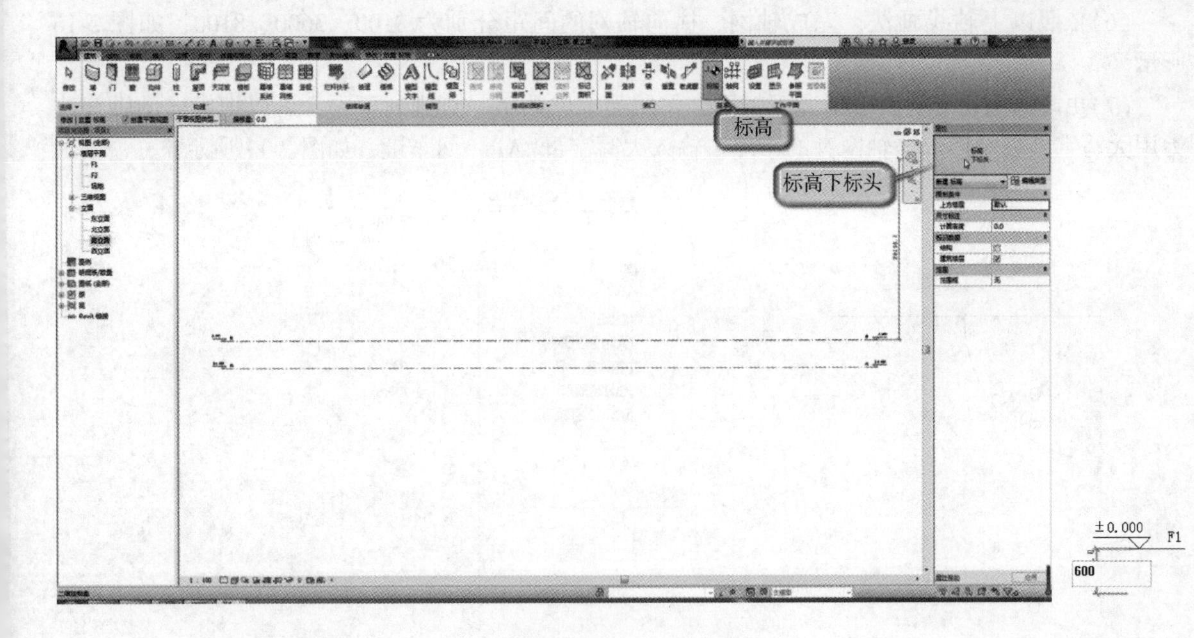

图 2-8　标高绘制模式

图 2-9　重命名

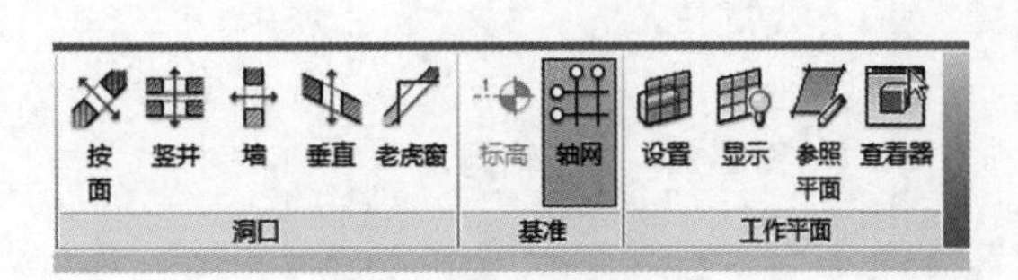

图 2-10　轴网工具

单击“修改/放置轴网”选项卡→“绘制”面板→“直线”，然后进行轴网的绘制。移动鼠标至视图左下角空白地方单击作为轴网的起点，沿垂直方向向上移动鼠标在适当的位置单击确认，完成轴线①的绘制。适当的缩放视图，将鼠标从轴线①向右移动，在形成的临时尺寸中输入 7200，单击确定，配合鼠标向上移动，完成轴线②的绘制。

(2) 阵列绘制轴网

①选择轴线②，单击“修改/轴网”轴网选项卡下“修改”面板中的“阵列”，进入“阵列”模式，不勾选“成组并关联”选项(阵列之后的轴网不成组)，修改项目的数目为 8，在“移动到”选项卡中勾选“第二个”(以指定间距作为阵列的距离)。

②选择轴线②上任意位置单击，以水平向右的方式移动(勾选水平约束的方式可以将其约束到水平方向)，输入阵列的距离为 7200，按回车键确认，生成“-⑨”。

(3) 竖直画出一条直线，如图 2-11。

(4) 画第二条轴线，该案例中采用的是 3900 间距的轴网将鼠标放在轴网一端→向右移动，出现一条水平的虚线捕捉线→然后输入数据“3900”→回车键→画出第二条轴线，如图 2-12、图 2-13 所示。

(5) 可以依照以上方法，画出所有轴线，如果像本实例一样，轴线之间尺寸都是相同的，也可以使用“阵列”命令选择一条画好的轴线→“修改轴网”选项卡→“阵列”→点选轴线→向右水平移动→输入间距“3900”→回车键→输入阵列数“10”→回车键，如图 2-14、图 2-15 所示。

(6)依照以上轴线画法，完成轴网，横向轴网的间距分别为 8100、3600、8100，如图 2-16 所示。

(7)更改轴网符号：一般情况下轴网会按照阿拉伯数字一直排列下去，可以把横向的轴线改为用大写字母表示。双击轴网旁的小球→输入大写字母“A”→回车键，如图 2-17 所示。

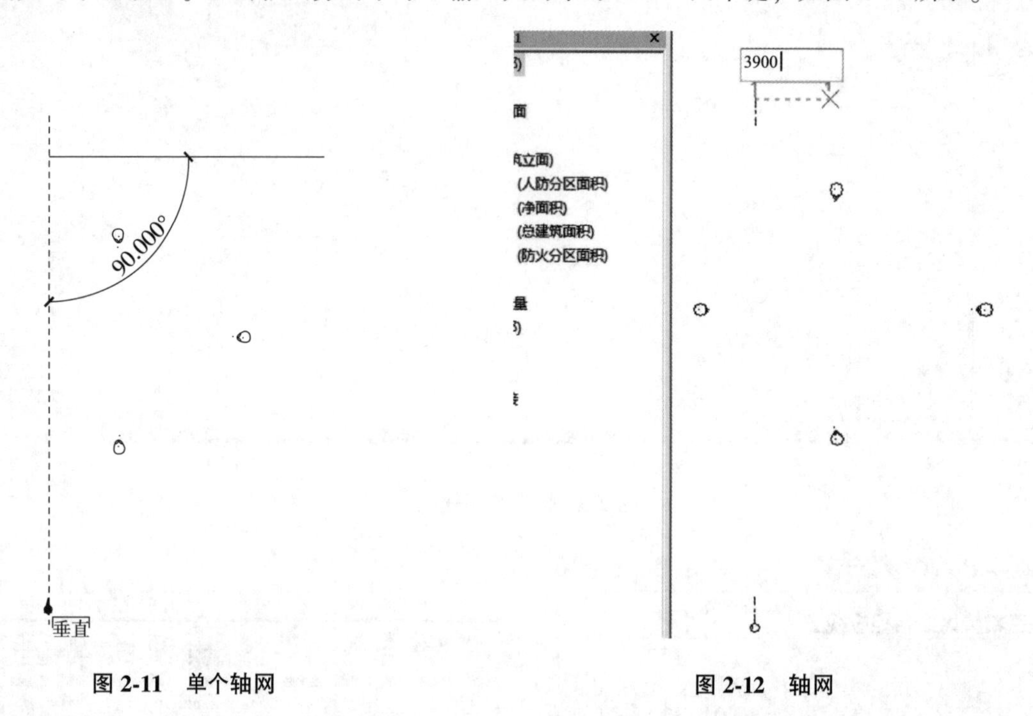

图 2-11　单个轴网　　　　图 2-12　轴网

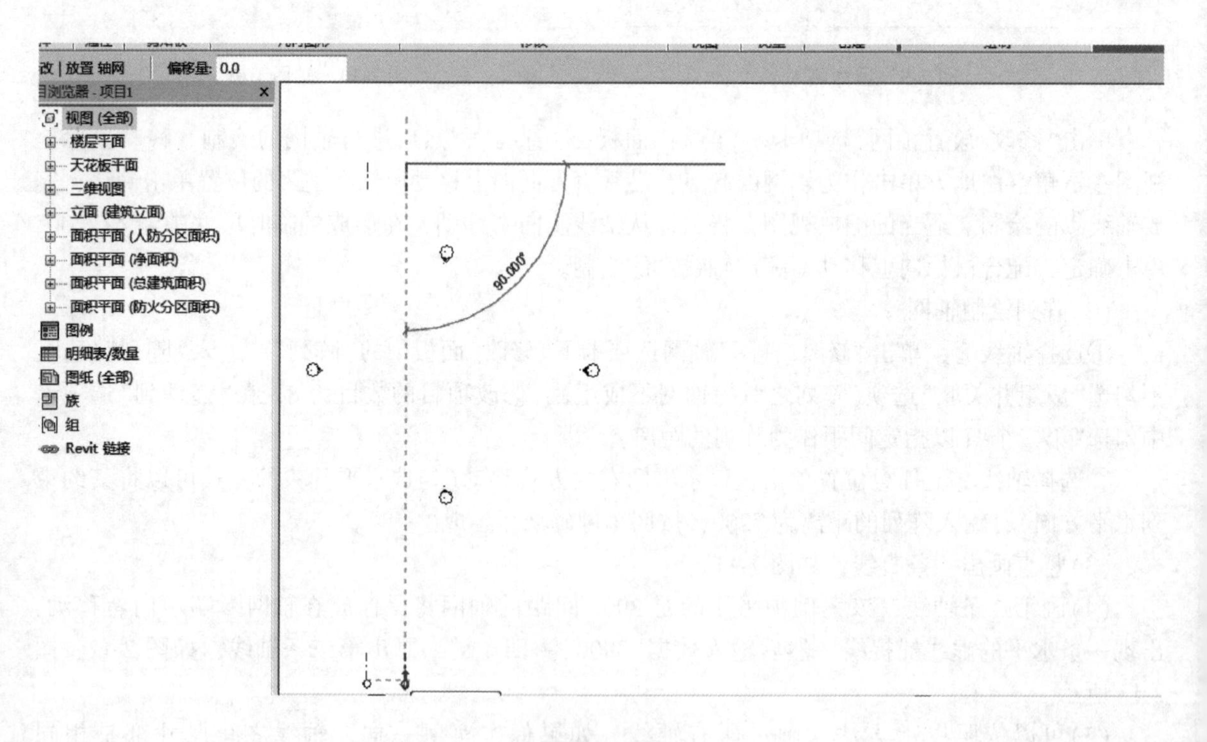

图 2-13　轴网

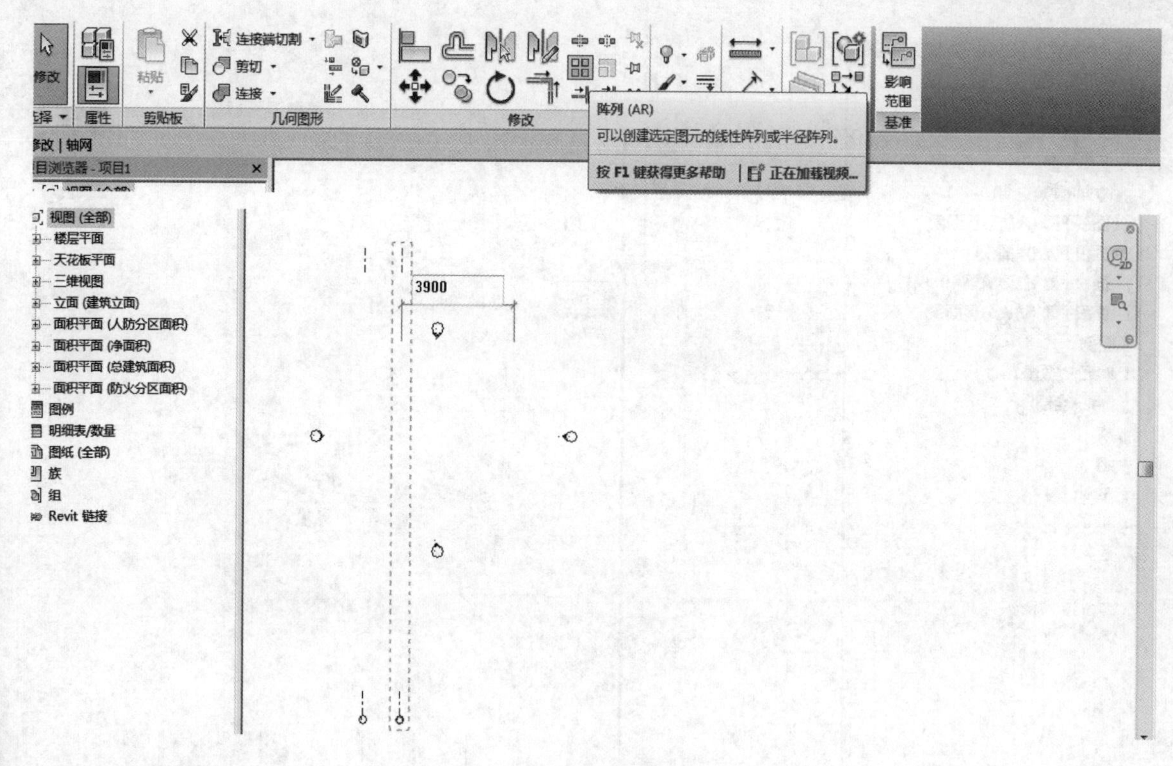

图 2-14　轴网

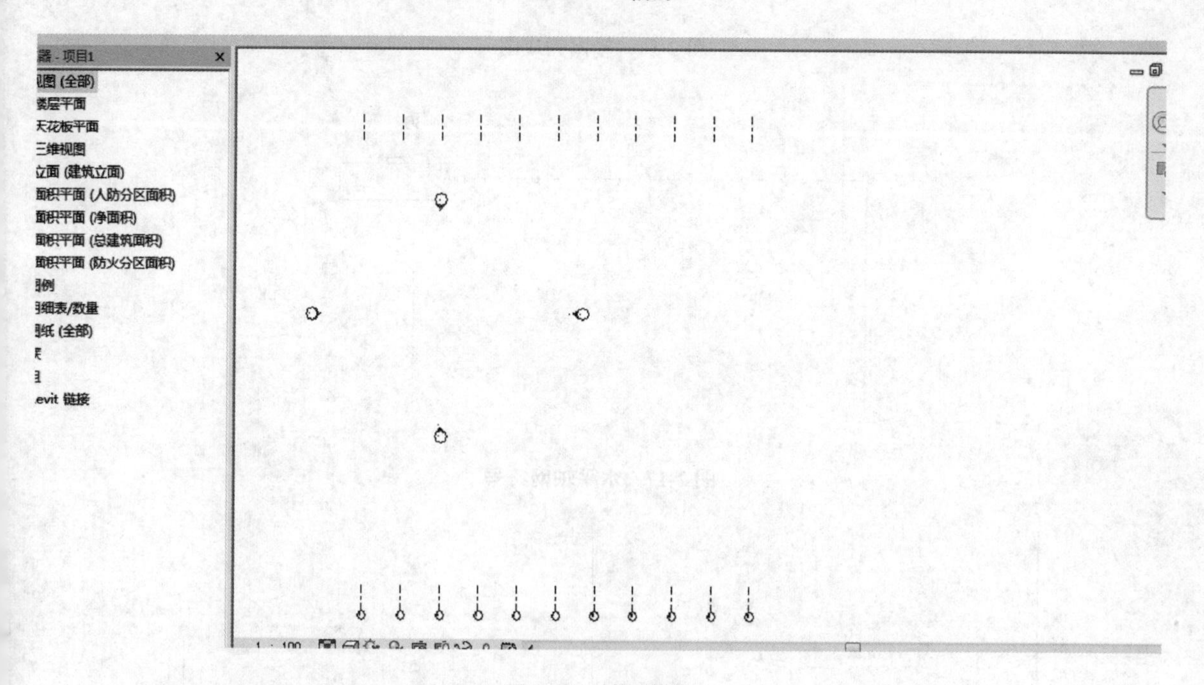

图 2-15　轴网草图

以后再画横向轴线时，便会从大写字母 A 开始排列。

(8)不显示轴网编号或者两头显示轴网编号：点选一条轴线→单击轴网编号旁边的小方框，可切换是否显示轴网符号，如图 2-18 所示。

(9)修改轴网符号位置：点选一条轴线→单击轴网编号附近的折断符号→拖拽小圆点，将轴网编号移动至合适的位置，如图 2-19 所示。

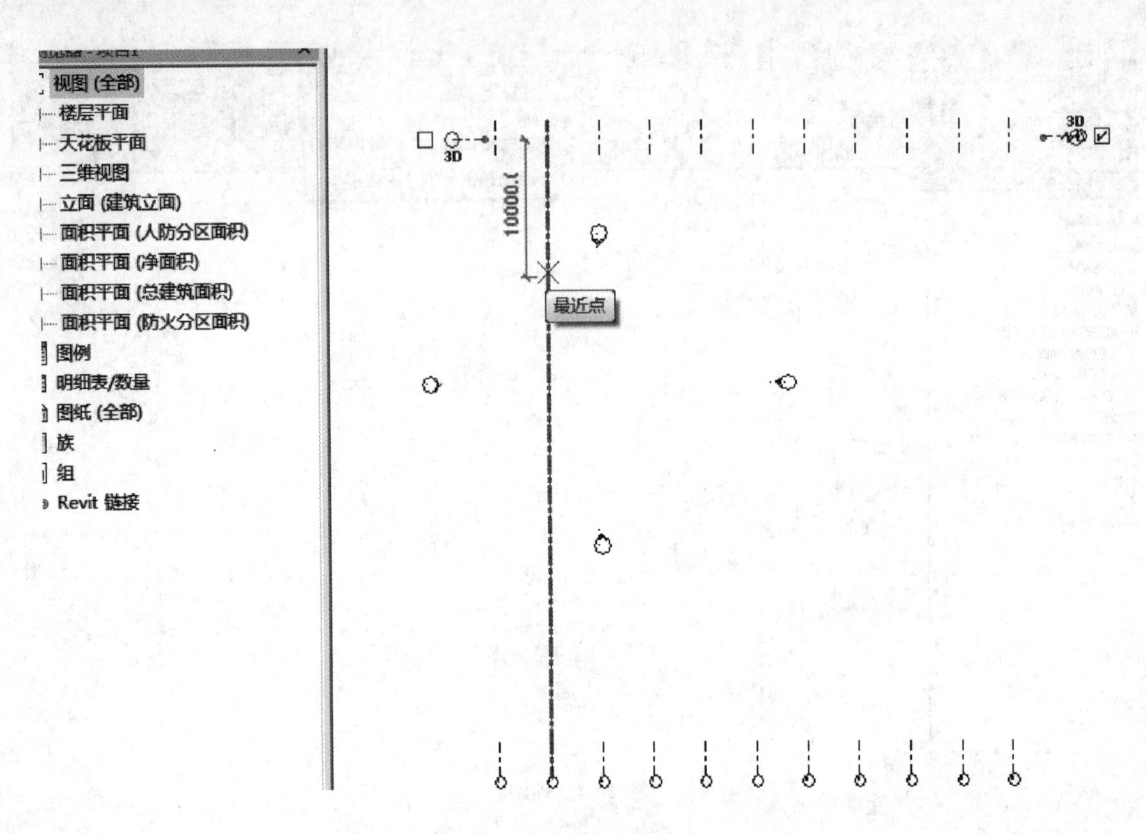

图 2-16　轴网完成图

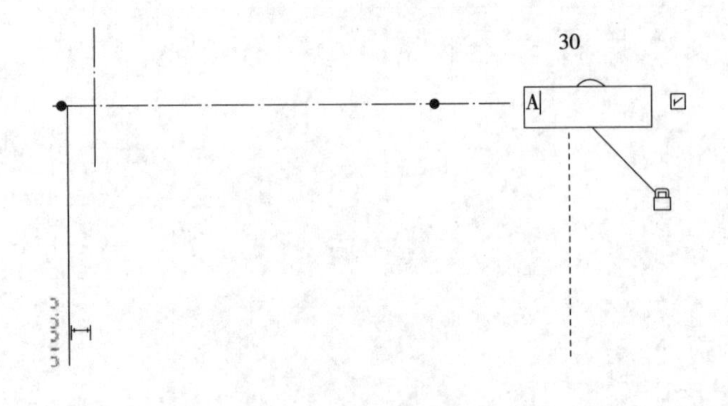

图 2-17　水平轴网符号

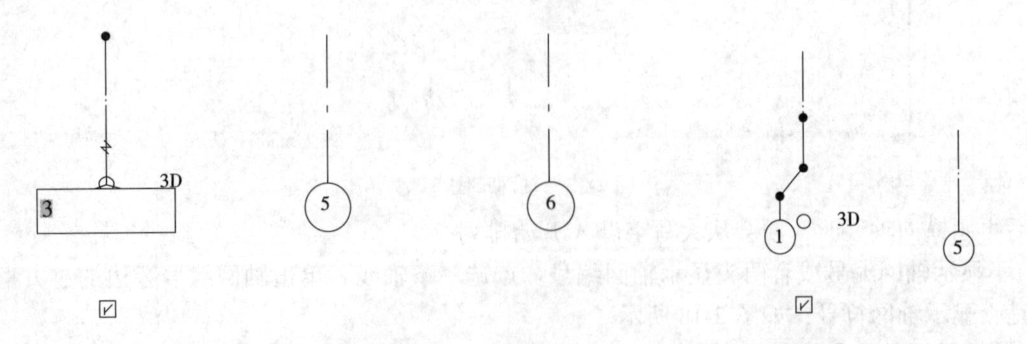

图 2-18　垂直轴网符号

图 2-19　轴网符号锁定

本章小结

本章主要介绍了轴网和标高命令，轴网和标高是建筑构件在空间定位时的重要参照，在 Revit 软件中，轴网和标高是具有限定作用的工作平面，其样式可通过相应的族样板进行定制。

练习

创建一个新项目，以自己的名字为项目名称进行保存，如学号姓名 . rvt。

①某建筑共 30 层(地下 2 层+地上 28 层)，其中地下二层、地下一层标高分别为-6. 000m、-3. 000m，首层标高为±0. 000m，首层层高为 6m，第二层至第四层层高均为 4m，五层以上层高均为 3. 6m，按要求创建标高，并为每个标高创建对应楼层平面视图。标高名称改为以下格式：B2、B1、F1、F2…F28。

F3 10.000　　10.000 F3
F2 6.000　　6.000 F2
F1 ± 0.000　　± 0.000 F1
B1 -3.000　　-3.000 B1
B2 -6.000　　-6.000 B2

②创建轴网，两侧轴号均显示，将轴网颜色设置为红色，并对每层轴网进行尺寸标注，其中地下二层至五层轴网如下：

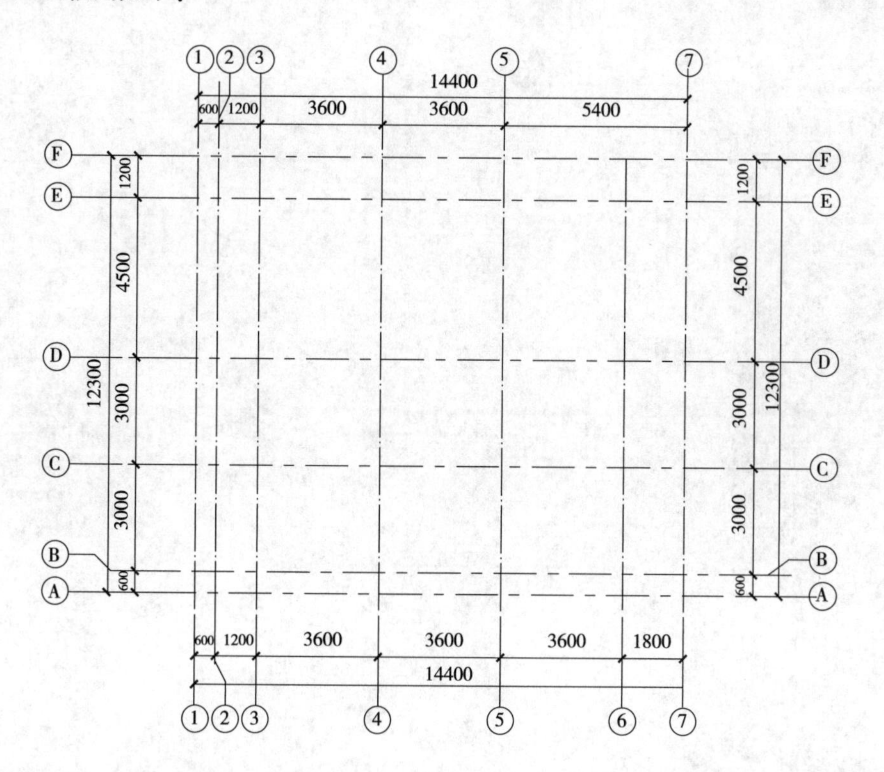

六层及以上层轴网如下：

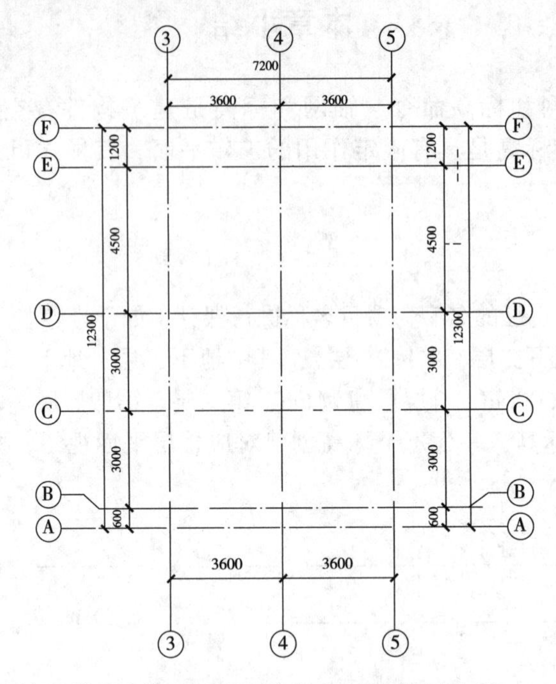

③扩展：将此标高、轴网等定制好的项目另存为项目样板文件。

▶▶▶第 3 章　墙体和幕墙

本章导读

完成标高和轴网后，可以进入项目建模设计阶段。在墙体绘制时需要综合考虑墙体的高度，构造做法，立面显示及墙身大样详图，图纸的粗略、精细程度的显示（各种视图比例的显示），内外墙体区别等。幕墙是墙的一种类型，幕墙嵌板具备的可自由定制的特性以及嵌板样式同幕墙网格的划分之间的自动维持边界约束的特点，使幕墙具有很好的拓展应用。

本章要点

墙体的绘制；
编辑墙体；
认识 Revit 中幕墙的组成部分；
常规玻璃幕墙；
幕墙网格与竖挺。

学习目标

掌握绘制墙体方法，了解如何设置墙体高度、位置、材质以及如何替换墙体类型；
掌握使用基本墙及规则幕墙系统绘制幕墙的方法，以及幕墙的设置和编辑；
掌握给幕墙添加网格及竖挺的方法，以及替换幕墙嵌板，添加幕墙门窗。

3.1　绘制一层墙体

可以从一层墙体绘制入手，开始在 Revit 中的建模工作。在模型创建的过程中，Revit Architecture 可以根据“标高”信息来设置墙体高度，使墙体高度与标高产生关联关系。当绘制完墙体后，可以随时根据需要修改标高值，而 Revit 会自动修改所有视图中墙体模型的高度。

3.1.1　设置一层墙体类型

Revit 中，“墙”属于系统族，可以在墙体“图元属性”→“类型属性”对话框中，用“复制”命令新建不同类型的墙，并对墙体的厚度、材质、构造层进行设置，以此来存储不同定义的墙体。本例中，一层中的常用墙体包括：“综合楼-F1-240mm-外墙”“综合楼-240mm-内墙”。

①打开上一章节绘制的标高、轴网图，单击“建筑”选项卡→选择“构建”面板“墙”命令→下拉列表选择“墙：建筑”命令，进入墙绘制状态，如图 3-1 所示。

②在属性类型选择器下拉列表中，选择类型名称为“基本墙：砖墙 240mm”，单击编辑类型按钮，打开墙“编辑类型”对话框，如图 3-2 所示。

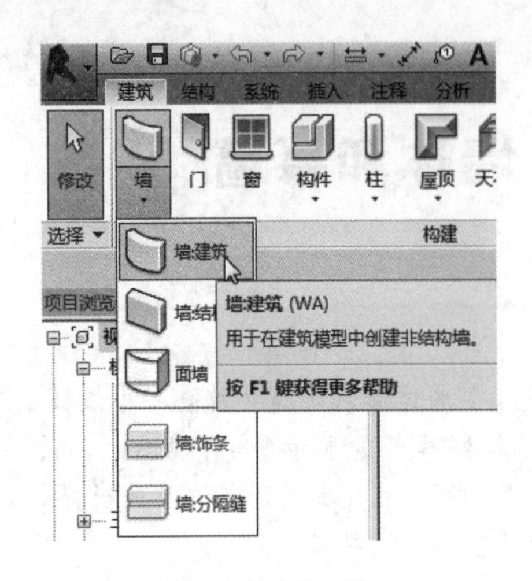

图 3-1 建筑工具

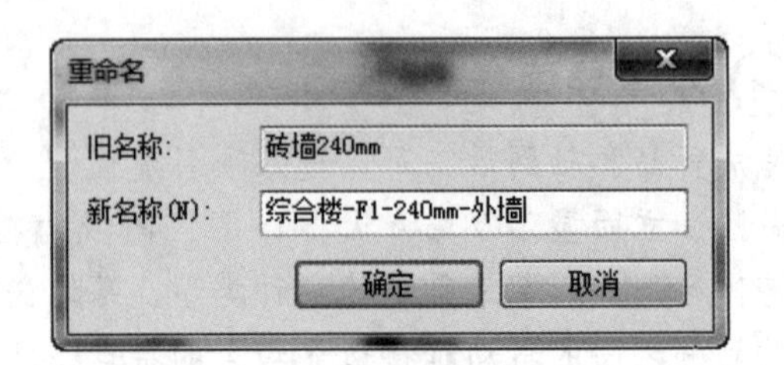

图 3-2 重命名

③单击右侧的“复制”按钮 重命名(R)... ，打开名称对话框，如图 3-2 所示。

④输入“综合楼-F1-240mm-外墙”作为新墙族名称，单击“确定”按钮，将新建属于“综合楼-F1-240mm-外墙”类型，并返回图 3-3 的“类型属性”对话框。

⑤单击“编辑”按钮，打开“编辑部件”对话框，如图 3-4 所示。

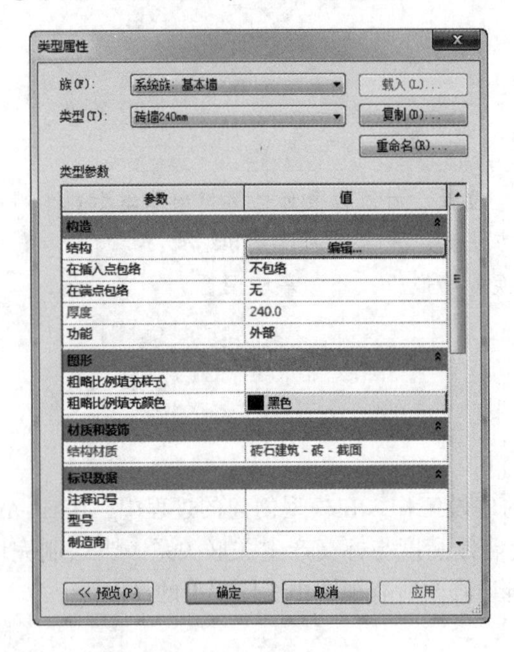

图 3-3 类型属性

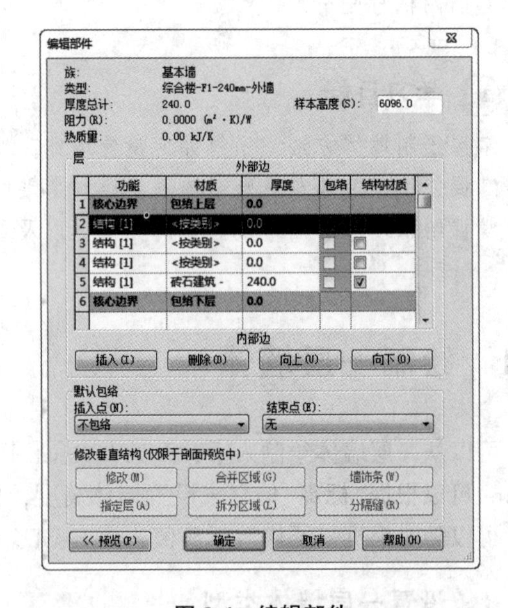

图 3-4 编辑部件

⑥在“编辑部件”对话框中，可以设置墙体构造层。单击对话框底部“预览”按钮，可以显示墙体结构预览。(【提示】在“编辑部件”底部的“视图”列表中，可以选择墙体的预览显示视图。Revit 提供了楼层平面视图与剖面(断面)视图供用户预览。在单击“图元属性”对话框之前，单击视图控制栏上的“细线”模式按钮笔，预览时将以细线显示墙体预览。)

⑦单击“插入”三次，插入三个结构层，插入的构造层默认功能为“结构[1]”，默认厚度为 0. 0mm。

⑧选择 2 号，单击向上，将编号修改为 1，单击结构层[1]的功能表，修改 2 号结构层功能为“面层 2[5]”，设置厚度为 10。

⑨在面层 2[5] 的材质列“<按类别>”中单击出现浏览按钮…，单击即可打开“材质”对话框，。在名称列表中，搜索“外墙粉刷”单击右键“复制”，并命名为“综合楼-F1-外墙粉刷”，单击“图形”→“着色”→“颜色”，选择名称“RGB 128 64 64”颜色。

“表面填充图案”选择“600mm×600mm”，截面填充图案选择“沙密实度”。单击“外观”按钮，设置混凝土颜色为“RGB 237 207 181”。其他保持默认，单击“确定”返回“编辑部件”对话框，如图 3-5 所示。

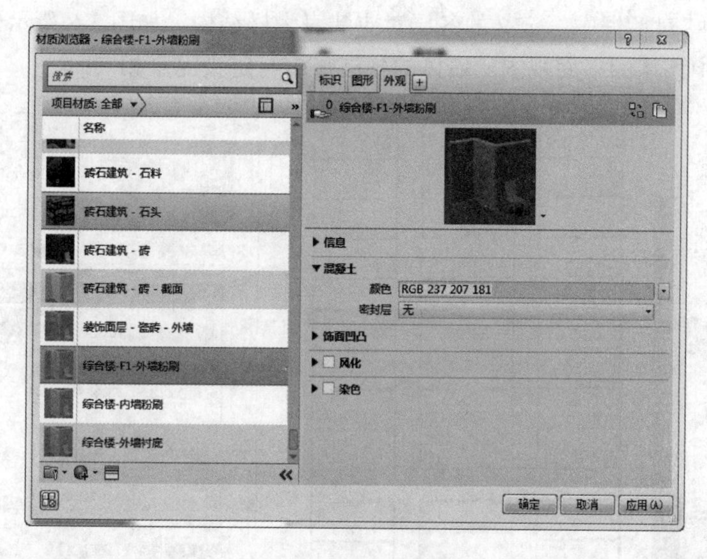

图 3-5　材质浏览器

【提示】Revit 的材质列表中，颜色将决定模型在着色模式下，3D 视图中显示的颜色；表面填充图案将决定构件在立面视图中，表面显示的填充图案；截面填充图案将控制模型被剖切后，模型断面显示的填充图案。

⑩单击 3 号结构层“向上”修改成 2 号结构层，同理修改 2 号结构层的功能为“衬底[2]”，修改衬底厚度为 30，修改材质类型为混凝土，并重新复制命名为“综合楼-外墙衬底”，修改该材质 RGB 颜色为白色，修改“截面填充图案”为“对角交叉影线”，混凝土颜色与面层一致，其他保持默认。

⑪同理单击 3 号结构层“向上”两次成 6 号结构层，修改 6 号结构层的功能为“面层 2[5]”，设置厚度为 20，同样复制“外墙粉刷”命名为“综合楼-内墙粉刷”，其他设置与 1 号结构层一致。

⑫单击“确定”按钮，完成墙体构造层的设置，返回“类型属性”对话框。类型名称为刚才新建的“综合楼-F1-240mm-外墙”，指定类型参数为“外部”。单击“确定”两次，关闭对话框返回到墙体绘制模式。

⑬至此新建了“基本墙”族的新类型“综合楼-F1-240mm-外墙”。保存文件。

⑭同样方法，新建“综合楼-240mm-内墙”，该类型墙编辑部件设置如图 3-6 所示，设置“墙功能”参数为“内部”。

至此，以“基本墙”族为基础，建立了 3 种新的基本墙。

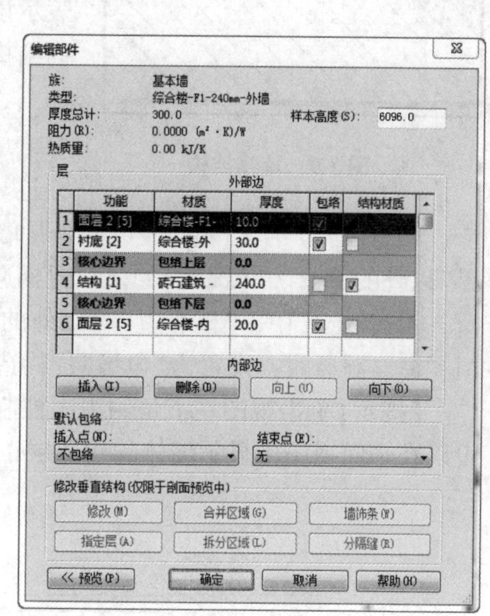

图 3-6　墙体结构设置

3.1.2　墙结构的说明

Revit 提供了三种墙族：基本墙、叠层墙和幕墙。基本墙用于定义一般的多层结构墙体；叠层墙由几种基本墙类在垂直方向上叠加而成，可以分别为各子墙体定义不同的构造层；幕墙用于定义各种幕墙。如图 3-7 所示，左侧为使用叠层墙建立的墙体，右侧为使用幕墙建立的玻璃幕墙。

①墙“编辑部件”对话框中，定义的各层对应墙身大样结构。如图 3-8 所示，为一外墙的结构定义，对比图 3-9 中该墙的平面视图，墙体的各层显示与定义完全相同。

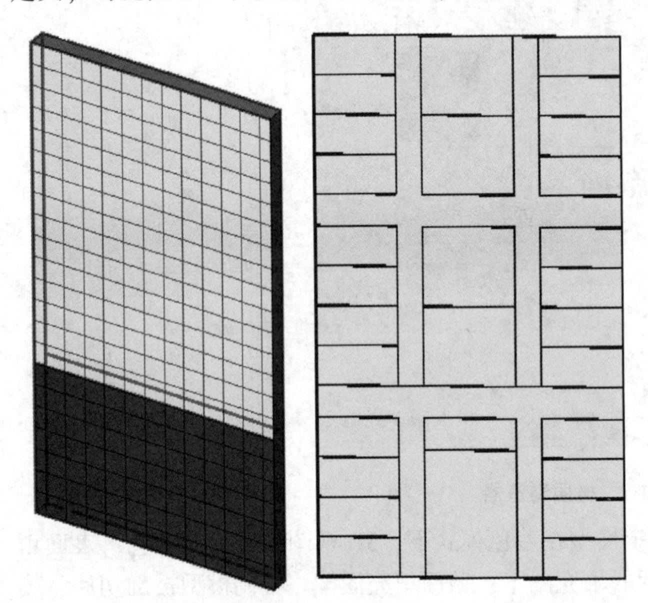

图 3-7　叠层墙和幕墙

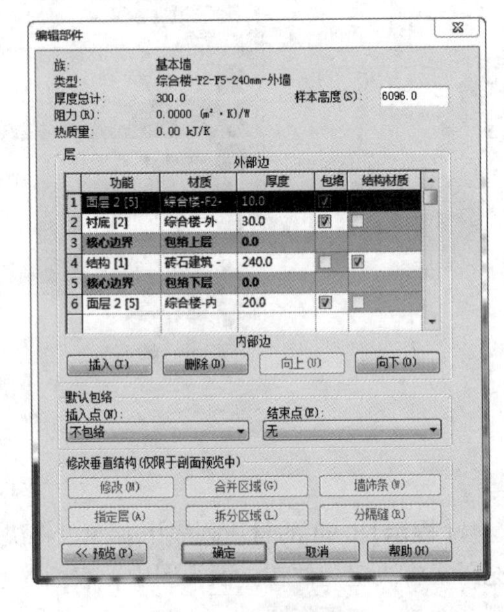

图 3-8　墙体编辑部件

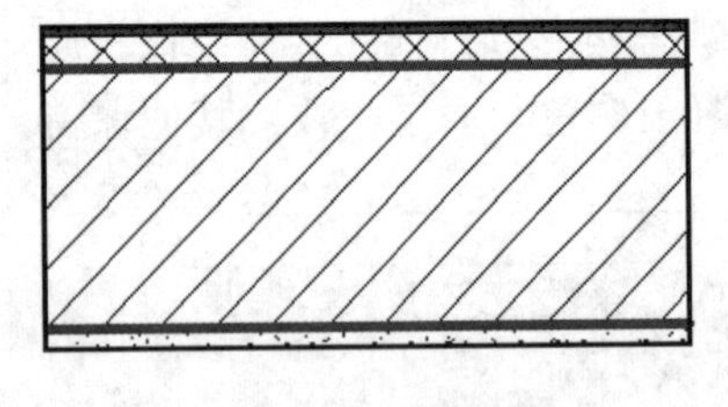

图 3-9　墙体结构

②Revit 提供了 5 种构造层功能选项：结构[1]、衬底[2]、涂膜层、面层1[4]、面层 2[5]。方括号中的数字，由小到大，表示该功能按优先级依次降低。当墙体相连接时，优先级为 1 的结构层将优先相连，而优先级最低的“面层 2[5]将最后相连。如图 3-11 所示的墙体连接，相同优先级的墙构造层自动相互关联，最低优先级的“面层 2[5]”被更高优先级的墙“衬底[2]”穿过。

③“核心边界”内的部分可认为是墙的承重部分。而面层、衬底等，可被认为是墙体“核心边界”以外的部分。(【提示】如果设置构造层的功能为“薄膜层”，则该层厚度必须设置为 0)。

④当 Revit 中，“核心边界”以外的构造层，都可以设置是否产生“包络”。当在墙体中插入门、窗、洞口时，设置为“包络”的构造层，将会向墙内包围门窗洞口，如图 3-10 所示。

【提示】单击视图左下角的视图控制栏中的“详细程度”按钮，设置视图详细为“精细”时，才可以在平面视图中显示墙体的构造层，如图 3-11 所示。

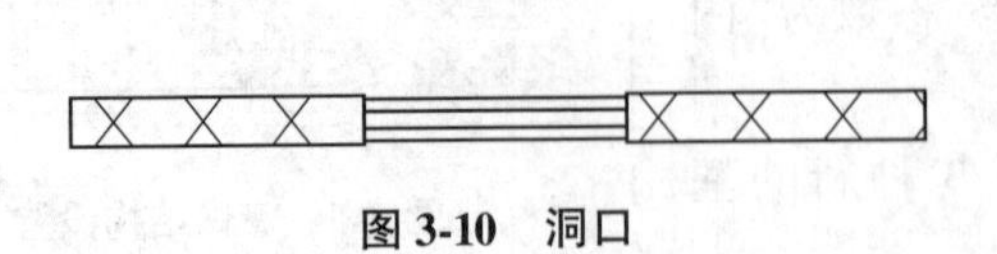

图 3-10　洞口

图 3-11　视图精细

3.1.3 绘制一层外墙

(1)设置完墙体类型后，即可使用"墙"命令，创建一层食堂外墙体模型。

①在项目浏览器中，切换视图到 F1 层平面视图。单击"建筑"选项卡的"构建"面板中"墙"下"建筑：墙"命令，在属性的"类型选择器"中，选择墙类型为"基本墙：综合楼-F1-240mm-外墙"。

②上下关联选项卡的"绘制"面板中确认"墙体绘制"方式为"绘制"。

【提示】Revit 提供了直线、矩形、内接多边形、外接多边形、圆形、起点-终点-半径弧、圆心-端点弧、相切-端点弧、圆角弧、拾取线、拾取面等 11 种生成墙体的方式。

③选项栏中确认"高度"设置为"F2"，即绘制从当前层开始高度至 F2 的墙体；设置"定位线"为"核心层中心线"；勾选"链"，设置偏移值为 0，不勾选"半径"，如图 3-12 所示。

高度： F2 3600.0 定位线：核心层中心线 ☑链 偏移量：0.0 ☐半径：1000.0

图 3-12 选项栏

【提示】"定位线"选项用于设置绘制墙体时。鼠标位于墙体的平面位置 Revit 提供了 6 种定位方式，即墙中心线、核心层中心线、面层面外部、面层面内部、核心面外部和核心面内部。"偏移"项用于设置墙体定位线与鼠标捕捉位置间的距离，正值时为鼠标绘制方向的左侧，负值时为鼠标绘制方向右侧。"半径"选项，用于确定在墙体首尾相交位置是否采用相应半径的圆弧墙过渡。

④单击 1/D 轴与①轴的交点作为墙的起点，依次单击 H 轴与①轴、H 轴与③轴、1/D 轴与③轴，完成食堂部分外墙的绘制。在"属性"栏中设置"顶部偏移"为 2100，"底部偏移"设置为"室外地坪"，单击应用。

【提示】绘制墙体时，Revit 会出现临时尺寸标注，可以通过输入临时尺寸标注值的方式来确定墙体的长度与墙体间距离。

当按顺时针绘制墙体时，Revit 会自动按墙体结构中定义的"外侧"结构放置结构如图 3-13，①号轴线墙的左侧。选择墙，出现"反转"符号的一侧表示墙的外侧，单击该符号或直接按键盘的空格键可实现墙体内外侧的反转。

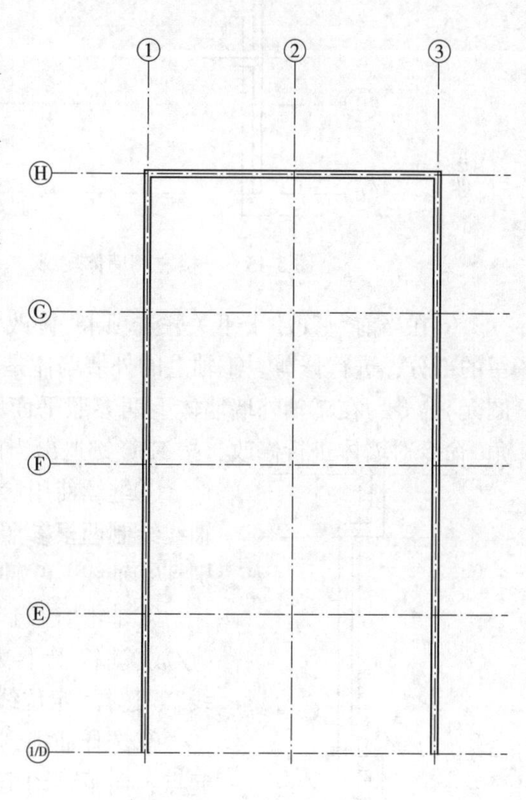

图 3-13 食堂外墙轮廓

(2)绘制办公楼一层外墙。

①按照食堂外墙的绘制方式，来绘制一层外墙。设置"偏移量"为 400，其它与食堂外墙保持一致。单击①轴与 B 轴的交点为起点，保持墙体预览在中心线左侧，一直到 D 轴与①轴的交点，然后保持墙体预览偏离在 D 轴上方，绘制到 D 轴与⑨轴交点，按 ESC 键结束绘制。修改偏移量为 0，以刚绘制的核心层中心线与⑨轴的交点为起点，绘制到 A 轴与⑨轴交点，然后沿着 A 轴绘制到④轴的交点，按 ESC 键两次，退出当前命令。

②单击 A 轴上的墙体，进入"墙体"上下关联选项卡，单击(偏移)命令，修改偏移值为 400，不勾选"复制"，如图 3-14 所示。单击 A 轴上的墙体，会

出现墙体偏移方向，选择向下偏移，单击“确定”，按 ESC 键退出当前命令。

◎图形方式 ◉数值方式 偏移: 400.0 □复制

图 3-14 选项栏

③单击“建筑”选项卡，工作面板下的参照平面命令，设置偏移量为 1300，在①轴与 C 轴的交点的左侧 C 轴上任取一点单击，通过空格键调整参照平面至 C 轴上方。同样的方式在 D 轴下方偏移量 1300 处绘制一参照平面。

④单击“建筑”选项卡下构建面板的“墙”命令，选择“定位线”方式为“面层面：外部”，单击靠近 C 轴的参照平面与①轴墙体的中心线的交点为起点绘制墙体，利用空格键反转的功能，使墙体保持在靠近 C 轴的一侧，拖动鼠标移动到任意位置，单击鼠标左键。利用同样的方式绘制出靠近 D 轴一侧的参照平面上的墙体，如图 3-15 所示。

⑤单击“修改”选项卡，修改面板中的(偏移)命令，修改偏移量为 700，勾选“复制”。单击①轴上的一层主体墙体，会生成墙体生成方向预览，选择右侧，单击确定，按 ESC 键退出，如图 3-16 所示。

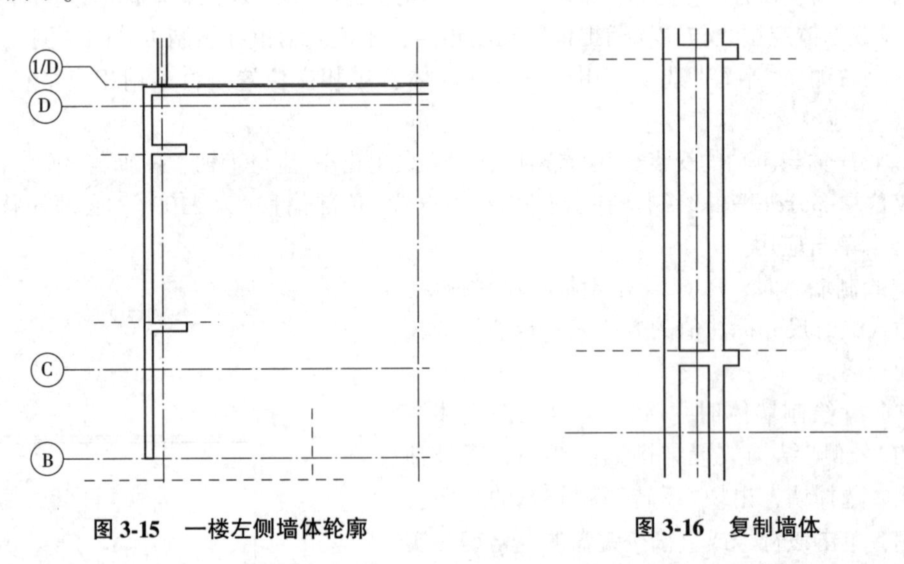

图 3-15 一楼左侧墙体轮廓 **图 3-16 复制墙体**

⑥在当前“修改”上下关联选项卡“修改”面板中选择(修剪/延伸为角)命令，单击需要保留的部分，进行修剪。①轴上的外墙墙体是一个整体，需要进行拆分后才可修剪。单击(修剪图元)命令，在①轴外墙墙体上两参照平面中间任一点进行拆分。拆分后，利用“修剪、延伸为角”命令对墙体进行修改，按 ESC 键退出当前命令，修改完成后的图形如 3-17 所示。

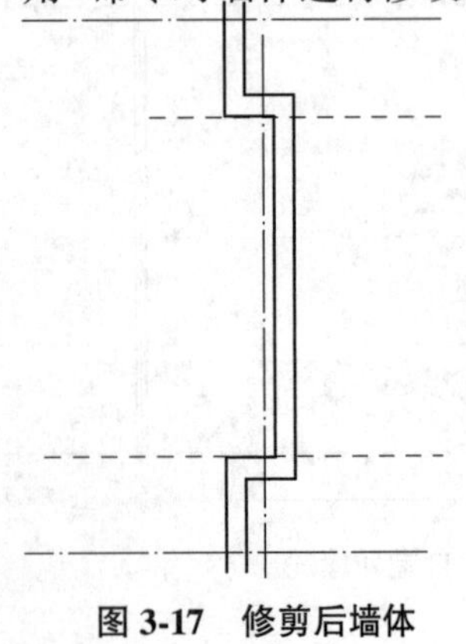

图 3-17 修剪后墙体

⑦继续使用参照平面的工具，在⑧轴线与⑨轴线之间，垂直于 D 轴线绘制两根参照平面，配合使用临时尺寸标注，修改两参照平面分别到⑧轴线、⑨轴线的距离都为 1300，放置具体位置如图 3-18 所示。

⑧单击“建筑”选项卡，在“构建”面板中单击“墙”工具，进入“修改/放置墙”上下关联选项卡。在“绘制”面板中选择绘制方式为“直线”。选择“定位线”为“面层面“外部”，设置“偏移量”为 0。

⑨选择捕捉到的墙体核心层与左侧参照平面交点位置单击，作为起点，向下移动至任意位置单击，作为终点。在另一侧参照平面位置，使用相同的方法，绘制一面墙。

⑩单击“修改”面板中偏移工具，确认偏移方式为“数值方式”，设

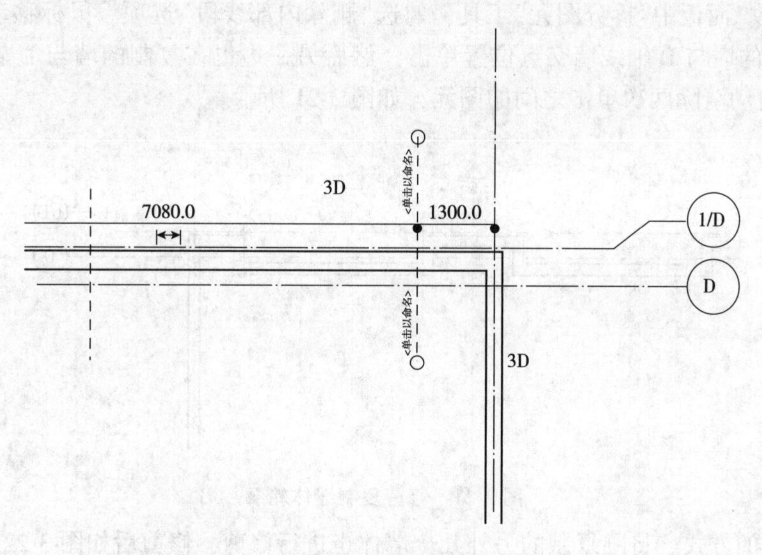

图 3-18　参照平面

置“偏移值”为 700，勾选“复制”选项。预览至 D 轴线下方单击，按 ESC 键退出。采用上述 C、D 轴线间①轴线上参照平面位置墙体相同的方式，配合使用修剪和拆分工具，对其进行修剪，完成如图 3-19 所示。

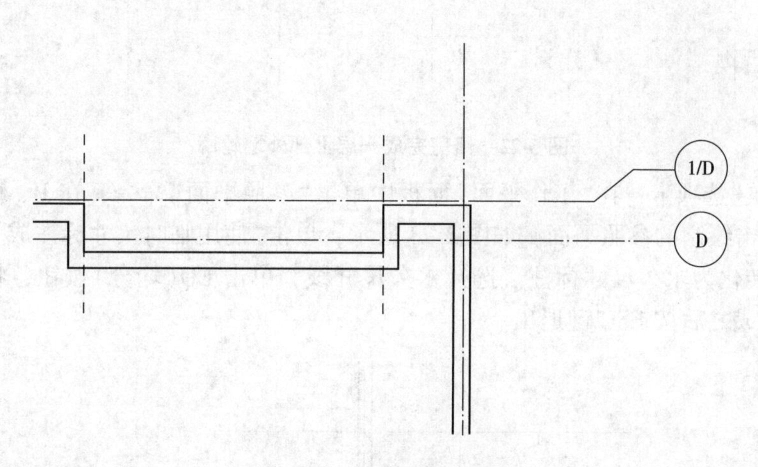

图 3-19　修剪后墙体轮廓

⑪选择刚绘制的墙体，单击“修改”面板中“复制”工具，在选项栏中勾选“约束”和“多个”两个选项。捕捉到⑨轴线上任意一点，水平向左，依次在⑧轴线、⑦轴线、⑥轴线、⑤轴线、④轴线位置单击，完成复制后如图 3-20 所示，按 ESC 键退出复制模式。

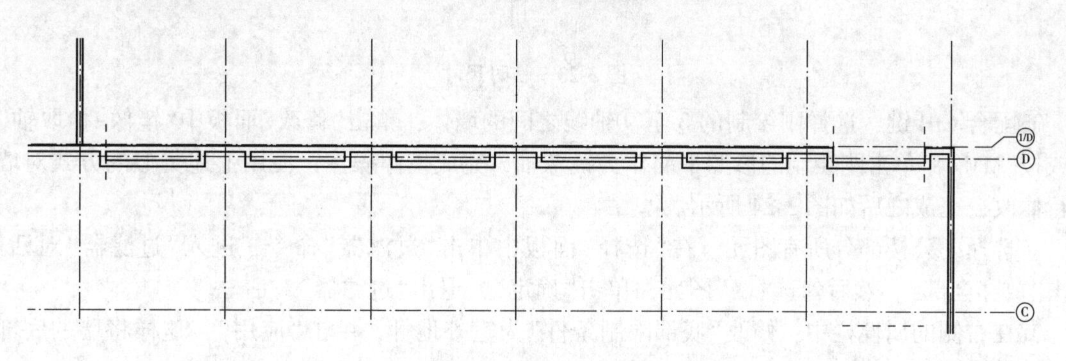

图 3-20　复制墙体轮廓

⑫单击“修改”面板中“拆分图元”工具，勾选“删除内部线段”选项。鼠标移动至一个复制的墙附近，在复制的墙与D轴线墙交点位置单击，然后另一边也在复制的墙与D轴线墙交点位置单击，Revit将自动清除两次单击之间的图元，如图3-21所示。

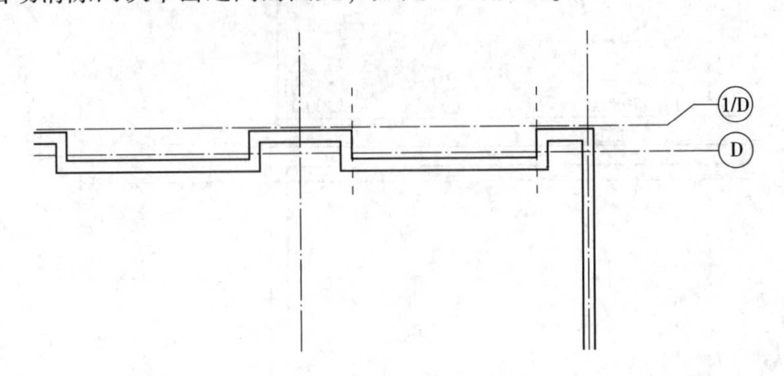

图3-21　修剪复制墙体轮廓

⑬使用类似的方式，将刚复制的另外几个墙体也进行修剪，修剪后如图3-22所示。

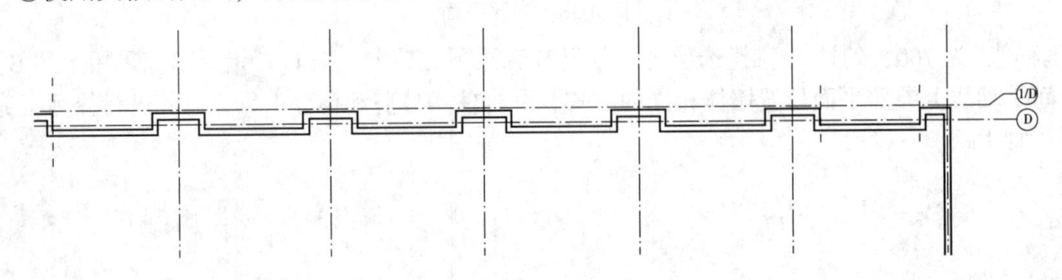

图3-22　修剪完成一层上部外墙轮廓

⑭单击“建筑”选项卡，在“工作平面”面板中单击“参照平面”命令，在B、C轴间绘制任意的参照平面。单击绘制的参照平面，如图3-23所示，单击“使用临时尺寸标注成为永久性尺寸标注”按钮，将其转化为永久尺寸标注。选择永久尺寸线，单击EQ(均分)按钮，将标注的尺寸线自动的等分，完成之后按ESC键退出。

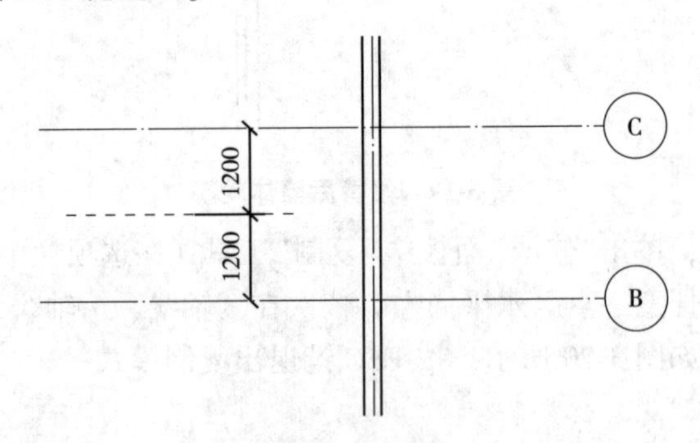

图3-23　临时尺寸

⑮配合Ctrl键，选择刚绘制的⑤至⑨轴线之间的墙体，单击“修改”面板中“镜像-拾取轴”工具或按“MM”，单击刚绘制的参照平面作为镜像轴，完成镜像操作，使用上述类似的方式对墙体进行修改，完成之后如图3-24所示。

⑯选择办公楼部分所有图元，在“选择”面板中单击“过滤器”命令，进入“过滤器”对话框。单击“放弃全部”，然后勾选“墙”图元，单击“确定”，退出“过滤器”对话框。

⑰在右侧的属性栏中，修改“底部限制条件”为室外地坪，单击“应用”，这样将墙的底部修改至室外地坪。

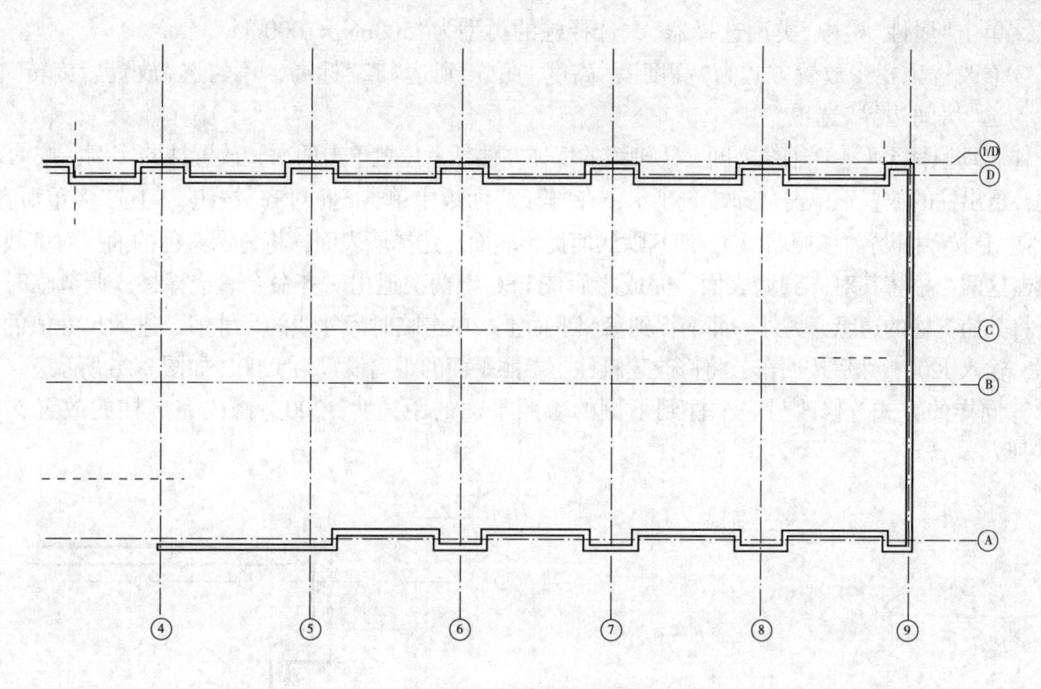

图 3-24　镜像墙外轮廓

⑱单击“建筑”选项卡，在“工作平面”面板中单击“参照平面”命令。在 A 轴线上方，④轴线左侧绘制一个水平参照平面，配合临时尺寸，修改其到 A 轴线之间的距离为 2700。在②轴线左侧 3000 位置绘制一个垂直的参照平面，继续在 B 轴线下方 600 处绘制一个水平的参照平面，如图 3-25 所示，完成后按 ESC 键退出。

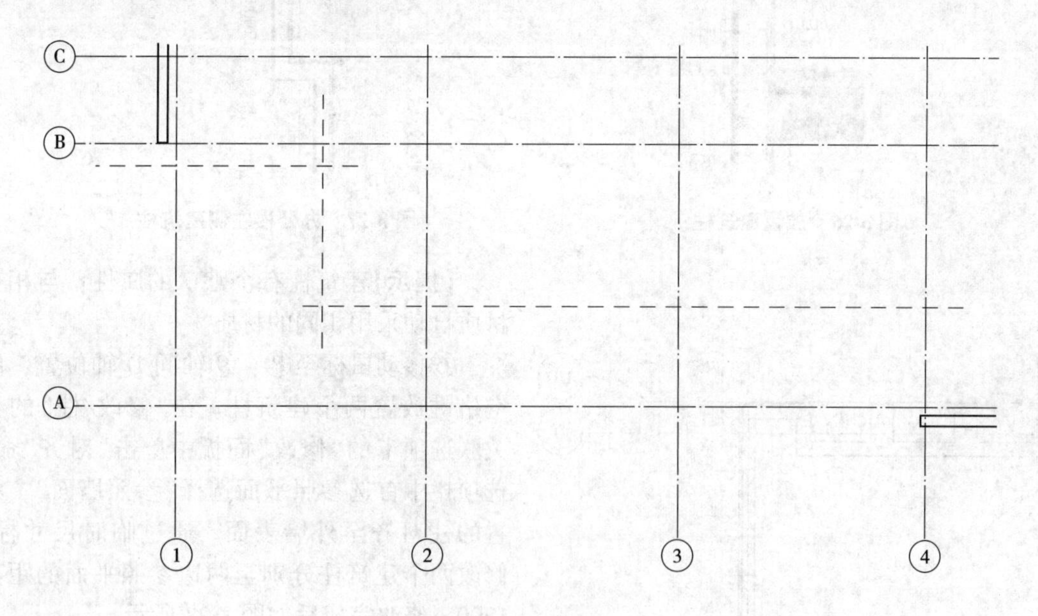

图 3-25　参照平面

⑲分别单击绘制的三个参照平面，从左至右，从下至上，依次命名为 A、B、C。

3. 1. 4　放置建筑柱

①单击“建筑”选项卡→“构建”面板→“柱”工具，在“柱”工具下拉列表中选择“柱：建筑”，进入“柱”的放置状态。

②单击“属性”栏中“类型选择器”，选择柱的类型为“500mm×1000mm”。

③修改选项栏中放置方式为“高度”，高度的位置到达“F2”标高，不勾选“放置后旋转”的选项，勾选“房间边界”选项。

④移动鼠标至C、D轴线之间，①轴线的墙体左侧任意位置单击两次，放置柱的实例，按ESC键两次，退出柱的放置。单击“修改”选项卡，在“修改”面板中单击(对齐)按钮。勾选“多重对齐”选项，在“首选”中设置“参照墙面”，使其默认捕捉到墙面。选择墙表面，将显示蓝色的捕捉对齐线，依次单击这两个柱将其对齐到墙表面，完成之后按ESC键两次退出对齐命令。选择柱，调节临时尺寸线，将其捕捉柱的边缘，另外一面捕捉到参照平面上。单击临时尺寸线的尺寸值，进入尺寸值的修改状态，输入1200，然后按回车，将修改建筑柱与参照平面的距离设置为1200，如图3-26所示。

⑤同样的方式，修改另一个柱到下侧的参照平面的距离为1200，修改完成柱的放置，如图3-27所示。

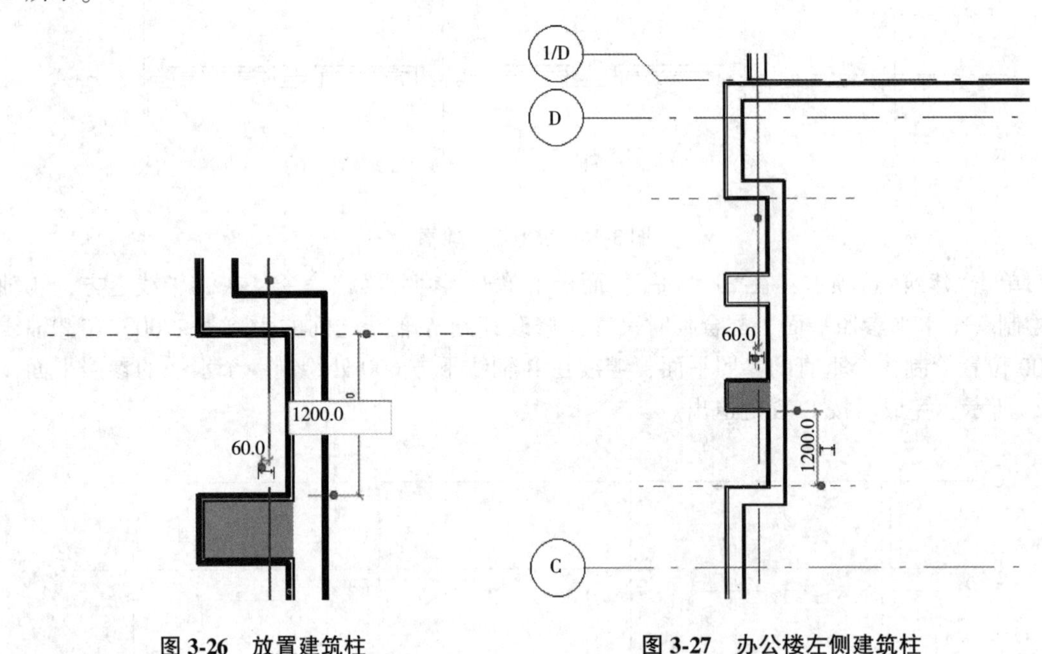

图3-26　放置建筑柱

图3-27　办公楼左侧建筑柱

【提示】建筑柱有个默认的属性：与相交的材质自动采用相同的材质。

⑥移动鼠标至⑧、⑨轴间D轴位置，配合空格键放置两个建筑柱。在“修改/柱”的上下关联选项卡的“修改”面板中单击“对齐”命令，选项栏中首选参照平面选择“参照墙面”，将放置的柱对齐至外墙表面。通过临时尺寸标注，修改两个建筑柱分别至两边参照平面的距离为1200，修改完成后如图3-28所示。

图3-28　办公楼上部建筑柱

⑦配合鼠标左键，选择刚放置的建筑柱。在“修改/柱”上下关联选项卡中单击“修改”面板中的“复制”命令。在选项栏中勾选“约束”“多个”两个选项。捕捉到⑨轴线上任意点，移动鼠标水平向左，单击各轴线，直至捕捉单击④轴线为止。

⑧选择④轴线最左侧柱子，将其删除。单击“建筑”选项卡，在“工作平面”面板中单击“参照平

面”命令，绘制一个垂直方向的参照平面，配合使用临时尺寸，修改参照平面的距离为3m，按ESC键退出。单击“修改”面板中“对齐”工具，选择参照平面单击作为参照目标，然后单击参照平面左侧的墙面，将其对齐到与参照平面对齐的位置，完成之后如图3-29所示，按ESC键退出当前的操作。

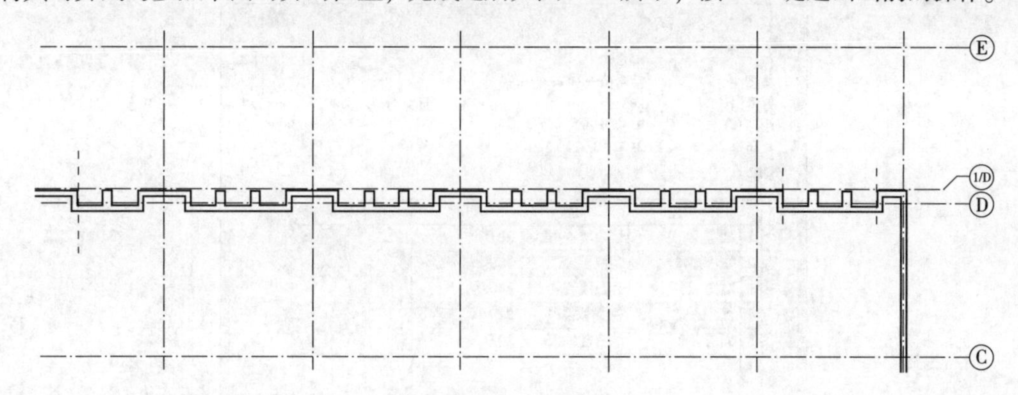

图3-29　复制建筑柱

⑨配合Ctrl键，选择刚绘制的⑤至⑨轴线之间的柱子，单击“修改”面板中“镜像-拾取轴”工具或按“MM”，单击B、C之间的参照平面作为镜像轴，完成镜像操作，使用上述类似的方式对墙体进行修改，完成之后如图3-30所示。

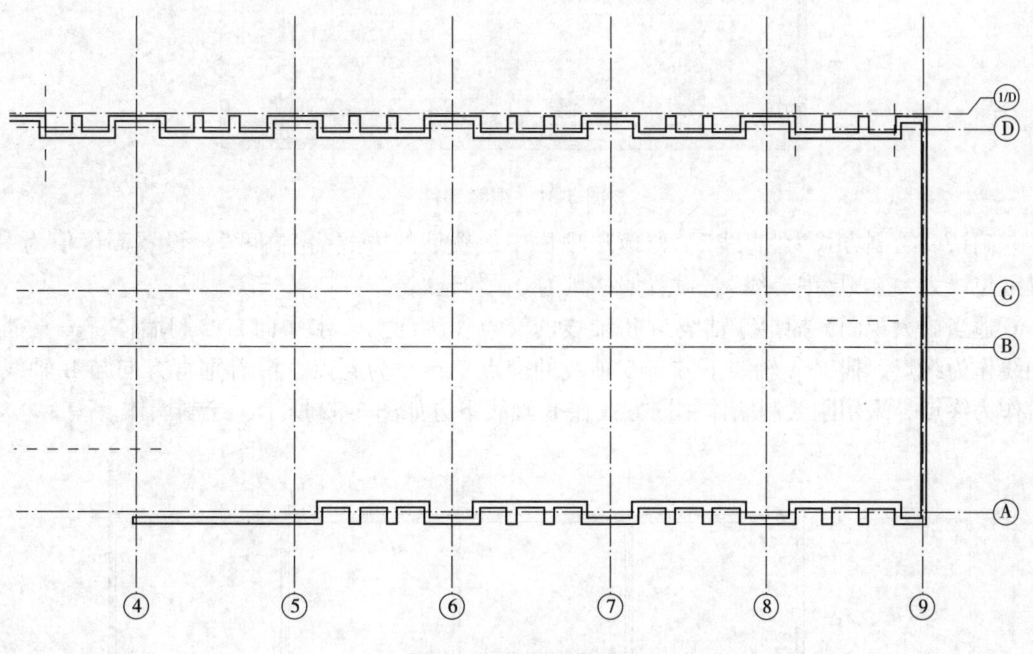

图3-30　镜像建筑柱

⑩单击任意的建筑柱，然后单击右键，在列表中选择在“选择全部实例”下的“在整个项目中”单击，选择全部的建筑柱。在“属性”栏中，将“底部标高”修改为“室外地坪”。

3.1.5　绘制一层内墙

①单击“建筑选项卡”→选择“构建”面板“墙”命令→下拉列表选择“墙：建筑”命令。确认“属性”栏中当前墙体为“综合楼-F1-240mm-外墙”，单击“编辑类型”，打开“类型属性”对话框。

②单击“复制”，复制创建名称为“综合楼-240mm-内墙”新的材质类型。

③修改“功能”为内部，单击结构后面的“编辑”按钮，打开“编辑部件”对话框。

④选择“衬底”结构层，单击下方的“删除”，将其删除，修改“面层2[5]”厚度为20。单击

材质后面的浏览按钮，打开“材质浏览器”对话框，下拉列表，选择“综合楼-内墙粉刷”，然后单击“确定”，返回“编辑部件”对话框，如图 3-31 所示。两次单击确定，返回“墙”的绘制模式。

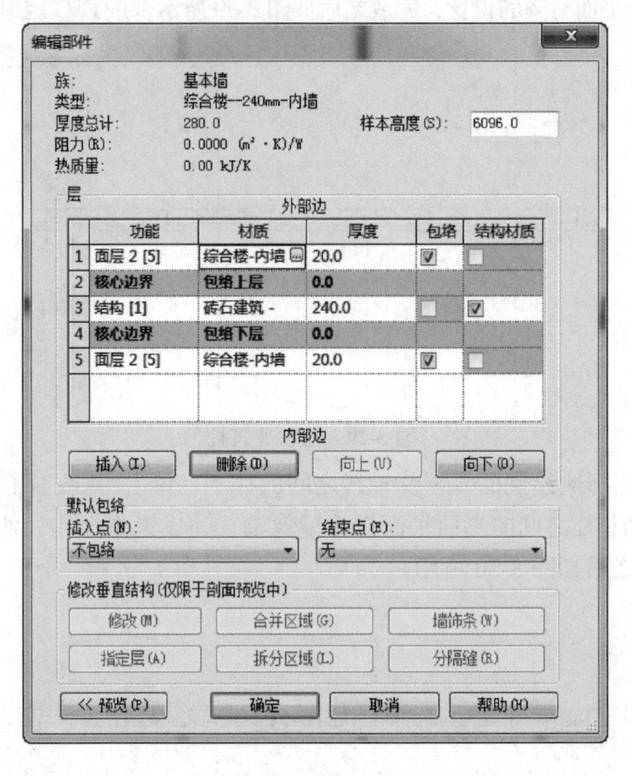

图 3-31　编辑部件

⑤确认墙绘制方式为“直线”，修改选项栏中放置墙的方式为“高度”，设置高度值为“F2”，设置定位线为“核心层中心线”，设置偏移量为 0，勾选“链”。

⑥适当放大视图，捕捉⑤轴线与 B 轴线的交点作为起点，水平向右绘制墙体，一直捕捉到⑨轴线作为终点。捕捉 A 轴线下方与⑤轴线的交点单击作为起点，沿着垂直方向与 B 轴线交点单击作为终点，采用刚绘制墙体相同方式在 B 轴线下方如图 3-32 所示，绘制墙体。

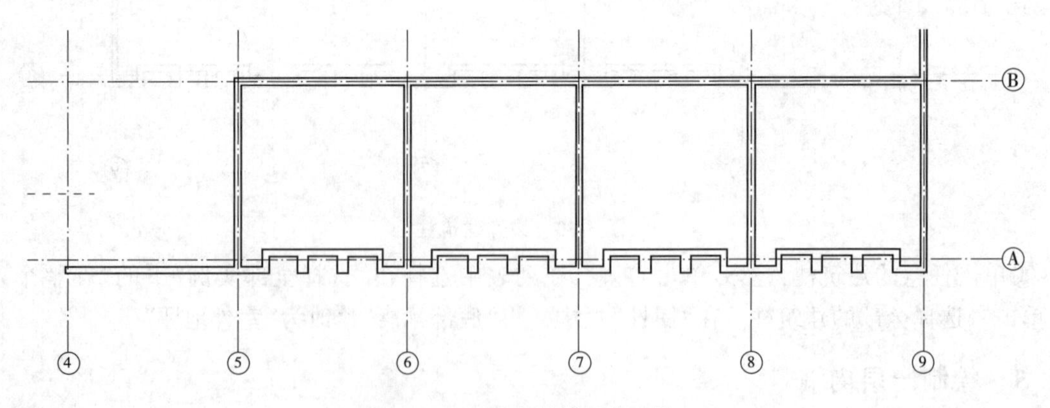

图 3-32　一层办公楼部分内墙

⑦移动鼠标捕捉①轴线左侧墙体与 C 轴线的交点单击作为内墙的起点，沿 C 轴线水平向左绘制，直至捕捉到 C 轴线与⑨轴线的交点单击作为终点。以 C 轴线与②轴线交点为起点，捕捉到②轴线与 1/D 轴线交点为起点绘制垂直 C 轴线的内墙墙体，以同样的方式分别绘制③、⑤、⑥、⑦、⑧轴线与 C 轴线垂直的内墙墙体，如图 3-33 所示。

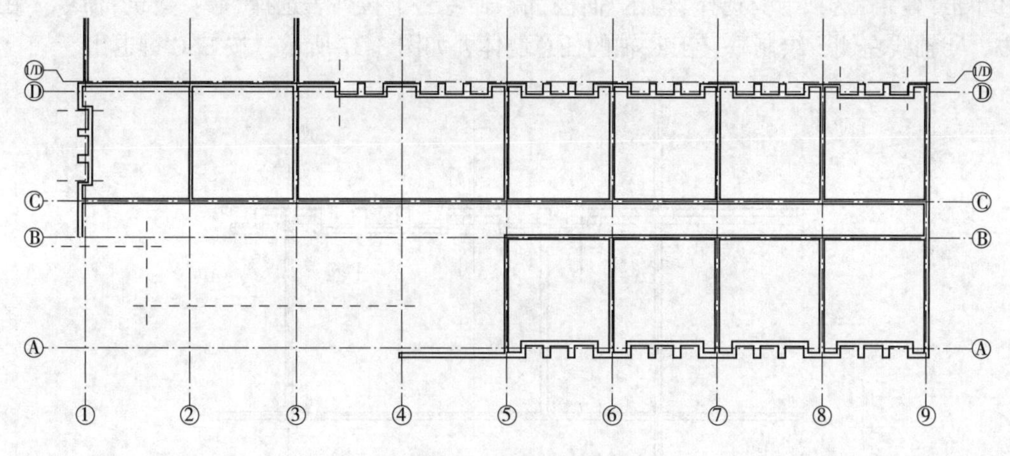

图 3-33　一楼办公楼内墙

⑧单击“建筑”选项卡，在“工作平面”面板中单击“参照平面”命令。在⑦、⑧轴线之间，垂直于C轴线的任意位置绘制两个参照平面，在C轴上方垂直于刚绘制的参照平面的任意位置绘制一个参照平面。垂直于C轴右侧的参照平面，命名为“D”，左侧的参照平面命名为“E”，上方的平面命名为“F”。配合临时尺寸标注线，修改D参照平面与⑨轴线的距离为2300，修改F参照平面到D参照平面的距离为2100，修改F轴线与C轴线的距离为3600，如图3-34所示。

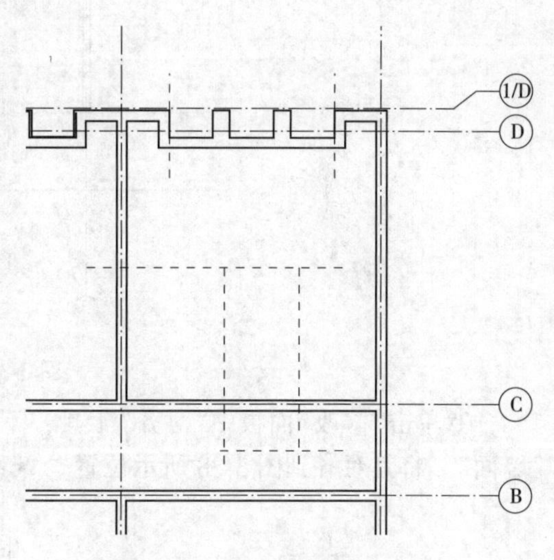

图 3-34　一层卫生间参照平面

⑨继续使用墙工具，确认墙体类型为“综合楼-240mm-内墙”，捕捉到C轴线与E参照平面的交点单击作为起点，沿着E参照平面向上，直至捕捉到D轴线下方的墙体，单击作为终点。捕捉到F参照平面与E参照平面交点单击作为墙体起点，沿F参照平面绘制，直至捕捉到F参照平面与⑨轴线交点作为终点。捕捉C轴线与D参照平面与交点单击作为起点，沿D参照平面绘制，捕捉到D参照平面与F参照平面的交点作为终点，如图3-35所示。

⑩单击“修改”面板中“拆分图元”工具或者按“SL”，将刚绘制的墙体进行拆分。配合使用“修剪/延伸为角”工具，按照图3-36所示，进行修剪。

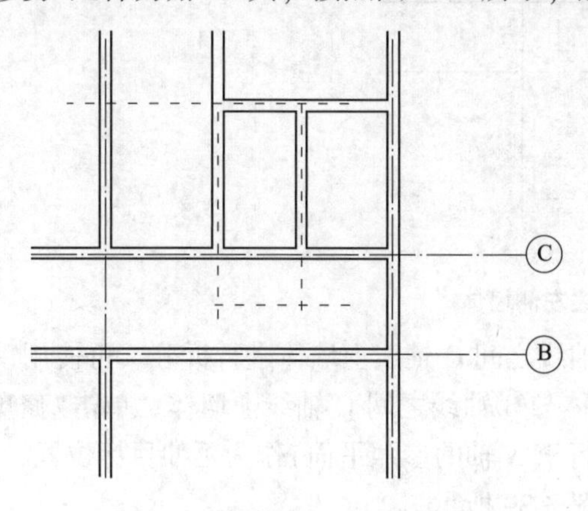

图 3-35　一层卫生间墙体草图

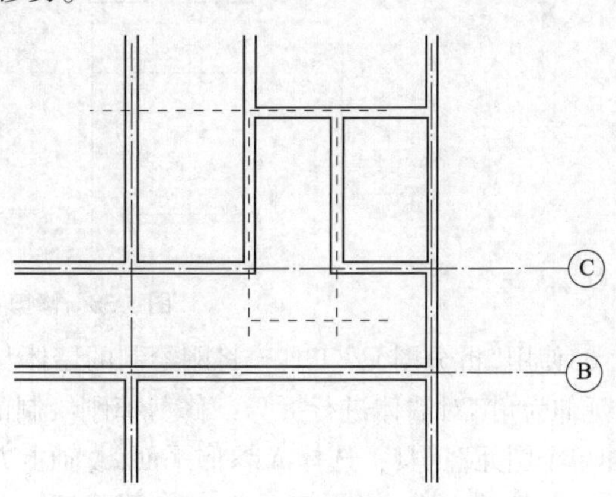

图 3-36　一层卫生间墙体轮廓

⑪单击“建筑”选项卡→选择“构建”面板“墙”命令→下拉列表选择“墙：建筑”命令。在C轴线上方，④轴线左侧，绘制垂直于C轴的任意墙体，如图3-37所示，按ESC键退出。

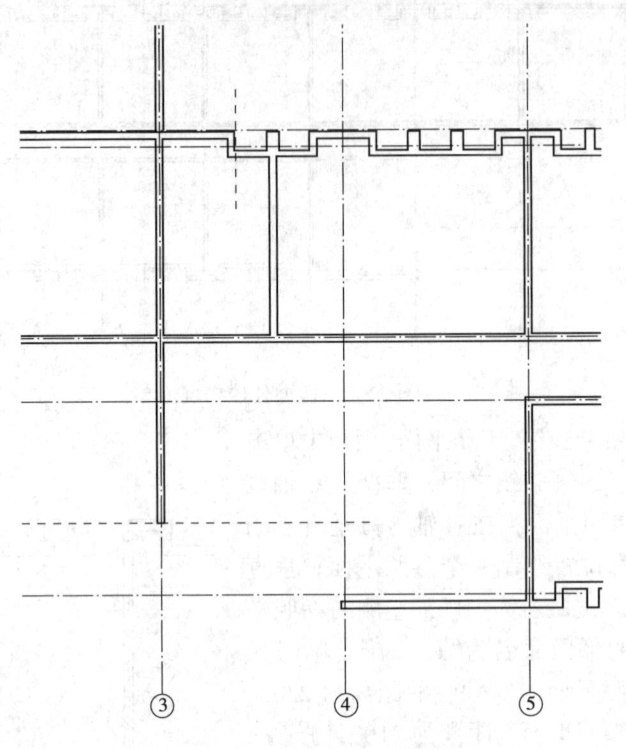

图3-37　④轴线左侧墙体

⑫单击“修改”面板中“对齐”工具，不勾选选项栏中“多重对齐”，确认对齐首选项为“参照墙面”，将其对齐到图3-38所示位置。

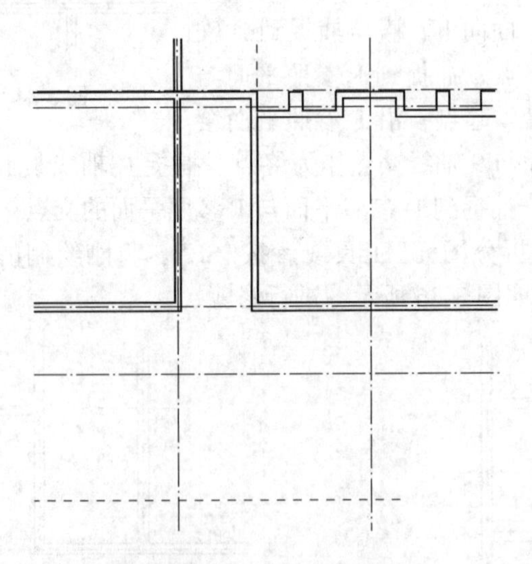

图3-38　修剪④轴线左侧墙体

⑬使用“拆分图元”工具，将刚绘制的墙体与③轴线之间C轴线上墙体进行拆分。再使用“修剪/延伸为角”对墙体进行拆分，修剪掉刚绘制的墙体与③轴线之间C轴线上墙体。单击“修剪/延伸单个图元”工具，选择A参照平面(A轴上方平行于A轴的参照平面)作为延伸目标位置，单击③轴线上的内墙，将其延伸到A参照平面上，如图3-39所示。

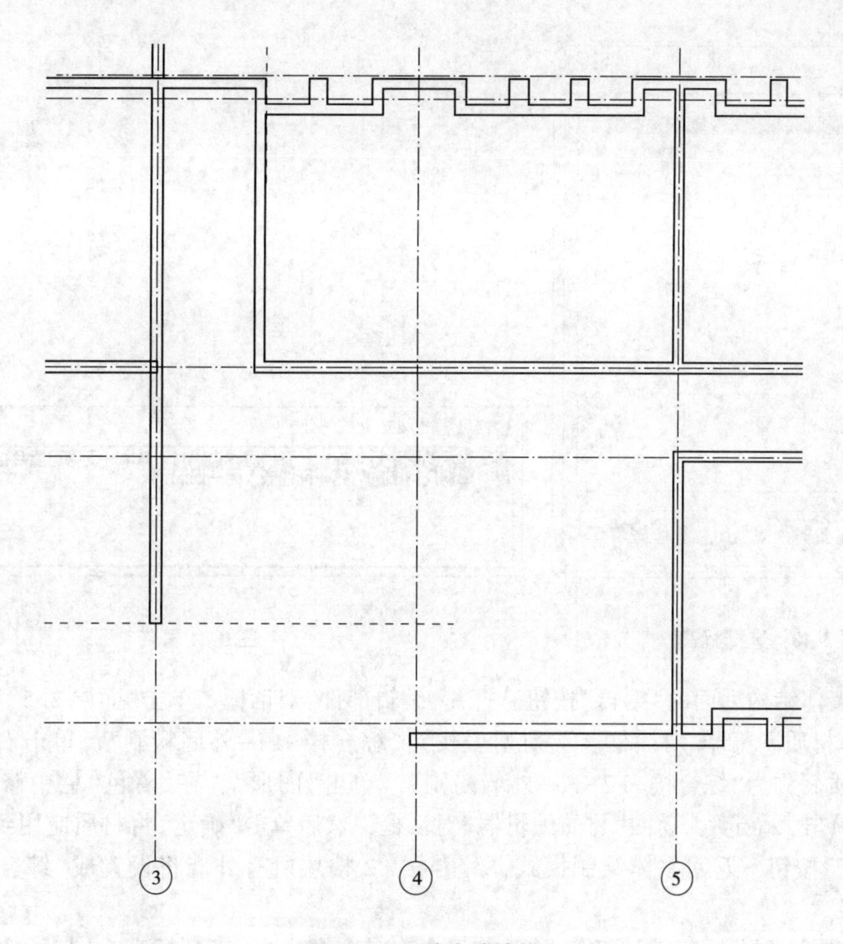

图 3-39　延伸内墙墙体

3.2　绘制办公楼部分二、三层外墙及女儿墙

3.2.1　绘制办公楼部分二、三层外墙

①移动鼠标至办公楼部分任意位置，当前的外墙将被高亮显示。按键盘的 Tab，首尾相连的外墙均高亮显示，单击鼠标左键，将选择所有的高亮显示的外墙。

【提示】使用 Tab 键可以选择重叠的对象以及首尾相连的对象。

②选择墙体后将切换至“修改/墙”上下关联选项卡，单击“剪切板”面板中的“复制到剪切板”命令，将其复制到剪切板。

③切换至 F2 平面视图，将观察 F2 平面视图中外墙墙体以灰线显示(这部分墙体是 F1 楼层的外墙，未在 F2 平面生成投影，观察到的是墙体的基线)。

④切换至“修改”选项卡，单击“剪切板”中“粘贴”命令，在下拉列表中选择“与选定的标高对齐”，弹出“选择标高”对话框，如图 3-40 所示，选择 F2，单击“确定”。

【提示】这时 Revit 将给出如图 3-41 所示的警告，其中的墙体有重叠的部分。原因是复制的 F1 墙体，默认的底部限制条件设置在地坪上，造成 F2 与 F1 墙体有一部分重叠。

⑤确保墙体处于选择的状态，单击“属性”栏中“编辑类型”按钮，打开“类型属性”对话框。单击“复制”，创建名称为“综合楼-F2-F5-240mm-外墙”的新材质。

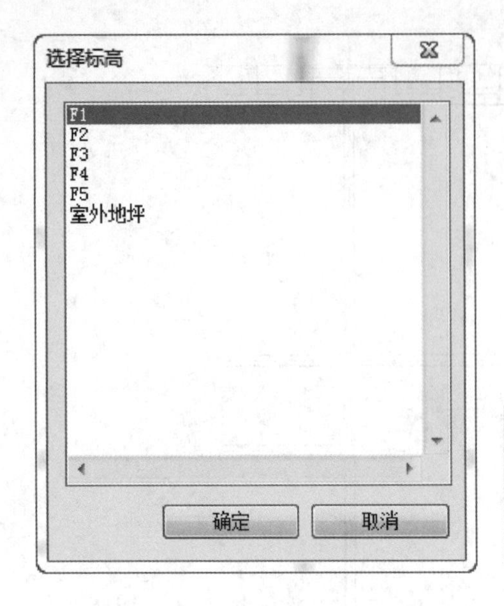

图 3-40　选择标高

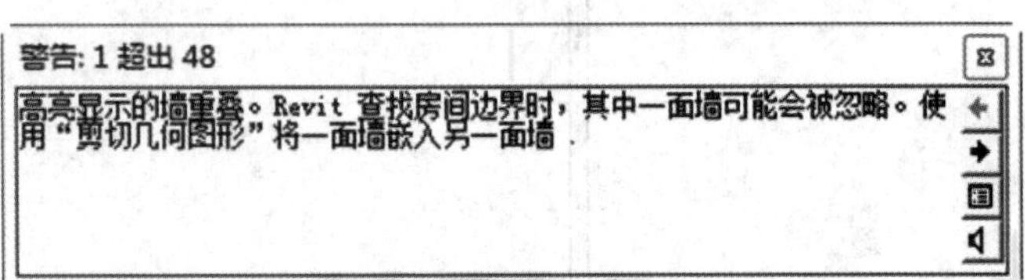

图 3-41 警告

⑥单击墙体结构后面的“编辑”按钮，打开“编辑部件”对话框。单击“面层 2[5]”后面的材质按钮，打开“材质浏览器”对话框。下列列表找到“综合楼-F1-外墙粉刷”，单击右键，选择复制，修改材质名称为“综合楼-F2-F5-外墙粉刷”。单击“图形”，在“着色”栏中修改“颜色”为“淡黄色”，单击“确定”，返回“材质编辑器”对话框，然后单击“确定”将材质应用到构造层。继续单击“确定”按钮，返回墙体绘制模式，综合楼 F2 楼层所有外墙将设置成“综合楼-F2-F5-240mm-外墙”。

⑦修改“属性”栏中“底部偏移”为 0，“顶部约束”修改为“直到标高：F4”，完成之后单击“应用”。切换至默认三维视图，绘制图形如图 3-42 所示。

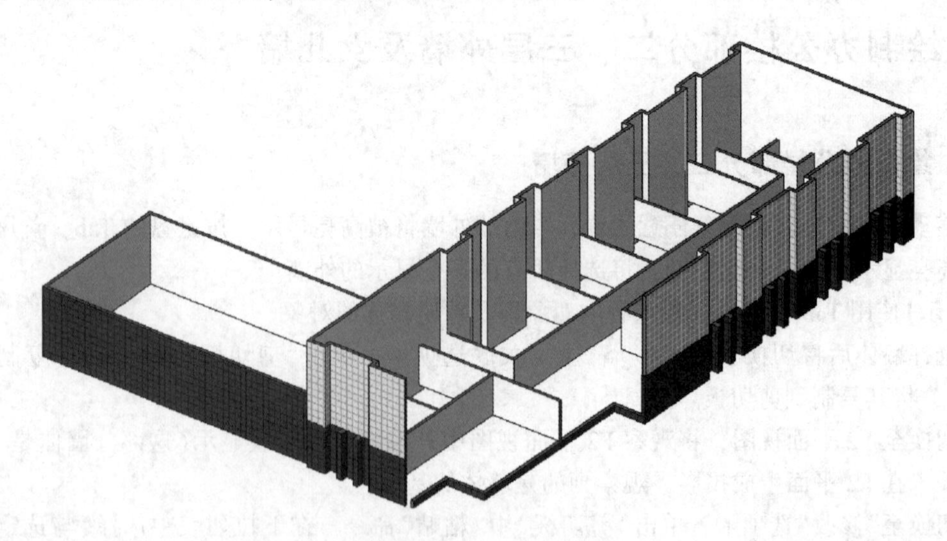

图 3-42　二、三层外墙

⑧切换至 F1 平面视图，选择所有图元对象，配合使用过滤器的工具，选择所有的“建筑柱”。单击“剪切板”面板中“复制到剪切板”按钮，配合使用“粘贴”下拉列表，选择“与选定标高对齐”，打开“选择标高”对话框。选择 F2 标高，将其复制到 F3 楼层中。切换至默认三维视图，如图 3-43 所示。

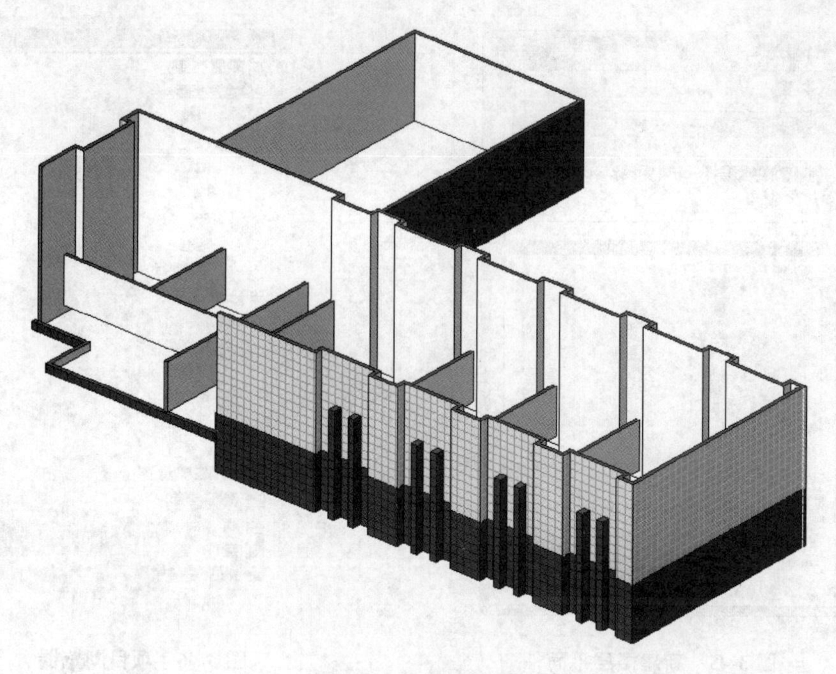

图 3-43　二楼建筑柱

⑨切换至 F2 楼层平面视图，单击任意建筑柱。单击鼠标右键，选择“选择全部实例”中“在视图中可见”项(将选择在视图中所有可见的建筑柱)。在“属性栏”中修改“底部偏移”为 0，将“顶部偏移”修改为 F4，修改完成后单击“应用”。完成之后，切换至默认三维视图，如图 3-44 所示，建筑柱的材质与 F2 之上的墙体材质保持一致。

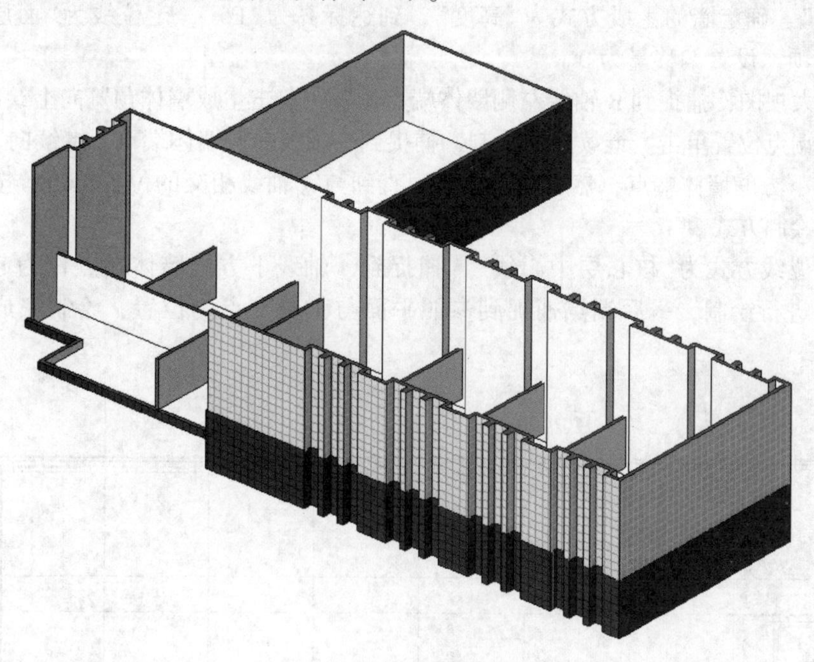

图 3-44　三层建筑柱

⑩单击“视图”选项卡，在“创建”面板中单击“平面视图”，在下拉列表中选择“楼层平面”，弹出“新建楼层平面”对话框，如图 3-45 所示。按 Shift 键将 F4、F5 全部选择，单击“确定”，如图 3-46 所示，“项目浏览器”中“平面视图”显示出刚创建的“F4、F5”平面视图。

【提示】在“新建楼层平面”中列出所有没有生成平面的标高。

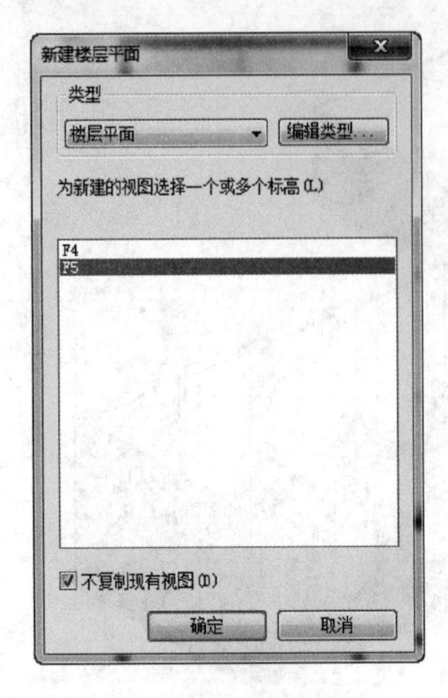

图 3-45　新建楼层平面

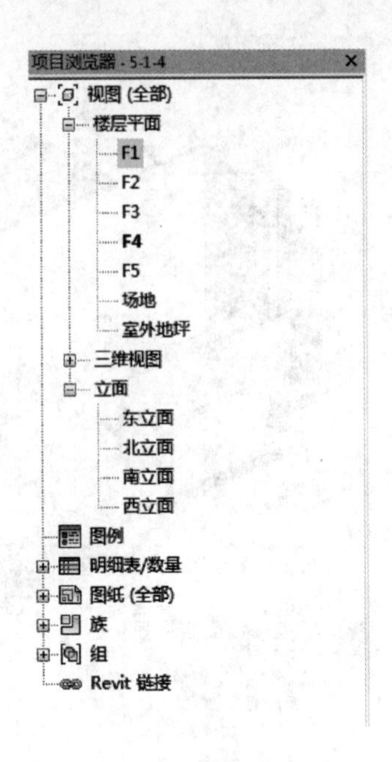

图 3-46　项目浏览器

3.2.2　绘制办公楼部分女儿墙

①切换至 F4 楼层平面视图，单击“建筑选项卡”→选择“构建”面板“墙”命令→下拉列表选择“墙：建筑”命令。确定墙的绘制方式为“直线”，修改“属性”栏中墙的类型为“综合楼-F2-F5-240mm-外墙”，确定墙的生成方式为“高度”，到达标高为“F5”，定位线为“面层面：外部”，勾选“链”的选项，设置偏移量为 0。

②适当放大视图，捕捉到 B 轴线左侧墙体端点位置，单击生成墙体预览向上绘制，捕捉到 D 轴线上方墙体端点位置单击。继续向右绘制，捕捉到⑨轴线右侧墙体端点。继续向下绘制，一直捕捉到 A 轴线下方的墙体端点，然后向左绘制，直到与④轴线相交的位置单击，按 ESC 键依次退出当前墙体绘制方式。

③修改定位线方式为“核心层中心线”，捕捉到④轴线下方的墙体端点作为起点，沿着参照平面的交点进行绘制，最后端点捕捉到参照平面与①轴交点的位置，绘制完成后如图 3-47 所示。

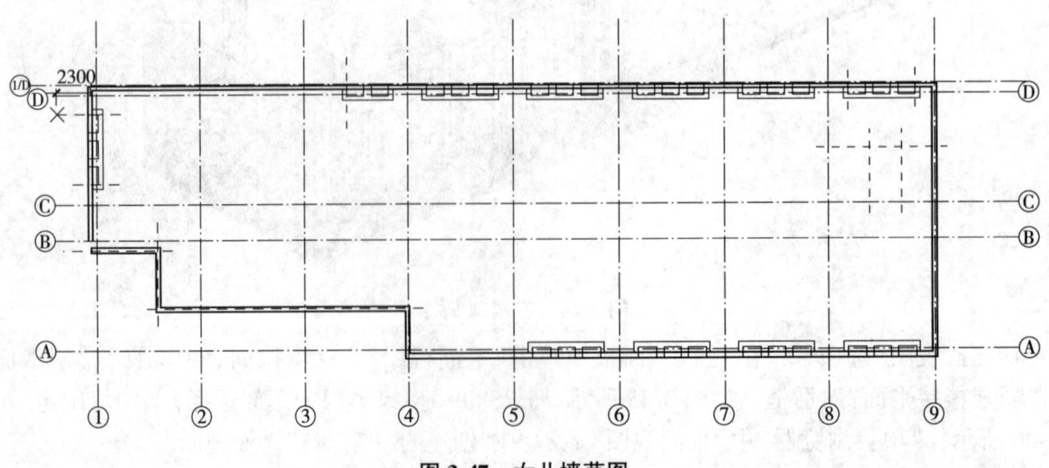

图 3-47　女儿墙草图

④切换至默认三维视图，配合 Ctrl 键，选择如图 3-48 所示的墙体图元。修改“属性”栏中“底部偏移”为-600，单击“应用”。

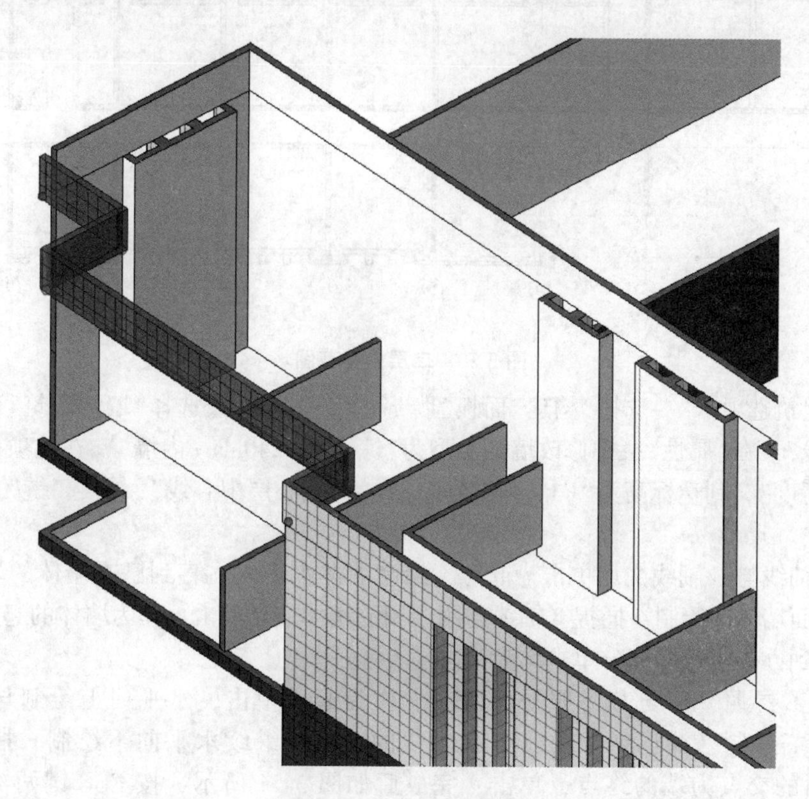

图 3-48 女儿墙三维视图

3.3 绘制办公楼部分二、三层内墙

①切换至 F2 楼层平面视图，内墙部分以基线的方式显示在当前的视图中，如图 3-49 所示，“属性栏”中有“基线”属性的设置，在后面章节将详细介绍。

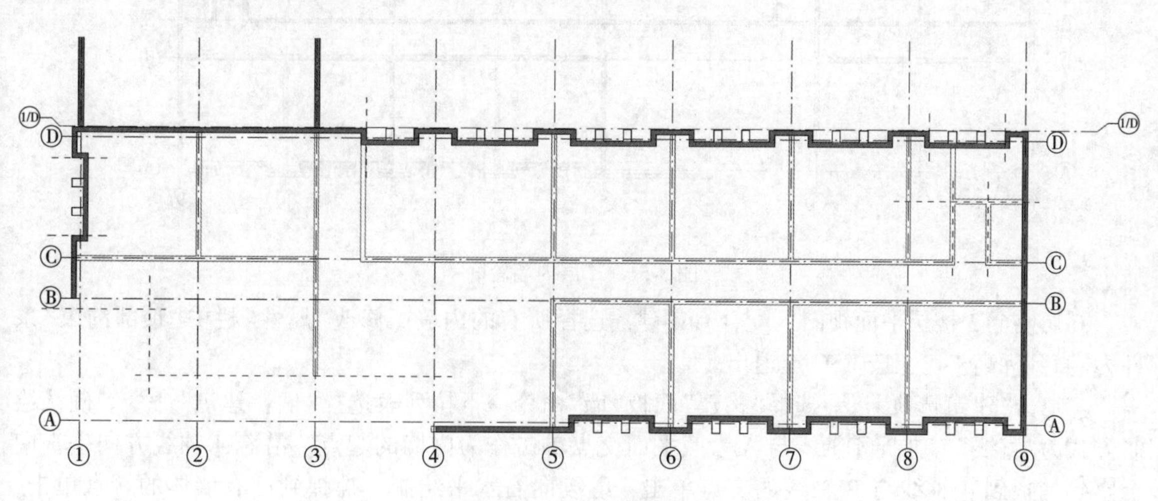

图 3-49 二层内墙基线

②配合 Ctrl 键，选择④轴线右侧的所有墙体，修改“属性”栏中“顶部约束”条件为“直到标高 F3”，完成后如图 3-50 所示。

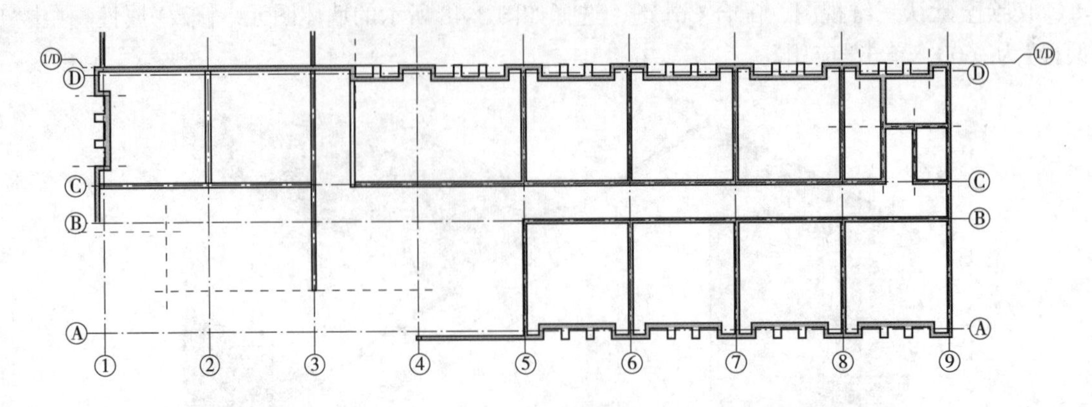

图 3-50 二层内墙草图

③单击"建筑选项卡"→选择"构建"面板"墙"命令→下拉列表选择"墙：建筑"命令。确认绘制方式为"直线"。在"属性"栏中修改墙的类型为"综合楼-240mm-内墙"，在选项栏中确定墙的生成方式为"高度"，到达标高为"F3"，修改定位线为"核心层中心线"，勾选"链"，设置偏移量为 0。

④捕捉①轴线与 C 轴线交点单击为起点，绘制墙体水平向右直到已有墙体的端点为终点并单击，完成这面墙体的绘制。捕捉③轴线与刚绘制的墙体交点单击，作为墙体的起点，沿着③轴线向上，捕捉到办公楼外墙部分单击作为终点。

⑤捕捉到 B 参照平面与 C 参照平面的交点作为起点单击，水平向上绘制与 B 轴线交点单击。然后向右绘制，捕捉到③轴线与 B 轴线的交点。继续水平向下绘制，捕捉到③轴线与 A 参照平面的交点为墙的终点，单击，完成后如图 3-51 所示，按 ESC 键两次，退出当前命名。

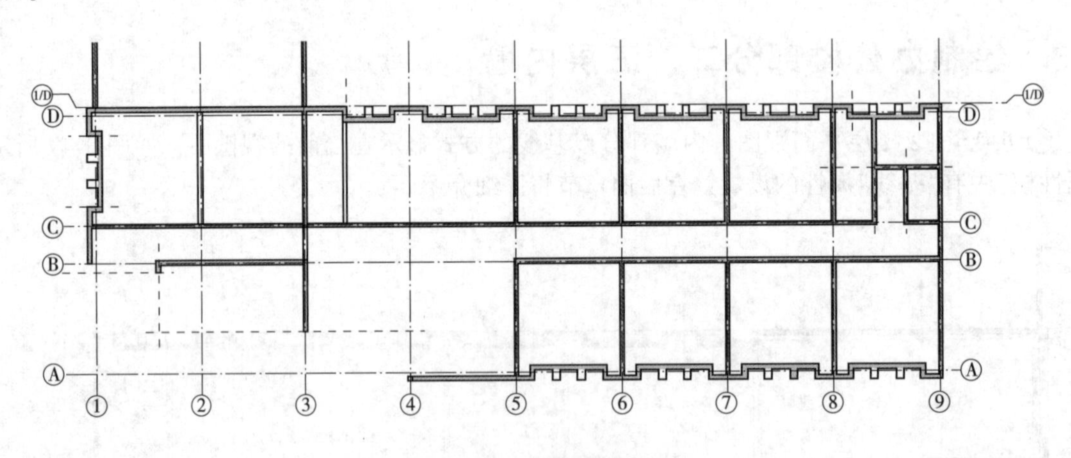

图 3-51 二层内墙轮廓

⑥切换至 3 楼层平面视图，配合 Ctrl 键，选择所有的内墙。修改"属性"栏中"顶部约束"条件为"直到标高 F4"，按 ESC 键退出。

⑦单击"建筑选项卡"→选择"构建"面板"墙"命令→下拉列表选择"墙：建筑"命令。确认绘制方式为"直线"。捕捉④轴线与 A 参照平面交点单击作为内墙的起点，沿着④轴线方向垂直向上直到捕捉到④轴线与 B 轴线的交点单击，继续向右水平绘制，捕捉到已有墙体的端点单击，完成当前墙体的绘制，按 ESC 键退出当前命名。切换至默认三维视图，完成后的图形如图 3-52 所示。

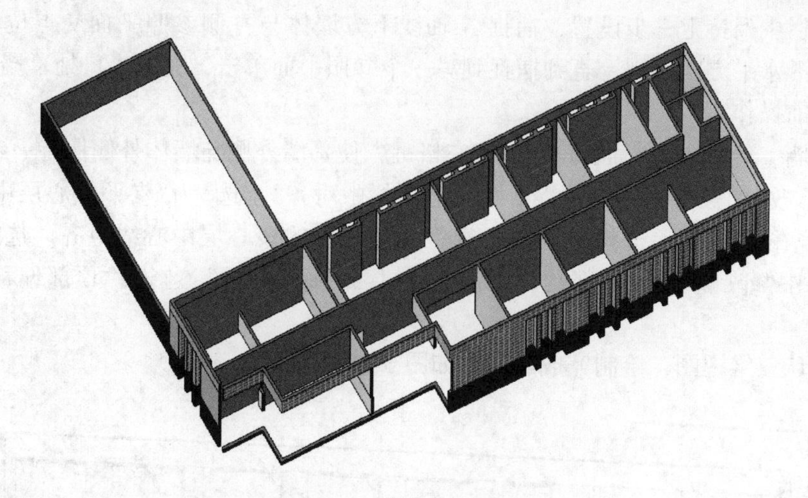

图 3-52 内墙三维视图

3.4 添加办公楼部分幕墙

①切换至 F1 楼层平面视图，单击“建筑选项卡”→选择“构建”面板“墙”命令→下拉列表选择“墙：建筑”命令。确认绘制方式为“直线”，在“属性”栏中墙的“类型选择”列表中选择当前墙的类型为“幕墙”。

②单击“编辑类型”，打开“类型属性”对话框。单击“复制”按钮，创建名称为“综合楼-外部幕墙”的新族类型。保持默认设置，单击“确实”，返回幕墙的绘制状态。

③捕捉 A 轴线下方④轴线位置上任意一点，按如图 3-53 所示，沿参照平面绘制玻璃幕墙草图，按 ESC 键两次退出当前命令。

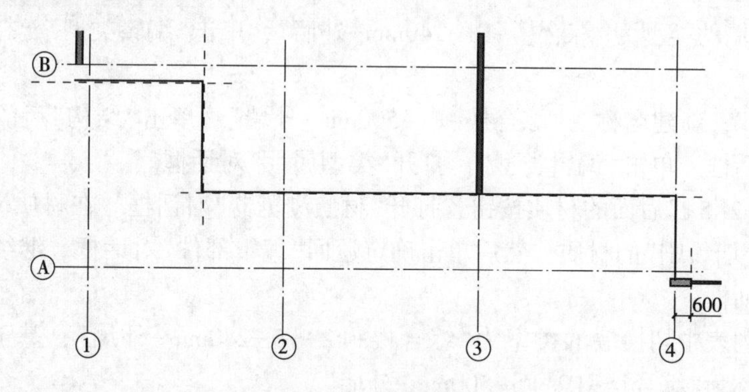

图 3-53 幕墙草图

④选择刚绘制的幕墙，在“属性”中修改幕墙的“顶部约束”条件为“直到标高：F4”，修改“顶部偏移”为“-600”，单击“应用”。

⑤单击“建筑”选项卡→“工作平面”面板→“参照平面”工具，垂直于④、⑤轴线之间 A 轴线下方的墙体绘制两个参照平面。配合临时尺寸标注，修改左右参照平面分别到④、⑤轴线距离为 600。

⑥继续使用“墙”工具，确认“墙”类型为“综合楼-外部幕墙”。单击“编辑类型”，单开“类型属性”对话框。单击“复制”，新建名称为“综合楼-入口处幕墙”。勾选“自动嵌入”，其他保持默认不变，单击确定，返回绘制模式。

【提示】在这里墙体需要被打断，因此需要勾选“自动嵌入”。

⑦在选项栏中保持上一步设置，捕捉 A 轴线下方墙体与左侧参照平面交点位置单击，作为幕墙的起点，沿水平方向绘制，直到捕捉到另一个参照平面单击，完成入口处幕墙绘制，按 ESC 键两次退出当前操作。

⑧单击幕墙，然后单击⇕翻转符号或按空格键，使幕墙外侧与墙体外侧保持一致。

⑨单击“修改”面板中“对齐”命令，设置选项栏中对齐“首选”为“参照核心层中心线”，选择 A 轴线下方墙体核心，然后选择幕墙中心线将其与外墙的核心层中心线对齐。选择刚绘制的幕墙，在“属性”中修改幕墙的“顶部约束”条件为“直到标高：F4”，修改“顶部偏移”为“-600”，单击“应用”。

⑩单击默认三维视图，绘制完成后图形如图 3-54 所示。

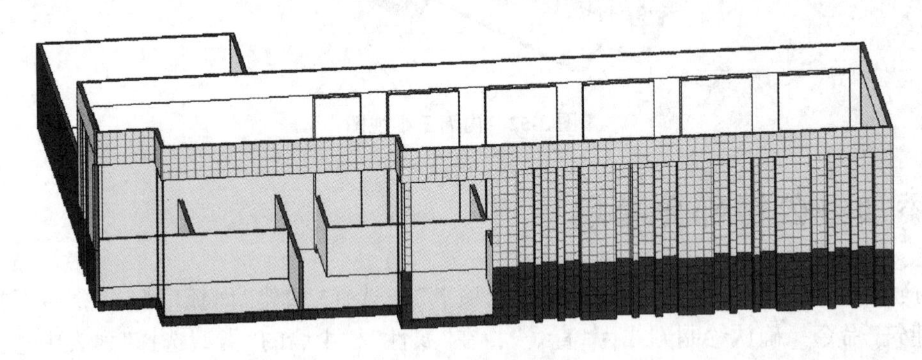

图 3-54　幕墙三维视图

3.5　定义并绘制叠层墙

①单击“建筑选项卡”→选择“构建”面板“墙”命令→下拉列表选择“墙：建筑”命令。在“属性”栏列表中选择墙的类型为“综合楼-F1-240mm-外墙”，单击“编辑类型”，打开“类型属性”对话框。

②单击“复制”，新建名称为“综合楼-F1-500mm-外墙”。单击“结构”后的“编辑”按钮，打开“编辑部件”对话框。单击“编辑类型”，打开“类型属性”对话框。

③单击“面层 2[5]”后面的材质按钮，打开“材质浏览器”对话框。在材质浏览器中选择名称为“综合楼-F1-外墙粉刷”的材质，然后单击确定返回“编辑部件”对话框。继续单击“确定”，返回“类型属性”对话框。

④在“类型”列表中切换墙的类型为“综合楼-F2-F5-240mm-外墙”，基于此墙类型，单击“复制”，创建名称为“综合楼-F2-F5-500mm-外墙”。

⑤单击“编辑类型”，打开“类型属性”对话框。同样的单击“编辑类型”，打开“类型属性”对话框，修改“面层 2[5]”材质为“综合楼-F2-F5-外墙粉刷”。

⑥切换当前族为“叠层墙”，单击“复制”按钮，创建名称为“综合楼-500mm-叠层墙”叠层墙。单击“结构”后面的“编辑”按钮，打开“编辑部件”对话框。单击“名称”下面列表，选择基本墙的类型为“综合楼-F1-500mm-外墙”，设置其高度值为 4200。同时单击下方的“插入”按钮，插入一个新的构造类型，将基本墙类型设置为“综合-F2-F5-500mm-外墙”。选择“综合楼-F2-F5-500mm-外墙”，单击下面“可变”，使其高度为可变状态。

【提示】在叠层墙中必须制定一段可变的高度。

⑦完成后单击“确定”，回到墙的“类型属性”对话框。继续单击“确定”，返回叠层墙编辑模式。

⑧切换至“室外地坪”楼层平面，单击“建筑选项卡”→选择“构建”面板“墙”命令→下拉列表选择“墙：建筑”命令。选择墙的绘制方式为直线，确认墙的生成方式为“高度”，设置标高为“F5”，设置定位线为“墙中心线”，确认勾选“链”选项，设置偏移量为0。

【提示】在叠层墙设置中定义叠层墙最底部的高度为4200，因此高度应不小于4200。

⑨在A轴线下方④轴线上任意一点位置作为墙的起点，沿水平方向向左绘制，捕捉到①轴线左侧任意位置单击完成第一面墙的绘制。继续垂直向上绘制，在B轴线下方任意位置单击，完成第二面墙的绘制，绘制完成后的草图如图3-55所示。

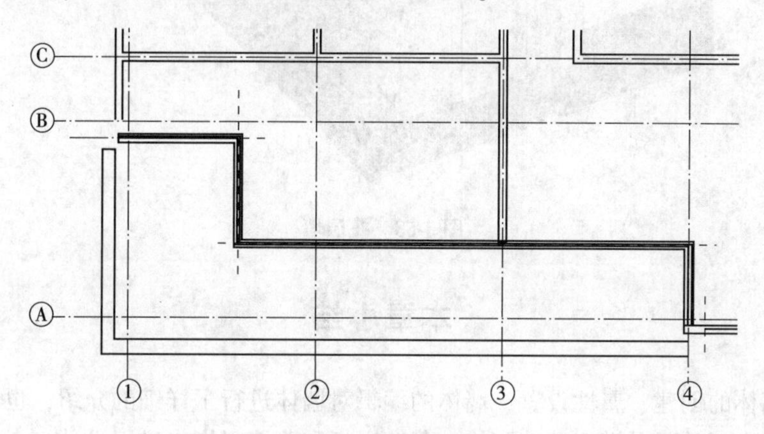

图3-55　叠层墙草图

⑩选择刚绘制的垂直方向叠层墙，在端点位置会显示(端点)符号。单击鼠标右键，在弹出的菜单中选择不允许连接选项。再次选择叠层墙时，叠层墙将显现出(不允许连接)符号。

⑪单击“修改”面板中“对齐”工具，在选项栏中选择参照首选项为“参照墙面”，不勾选“多重对齐”选项。单击已有综合楼外墙表面作为对齐目标，再次单击叠层墙外墙表面，将其对齐，完成后按ESC键退出。

⑫单击“修改”面板中“修剪/延伸单个图元”工具，选择B轴线作为延伸的目标位置，再次单击叠层墙将其延伸至B轴线位置。继续使用延伸工具，将幕墙延伸至叠层墙边缘。使用类似的方式，单击右键选择“不允许连接”。使用对齐工具，是叠层墙与A轴线对齐。

⑬完成后如图3-56所示，墙体部分存在重叠。选择办公楼部分外墙端点位置，单击鼠标右键，选择不允许连接。使用“修剪/延伸单个图元”，对墙体进行修剪，完成之后，如图3-57所示。

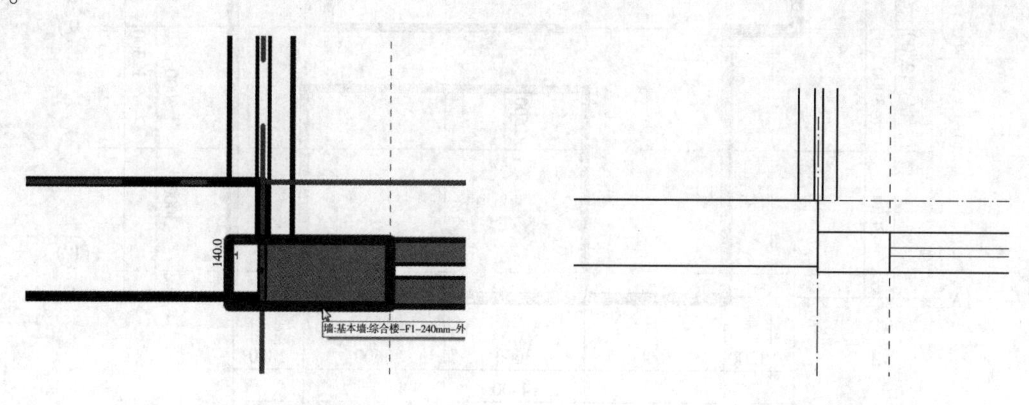

图3-56　叠层墙细部修剪　　　　**图3-57　叠层墙修剪完成**

⑭完成后按ESC键退出当前命令，切换至默认三维视图，绘制完成叠层墙如图3-58所示。

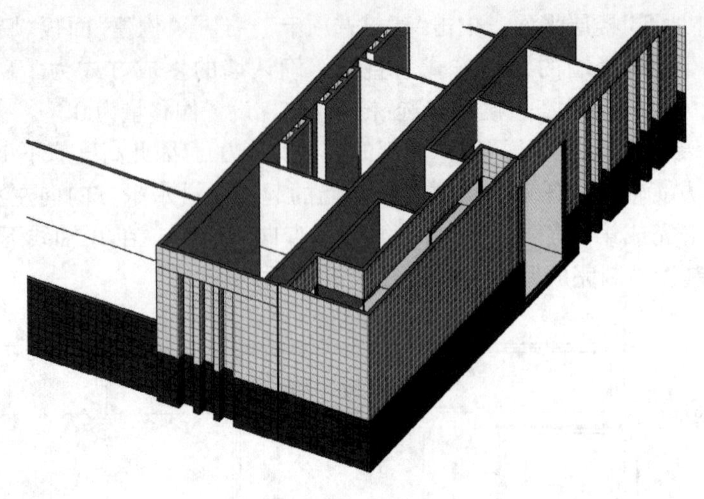

图 3-58　叠层墙

本章小结

本章通过墙体的创建、属性设置、墙体的编辑对墙体进行了详细的介绍，也介绍了幕墙的绘制和编辑，幕墙主要是通过设置幕墙网格、幕墙嵌板和幕墙竖挺来进行设计。

练习

绘制以下墙体：

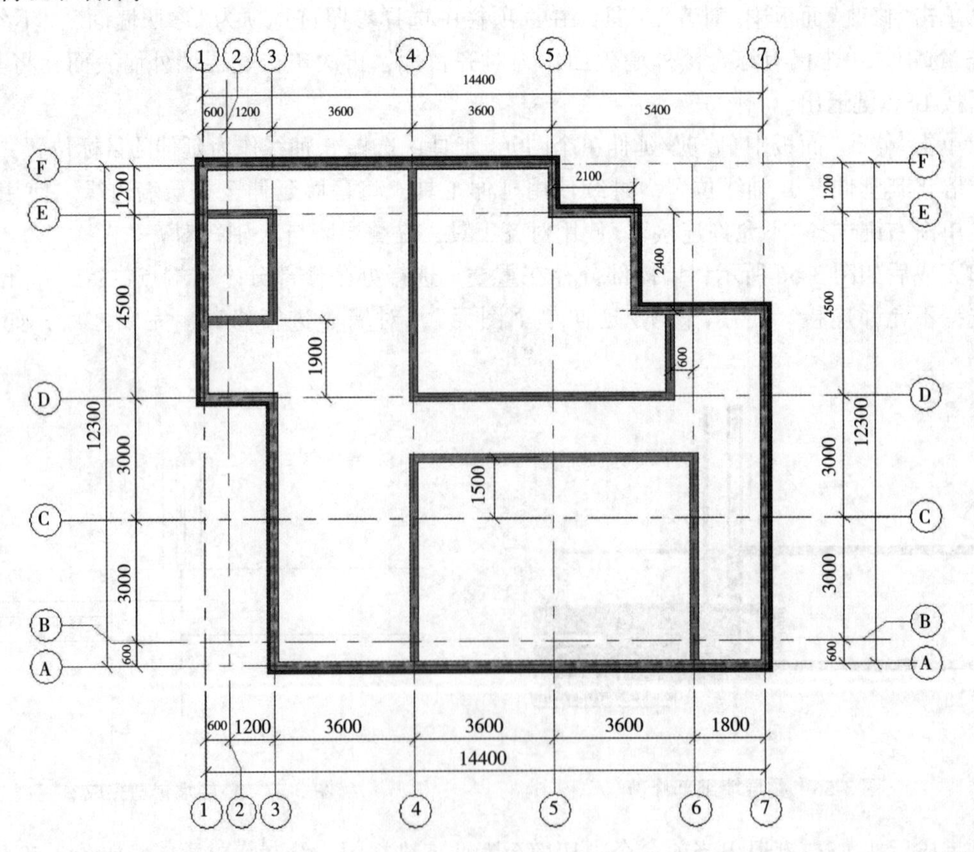

▶▶▶第 4 章　门、窗

本章导读

完成墙体的模型后，可以使用“门、窗”命令为项目中添加门窗。Revit 的门、窗图元必须依附于墙体等主体构件，称为“基于主体的构件”。可以使用“族编辑器”自定义门、窗族，并储存为单独的后缀名为 rfa 的族文件。本章中，将为小别墅添加门、窗构件，学习如何载入外部族文件，以及如何定位门窗。在开始本章操作前，请确认已完成第三章中介绍的墙体模型。

本章要点

了解 Revit 中门和窗的概念；
了解运用门窗及绘制的方法；
了解如何设置门窗。

学习目标

掌握门和窗在项目中编辑、放置与载入方法；
掌握基本编辑工具；
掌握主题图元和依附图元的放置原理。

4.1　添加一层门窗

4.1.1　添加一层主体结构门

①切换至 F1 楼层平面视图，单击“建筑”选项卡中“构件”面板下的“门”命令，进入“修改/放置门”上下关联选项卡，选择“模式”面板下“载入族”命令，弹出“载入族”对话框。浏览到“课件/第四章/RFA/MCL-1”文件，文件储存格式为 rfa，如图 4-1 所示，单击“打开”将“MCL-1”族载入到项目中。

【提示】可以将常用族库文件夹在“载入族”对话框左侧“查找范围”列表中创建快捷方式。

②载入“MCL-1”族，属性列表中多处“MCL-1”门族。确认门类型为“MCL-1”，门限制低高度为 0。由于“门”是放置在墙当中，当移动鼠标到空白位置是不允许放置的，会出⊘标识。

③移动鼠标到⑨轴上 B、C 轴之间的墙体，生成放置的预览。通过左右移动门，可以确认门的开启方向。移动鼠标的临时尺寸为 150 时，单击鼠标左键，按 ESC 键两次，完成 MCL-1 门的放置，如图 4-2 所示。

【提示】放置门后会出现左右、内外翻转标记，单击该标记或按空格键，可以翻转门的开启方向。

④单击“建筑”选项卡中“构件”面板下的“门”命令，进入“修改/放置门”上下关联选项卡，选择“模式”面板下“载入族”命令，弹出“载入族”对话框。浏览到“课件/第六章/RFA/单扇门”

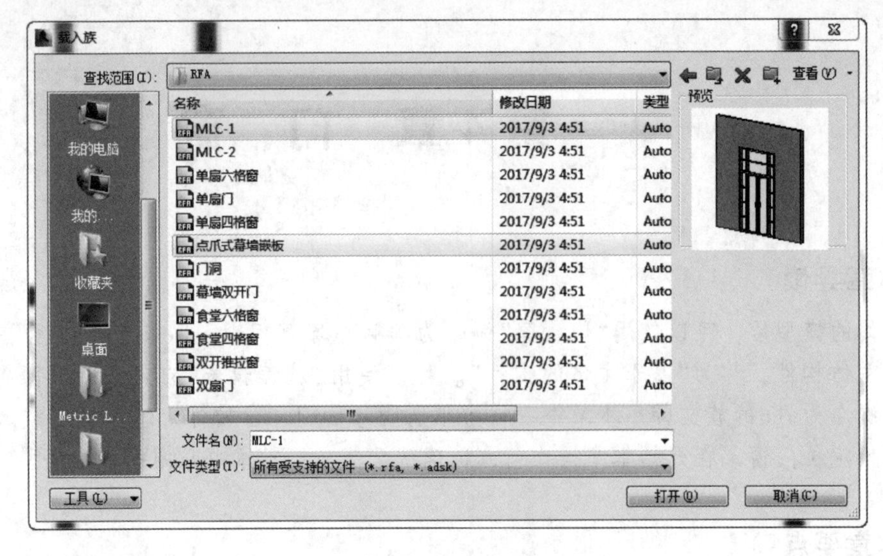

图 4-1 载入对话框

文件，文件储存格式为 rfa，单击“打开”将“单扇门”族载入到项目中。

⑤单击“项目属性”中类型属性，弹出“类型属性”对话框。单击“复制”按钮，输入名称“M0821”，单击确定。便创建“M0821”的族类型，如图 4-3 所示。

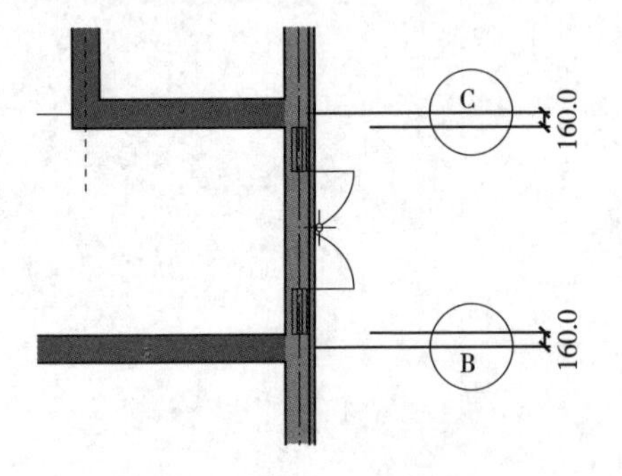

图 4-2 MCL-1 门的放置

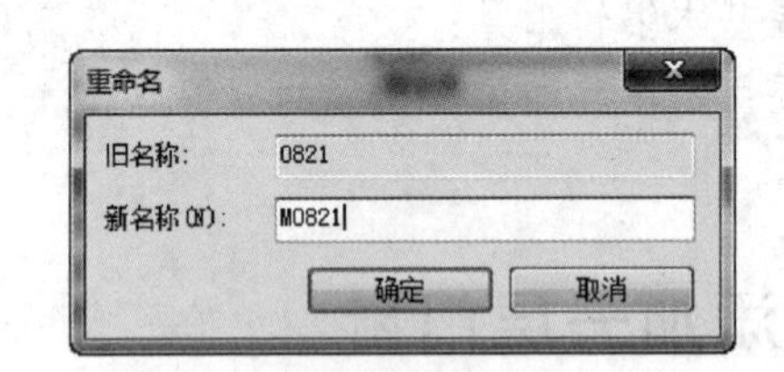

图 4-3 重命名对话框

⑥不同的族包含不同的类型参数，修改宽度至 800，单击确定，完成“M1028”门族的设置，如图 4-4 所示。

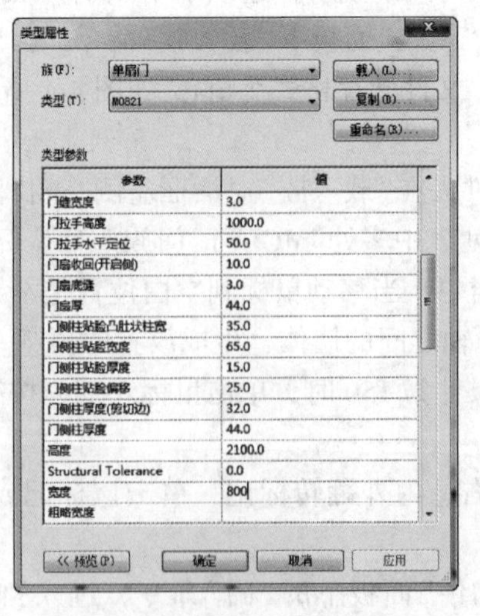

图 4-4 “类型属性”对话框

⑦确认激活“修改/放置门”上下关联选项卡→标记面板→在放置位置进行标记的命令。确定放置方式为“水平”，不勾选“引线”。移动鼠标至⑨轴与C轴交点上方卫生间的位置，左右移动鼠标，生成门放置方向的预览。当门向内开的时候，单击鼠标左侧，放置门“M0821”。修改门的临时尺寸标注为240，确定门垛的宽度，如图4-5所示。

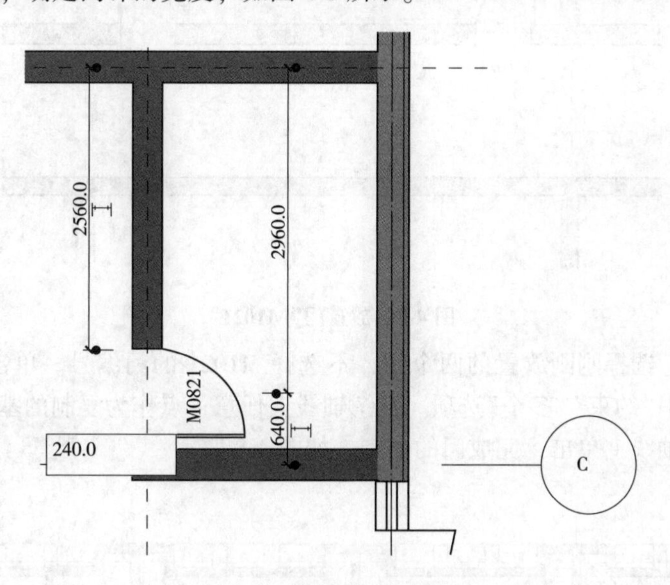

图4-5　放置门“M0821”

⑧使用类似的方式，在放置门左侧上方卫生间放置一个门“M0821”，通过空格键来调整门的开启方向，修改临时尺寸为240，来修改门垛的宽度，如图4-6所示。

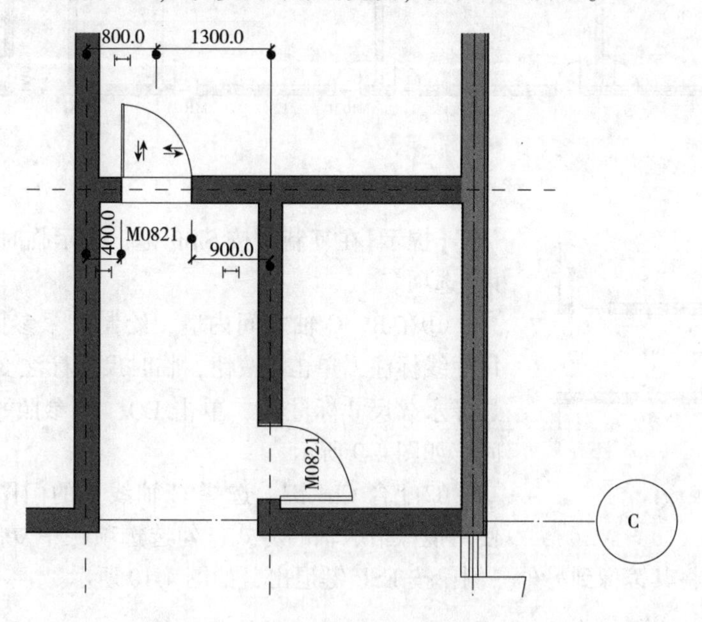

图4-6　放置门“M0821”

⑨单击“项目属性”中“编辑类型”按钮，复制创建名称为“M1021”的新类型。修改“类型参数”中宽度为1000，其它保持不变，单击确定，返回到放置门的状态。在C轴线、⑦轴线左侧放置门，确定门的安装位置和开启方向，单击左键放置。修改门到⑦轴线的临时尺寸值为600。在右侧同样位置放置门，修改临时尺寸值为500，放置完成以后，按ESC键两次，完成当前命令，如图4-7所示。

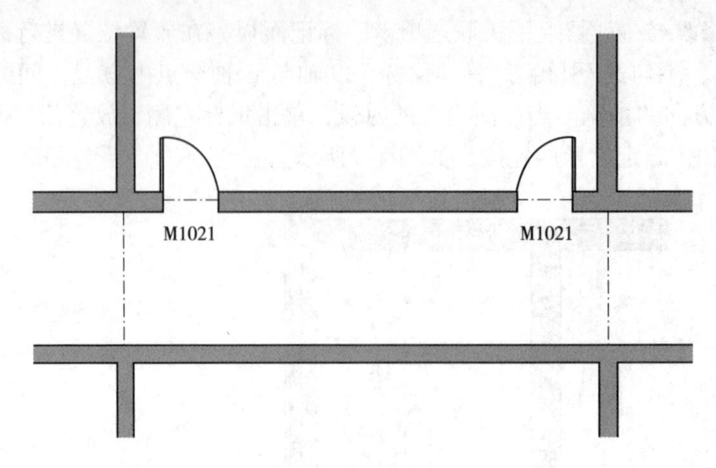

图 4-7　放置门"M1021"

⑩配合 Ctrl 键，选择刚刚放置的两个门，不选择 M1021 的门编号。单击按钮，使用复制工具，勾选选项栏中"约束""多个"选项。在⑦轴线上任意一点作为复制的基点，水平向左移动，分别在⑤轴线、⑥轴线上单击，完成门的复制，如图 4-8 所示。

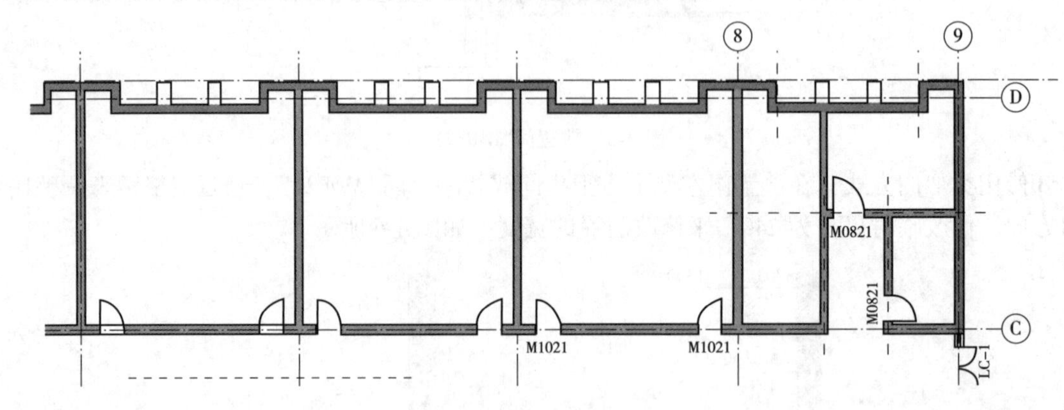

图 4-8　复制"M1021"

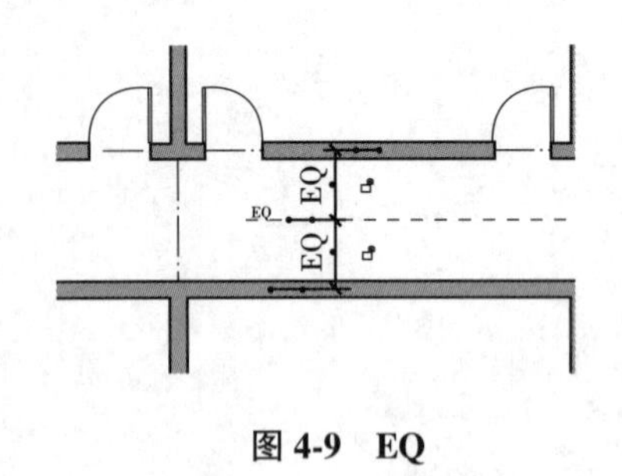

图 4-9　EQ

【提示】在复制时按 Shift 键，表示临时取消选项栏中"约束"选项。

⑪在 B、C 轴之间内墙，绘制一个参照平面。激活临时尺寸线标注，单击按钮，临时尺寸标注变成永久尺寸标注。选择永久尺寸标注线，单击 EQ，使参照平面在两个轴线之间，如图 4-9 所示。

⑫配合 Ctrl 键，选择 C 轴线上的门图元。单击按钮，使用镜像拾取轴的方式，勾选选项栏中复制选项。拾取刚刚复制的参照平面，将其镜像到另外一侧，按 ESC 键退出，如图 4-10 所示。

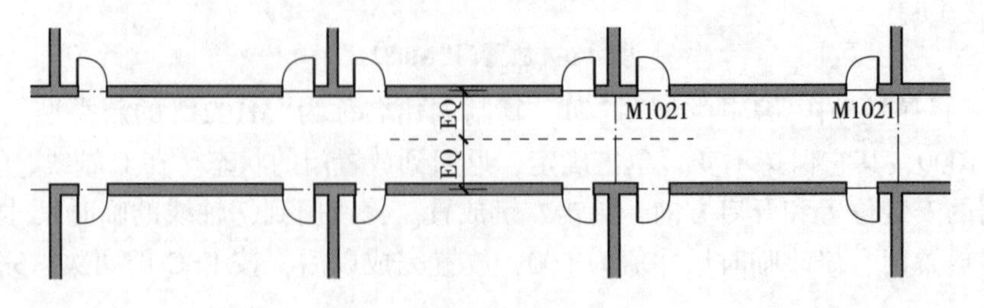

图 4-10　镜像"M1021"

⑬配合 Ctrl 键，选择⑦、⑧轴之间门，利用复制功能，将门复制到⑧、⑨轴之间，按 ESC 键退出，如图 4-11 所示。

⑭单击“建筑”选项卡→“构建”面板→“门”命令，在项目属性对话框选择“单扇门 M1021”，单击“标记”面板中“在放置位置时进行标记”命令。移动鼠标到④轴线左侧、C 轴线上方墙位置，翻转墙的方向单击。调整临时尺寸线到 D 轴为 600，按 Enter 键确定，完成以后，按 ESC 键退出当前命令，如图 4-12 所示。

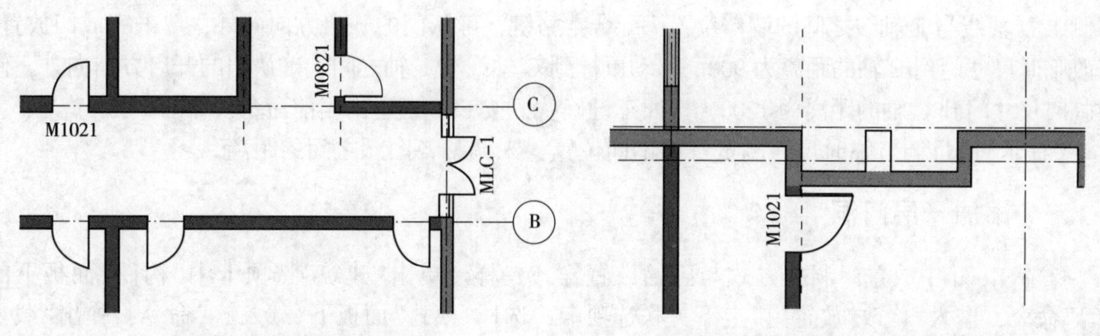

图 4-11　复制“M1021”　　　　图 4-12　④轴线左侧“M1021”

⑮单击“载入族”，弹出“载入族”对话框。浏览到“课件/课件/RFA/双扇门”文件，文件储存格式为 rfa，单击“打开”将“双扇门”族载入到项目中。

⑯单击“项目属性”栏中“编辑类型”按钮，打开“编辑类型”对话框，单击“重命名”按钮，在弹出“重命名”对话框中修改新名称为“M1521”单击确定。其他参数保持不变，单击确定，退出“编辑类型”对话框。

【提示】在 Revit 中门是可载入族，所有参数取决于可载入族的定义。

⑰移动鼠标到 C 轴线上方位置，配合空格键，确定门的开启方向为向内，单击完成放置，修改临时尺寸标注到 C 轴的值为 500，按回车键确定，如图 4-13 所示。

⑱用同样的方式在 1/D 轴上①、②轴之间，放置门“M1521”，控制门的方向内开，修改临时尺寸到②轴的距离为 2850；将鼠标移到 C 轴下方的墙体位置，放置门“M1521”，使用空格键控制门的开启方向向内，修改临时尺寸，使门垛为 500，按 ESC 键退出当前命令，如图 4-14 所示。

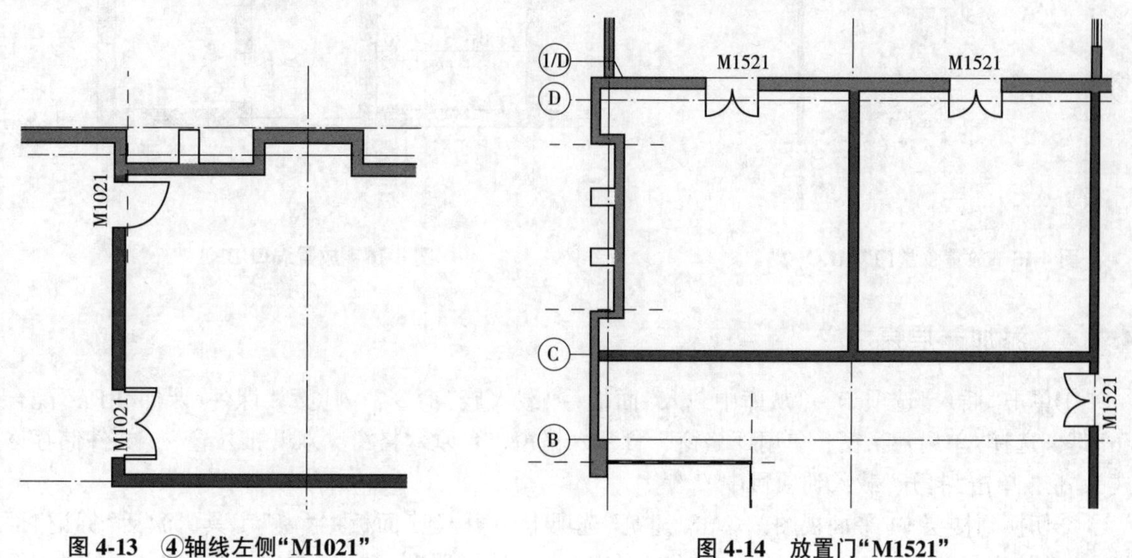

图 4-13　④轴线左侧“M1021”　　　　图 4-14　放置门“M1521”

【提示】临时尺寸标注是可以设置默认捕捉位置的，在当前样板文件设置为默认捕捉到墙体中心线。

4.1.2　添加食堂部分门

①单击“建筑”选项卡中“构件”面板下的“门”命令，进入“修改/放置门”上下关联选项卡，选择“模式”面板下“载入族”命令，弹出“载入族”对话框。浏览到“课件/课件/RFA/MLC-2”文件，文件储存格式为 rfa，单击“打开”将“MLC-2”族载入到项目中。

②确认激活“标记”面板中“在放置时进行标记”，不勾选选项栏中的“引线”。移动鼠标到食堂右侧 1/D 轴线与 E 轴线之间的墙体位置，配合空格键，确认门的开启方向向外，单击完成门放置，修改临时尺寸门到 E 轴的距离为 900。移动鼠标到 G 轴线与 F 轴之间，确认门的开启方向向外，修改临时尺寸门到 G 轴的距离为 1200，按回车键确认，按 ESC 键退出当前命令，如图 4-15。

【提示】通过调节临时尺寸测量点到不同位置，来调整各图元之间的距离。

4.1.3　添加一层门洞

①在 Revit 中放置门洞的方式与门的放置样式一样。单击“建筑”选项卡中“构件”面板下的“门”命令，进入“修改/放置门”上下关联选项卡，选择“模式”面板下“载入族”命令，弹出“载入族”对话框。浏览到“课件/课件/RFA/门洞”文件，文件储存格式为 rfa，单击“打开”将“门洞”族载入到项目中。

②打开“项目属性”中“编辑类型”，单击“重命名”，弹出“重命名”对话框，修改新名称为“DK1”，修改“宽度”为 1500，修改“高度”为 2400，单击确定，退出“编辑类型”对话框。

③移动鼠标到 C 轴楼梯位置，当临时尺寸为 150 时，单击确定，按 ESC 键退出，完成“门洞放置”，如图 4-16 所示。

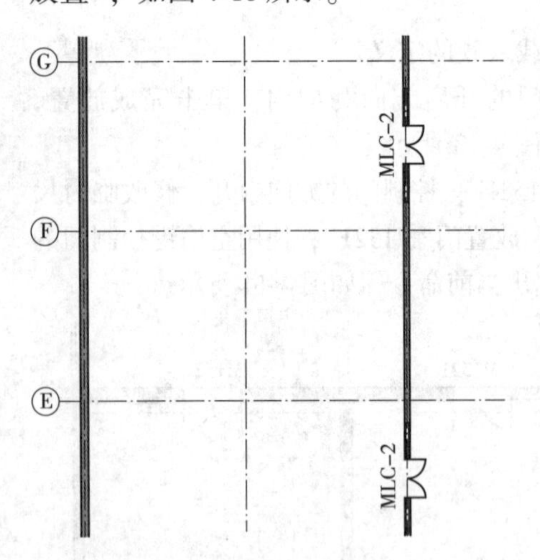

图 4-15　放置食堂门“MLC-2”

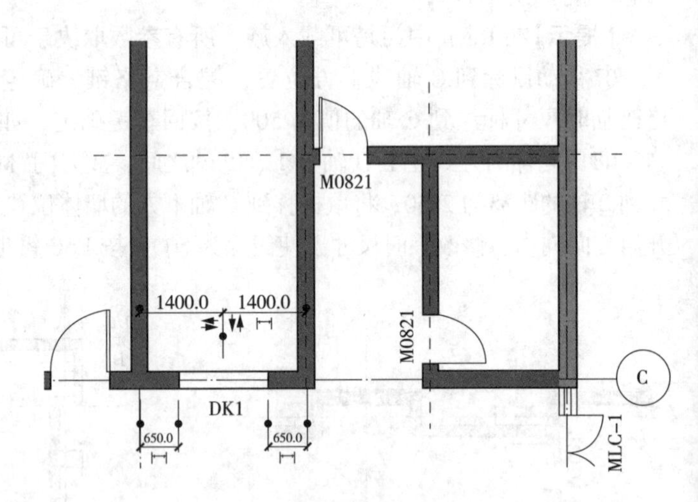

图 4-16　放置洞口 DK1

4.1.4　添加一层窗

①单击“插入”选项卡→“从库中载入”面板→“载入族”命令，浏览到“课件/课件/RFA”配合 ctrl 键，选择“单扇六格窗、单扇四格窗、食堂六格窗、食堂六格窗、双开推拉窗”，文件储存格式为 rfa，单击“打开”载入到项目中。

②切换到楼层 F1 平面视图，单击“建筑”选项卡→“构建”面板→“窗”工具，激活“标记”面板中“在放置位置进行标记”。修改“属性”栏中“类型选择器”，选择“单扇六格窗”。单击“编辑类型”，打开“类型属性”对话框，单击“重命名”，修改当前名称为 C1229，单击确定。确认“宽度”为 1200，“高度”为 2900，下拉类型参数列表，单击“窗框材质”后的▭按钮，进入“窗框材

质”修改对话框。在“搜索”栏中，输入“金属”，下拉列表，找到“金属铝”，然后单击“确定”，退出“窗框材质”对话框，如图 4-17 所示。返回到“类型属性”对话框，单击确定，退出“类型属性”对话框，如图 4-18 所示。

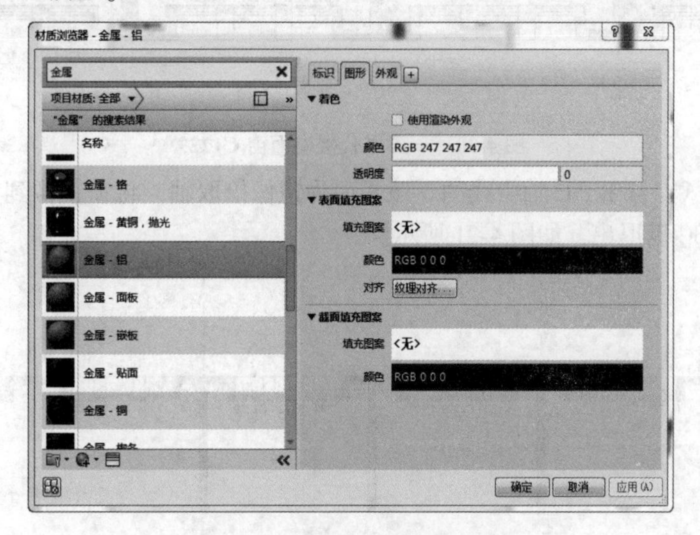

图 4-17 窗材质浏览器对话框

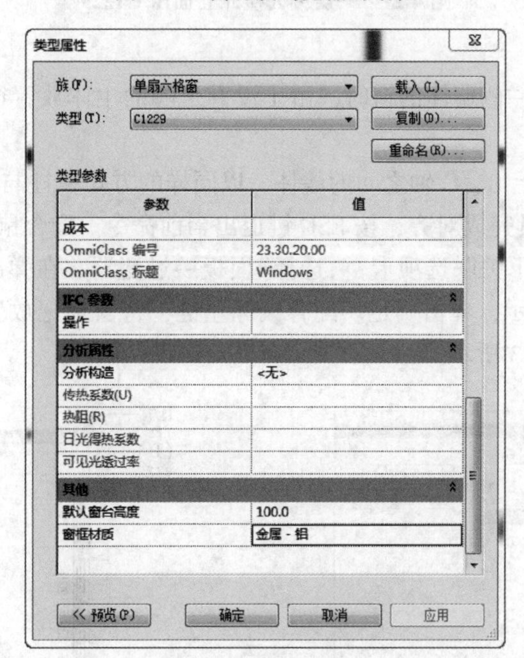

图 4-18 窗类型属性对话框

③不勾选“选项栏”中“引线”，在⑤轴与⑥轴之间墙体与建筑任意位置单击放置窗。单击（对齐）按钮，确认选项栏中“首选：参照墙面”，不勾选多重对齐。拾取墙的外表面位置对齐目标，再拾取窗的边缘，完成对齐。使用类似的操作，完成另外一侧两个窗的对齐。配合 ctrl 键，拾取窗编号向上移动到适当的位置，如图 4-19 所示。

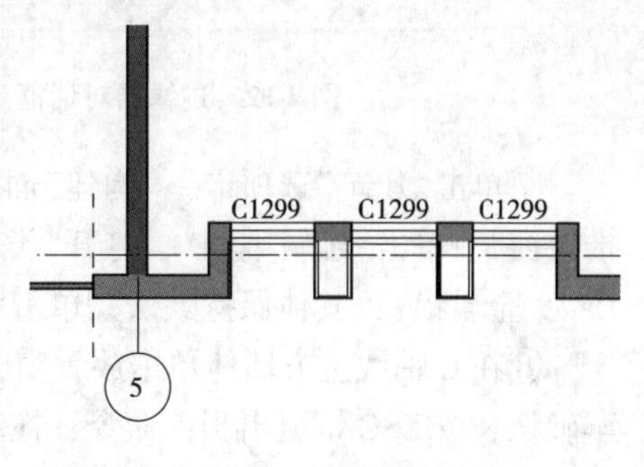

图 4-19 ⑤轴、⑥轴间窗 C1229

④配合 Ctrl 键，选择所有的窗图元以及窗编号，单击“修改”面板“镜像”功能，以墙中心线为镜像拾取轴并单击，完成镜像，依次单击⑦、⑧轴墙中心线完成窗镜像，

如图 4-20 所示。

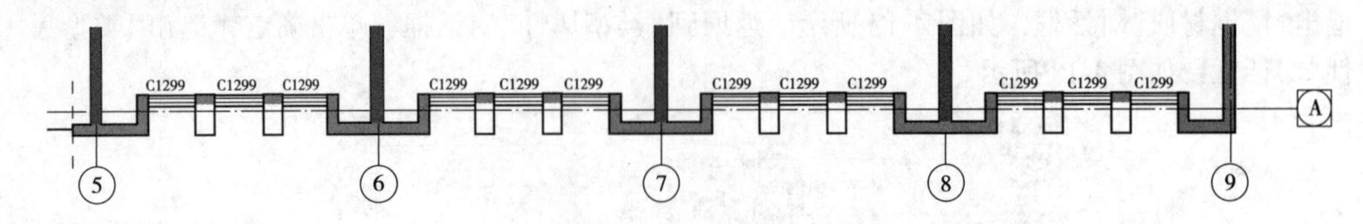

图 4-20　一层办公楼南面窗 C1229

⑤以同样的方式，以 B、C 轴中线的参照平面为镜像拾取轴，将窗镜像到另一侧，完成这一侧窗的放置，按 ESC 键退出，如图 4-21 所示。

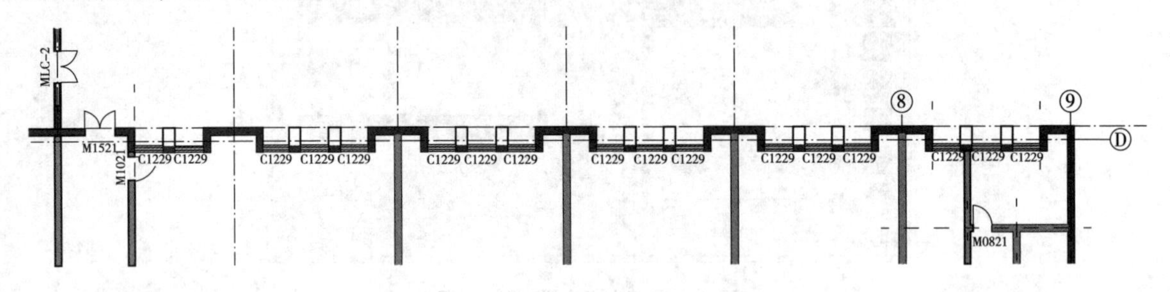

图 4-21　一层办公楼北立面窗 C1229

【提示】当镜像到④轴左侧墙体的窗时，由于没有足够的主体放置窗，Revit 将自动删除没有主体窗。

⑥将鼠标移动到①轴上 B、C 轴之间的墙体，以同样的方式在柱与墙体之间、柱与柱之间放置窗 C1229，利用对齐工具完成对齐，按 ESC 键退出当前命令。配合鼠标左键，框选刚放置窗附近的图元，单击“修改”上下关联选项卡→“选择”面板→过滤器，在弹出的“过滤器”对话框中只勾选窗标记，如图 4-22 所示，单击确定。配合鼠标左键，将窗标记放置合适位置，按 ESC 键退出，完成窗放置，如图 4-23 所示。

图 4-22　过滤器对话框

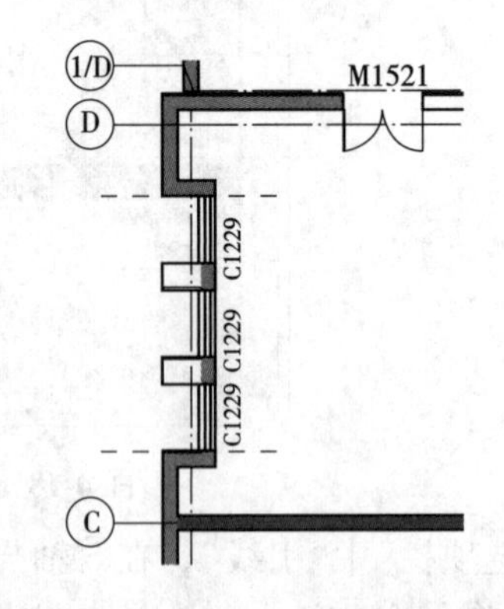

图 4-23　一楼办公楼西立面窗 C1229

⑦单击“建筑”选项卡→“构建”面板→“窗”工具，在“类型选择器”中修改当前属性为“双开推拉窗”。单击“编辑类型”，打开“类型属性”对话框，“重命名”窗的名称为 C1515，修改窗的材质为“金属铝”，其他保持默认，单击“确定”。

⑧在 C 轴线上方墙体单击放置窗，配合临时尺寸标注修改 C1515 至 C 轴的距离为 600，按回车确认，按 ESC 键退出当前命令，拖动窗标记至合适位置。

⑨单击窗“C1515”，在项目属性中修改窗台底高度为 900，单击应用。

【提示】修改窗标高和底高度参数后，由于窗位于F1楼层平面视图裁减平面高度之上，因此在F1平面视图中将不会产生该窗的投影。

⑩继续使用窗工具，在“类型选择器”中修改窗的类型为“食堂六格窗”。单击“编辑类型”，打开“类型属性”对话框，“重命名”窗的名称为C4828。修改“默认窗台高度”为200，其他保持默认，单击“确定”。在属性栏修改“限制高度”为200，单击应用。

⑪移动鼠标至食堂左侧墙体，1/D轴与E轴单击放置窗C4828，移动鼠标向上E与F轴、F与G轴之间也放置窗C4828，利用临时尺寸调整两扇窗放置在两周中间，按ESC键退出，如图4-24所示。

⑫修改“类型选择器”窗为“单扇六格窗 C1229”，打开“类型属性”对话框，“复制”创建新类型，输入名称为C0929，单击“确定”。修改窗的宽度为900，其他保持默认不变，单击确定，退出“类型属性”对话框。

⑬移动鼠标向上，在G与H轴之间单击三次，放置三个窗实例。配合ctrl键，将窗标记移动到合适位置。切换到注释选项卡，打击“尺寸标注”面板中“对齐”工具，连续捕捉H轴线，三扇窗中心线以及G轴线，捕捉完成后在空白位置单击，放置尺寸标注线，按ESC键退出。选择尺寸标注线，在尺寸标注线附近会出现EQ标志，单击EQ，在G、H轴线之间会等分方式放置C0929窗，如图4-25所示。

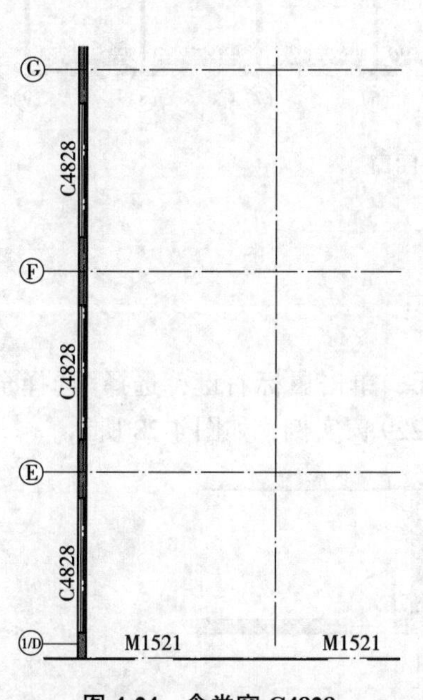

图4-24　食堂窗C4828

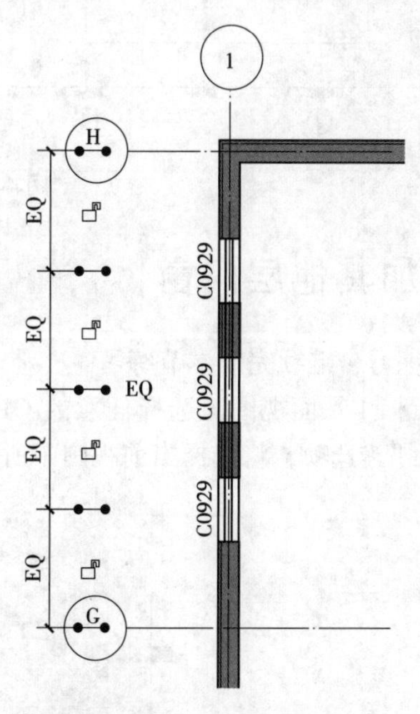

图4-25　窗C0929等分线

【提示】EQ标志表示可以将标识的图元进行等分。尺寸接线有约束作用，这里删除尺寸界线，会出现图4-26对话，提示是否取消约束或取消删除操作，在这里选择取消约束。

⑭继续使用窗工具，修改“类型选择器”中窗为“单扇四个窗”。重命名该窗名称为C4821，单击确定。修改窗宽度为4800，高度为2100，默认窗台高为900，其他参数默认，单击确定。修改属性面板底高度为900。

⑮移动鼠标至食堂右侧墙E轴与F轴之间、G轴与H之间放置窗C4821，修改临时尺寸，使窗处于两轴线居中位置，完成一层窗的放置，如图4-27所示。

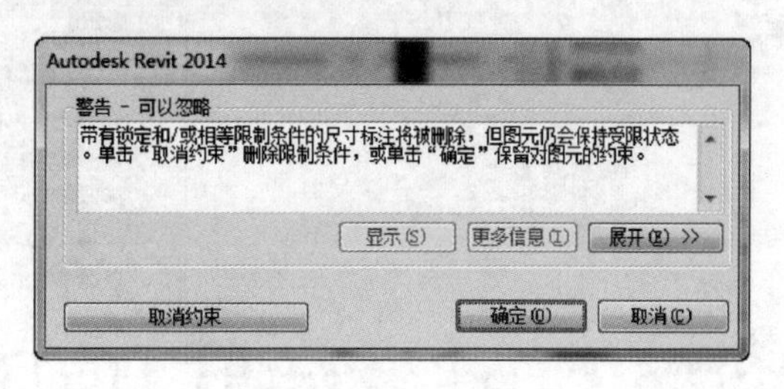

图4-26　警告对话框

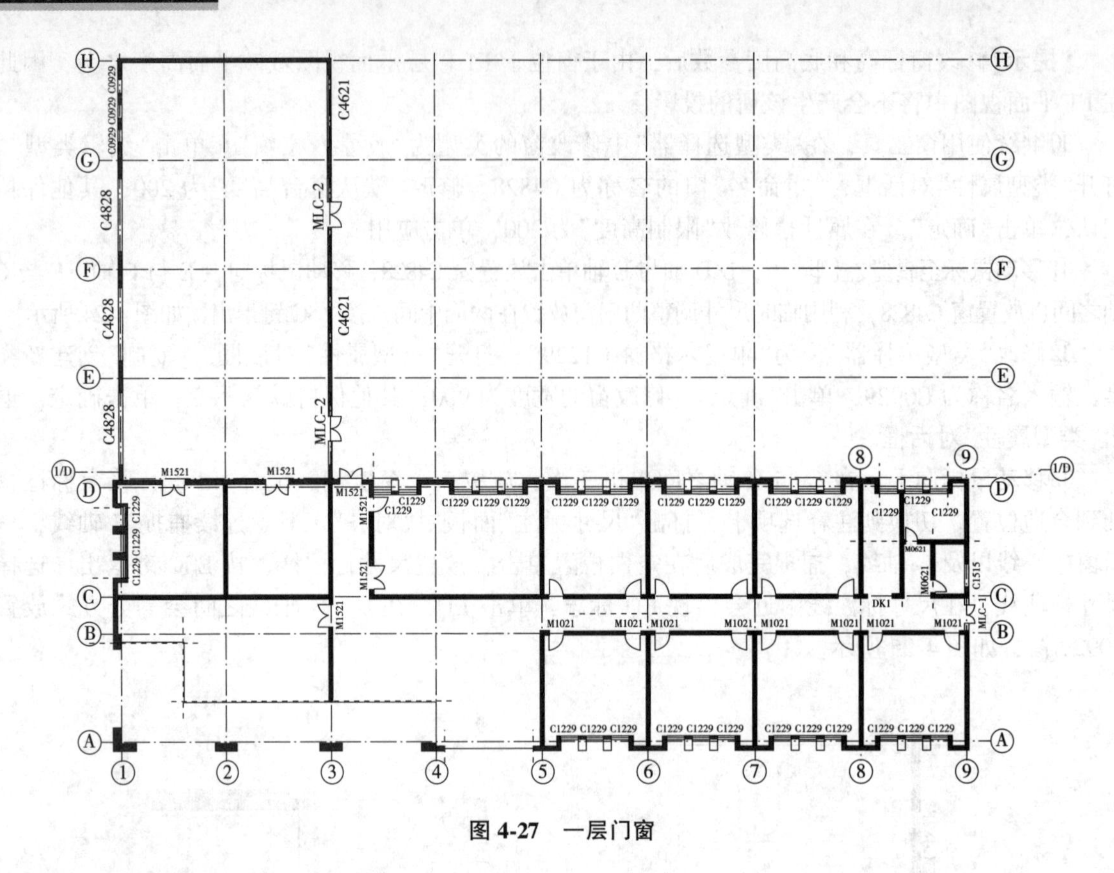

图 4-27　一层门窗

4.2　添加其他层门窗

接上节练习，继续完成本节练习。

①切换到 F1 平面视图，选择任意的 C1229 图元，单击鼠标右键，选择“选择全部实例”→“在视图中可见”选项，将选择当前视图中所有的 C1229 窗实例，如图 4-28 所示。

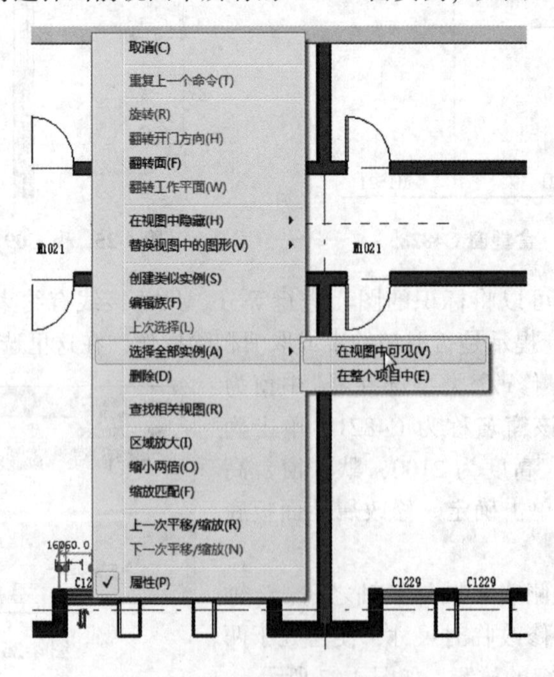

图 4-28　在视图中可见对话框

②单击“修改/窗”上下关联选项卡，剪切板面板中按钮，复制到剪切板，剪贴选项变为可用。单击“粘贴”，在下拉列表中单击“与选定标高对齐”，弹出“选择标高”对话框，如图 4-29 所示。配合 Ctrl 键选择 F2、F3，单击确定。

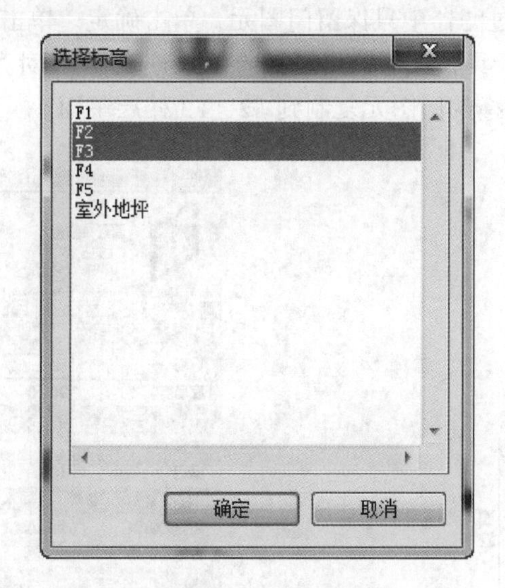

图 4-29　选择标高对话框

③单击按钮，切换到三维视图，如图 4-30 所示，所有的窗复制到 F2、F3 的标高上。

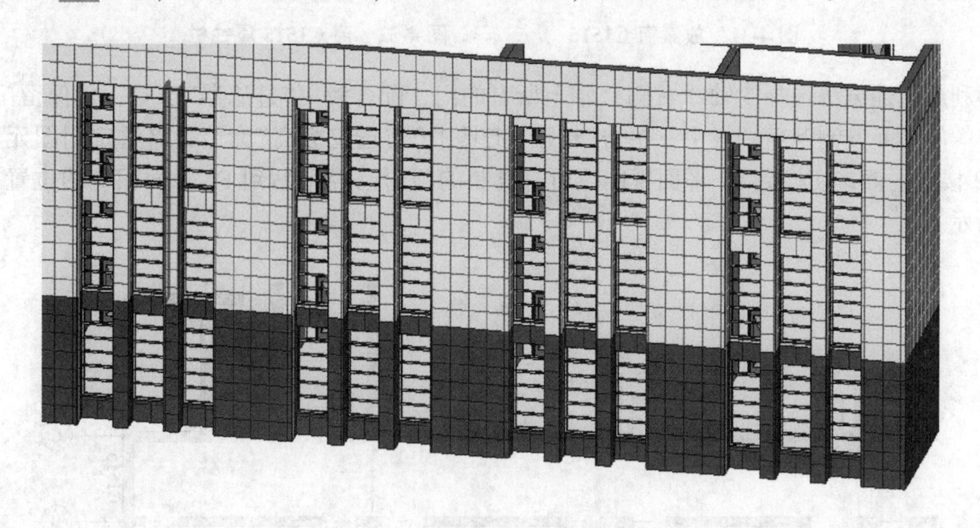

图 4-30　南立面窗三维视图

④切换到 F1 平面，移动鼠标至卫生间位置的 C1515，配合 ctrl 键选择 C1515 窗图元以及窗编号，单击复制到剪切板命令。单击“粘贴”命令，在下拉列表中选择“与选定的视图对齐”，弹出“选择视图”对话框，选 F2、F3 平面视图，单击确定。

【提示】窗标记属于注释类图元，只能选择以与选定的视图对齐，复制窗图元和窗标记时，与选定标高对齐将变得不可用。

⑤切换至 F2 平面视图，观察到窗图元以及窗标记均复制到 F2 标高上，如图 4-31 所示。

⑥选择 C1515，在属性栏中标高已经自动修改为 F2，如图 4-32 所示。

⑦配合 Ctrl 键，选定窗 C1515 以及窗标号，单击“复制”工具，在 C 轴任意位置单击，移动鼠标向下，输入复制距离为 2550，按回车键确定，按 ESC 键退出。

⑧选择刚刚复制的窗图元以及窗标号，单击“复制到剪切板”，在“粘贴”下拉列表中选择“与选定的视图对齐”，在“选择视图”对话框中选择 F3，将 C1515 复制到 F3 平面。

⑨配合 Ctrl 键，选择 C 轴线所有的门，以及卫生间部分门。单击“修改”选项卡→“选择”面板→过滤器工具，在弹出的过滤器中只保留门图元，单击确定。单击“剪切板”面板中“复制到剪切板”工具，再单击“粘贴”工具，在下拉列表中选择“与选定标高对齐”，在弹出的对话框中，选择 F2、F3，单击确定，将选择的门图元复制到 F2、F3 楼层平面。

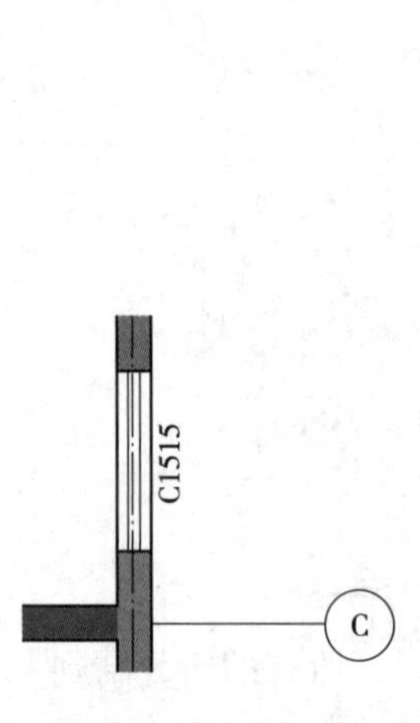

图 4-31　放置窗 C1515

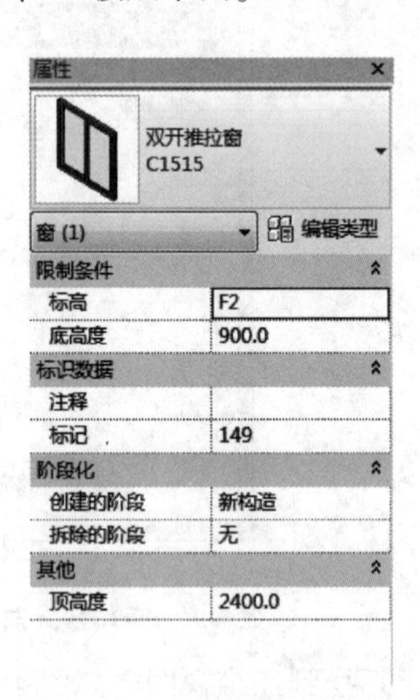

图 4-32　窗 C1515 属性栏

⑩利用上述方法选择⑤轴线右侧 C 轴上所有的门，配合使用“过滤器”工具，仅保留门图元。将选定的门图元复制到剪切板中，单击“粘贴”工具中“与选定标高”命令，将选定门图元复制到 F2、F3 楼层平面。切换到 F2 平面视图，所有复制的门窗已经粘贴到 F2 平面相应的位置，如图 4-33 所示。

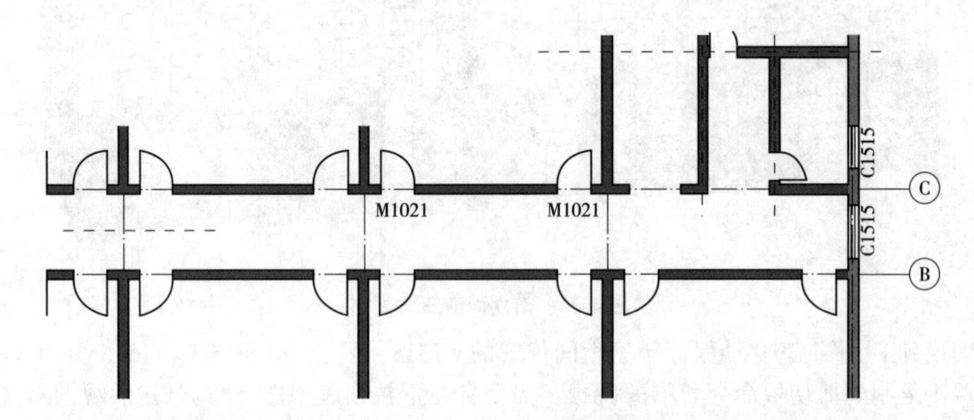

图 4-33　F2、F3 东立面楼层平面窗 C1515

⑪单击“建筑”选项卡→“构建”面板→“门”工具，在“属性”栏中“类型选择器”选择门的类型为“双扇门 M1521”。移动鼠标至①轴线右侧 C 轴线墙的位置，确认门的开启方向向内，单击放置门 M1521，修改临时尺寸门到①轴线的距离为 720。

⑫沿 C 轴移动鼠标向右至食堂墙左侧，单击放置门 M1521，配合使用临时尺寸，修改门垛宽度为 500，移动鼠标向右分别在食堂右侧、对称⑤轴左侧位置放置一扇 M1521 的门，设置门垛宽度为 500。

⑬继续移动鼠标至③轴线左侧的C轴线上放置，放置门M1521，设置门垛宽度为500，如图4-34。

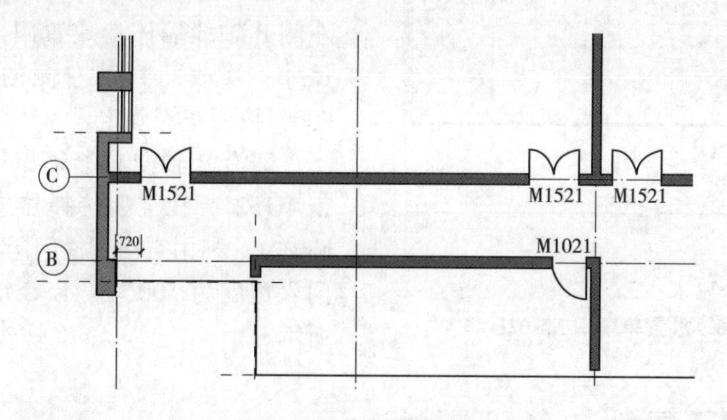

图4-34 放置门M1521

⑭选择刚刚放置的所有门M1521门图元以及门窗标记，复制到粘贴板，选择"与选定的视图对齐"方式对齐，单击确定，粘贴至F3平面视图。

⑮单击"窗"工具，在"修改"上下关联选项卡→"模式"面板→"载入族"工具，浏览到"课件/第三章/RFA/单扇四格窗"文件，文件储存格式为rfa，单击"打开"将"单扇四格窗"族载入到项目中。

⑯单开"编辑类型"，在弹出的"类型属性"对话框中重命名，输入新名称为C1229，其他保持默认不变，单击确定，退出"类型属性"对话框，修改"底高度"为1000，单击应用。

【提示】虽然在窗的类型属性中设置了默认窗台高，但是实际窗台高是由底高度来确认的。

⑰移动鼠标至D轴线①轴线右侧外墙任意位置连续放置两扇窗C1229，继续沿D轴线向右移动，在②、③轴线之间任意位置连续放置两扇窗C1229。利用临时尺寸标注，修改最左侧的窗C1229到①轴线的距离为1500，其右侧的窗与其距离为1800；同样修改②轴线右侧窗C1229的距离为1500，其右侧窗与其距离为1800。配合使用粘贴板，将刚刚放置的四扇窗复制粘贴到F3平面，如图4-35所示。

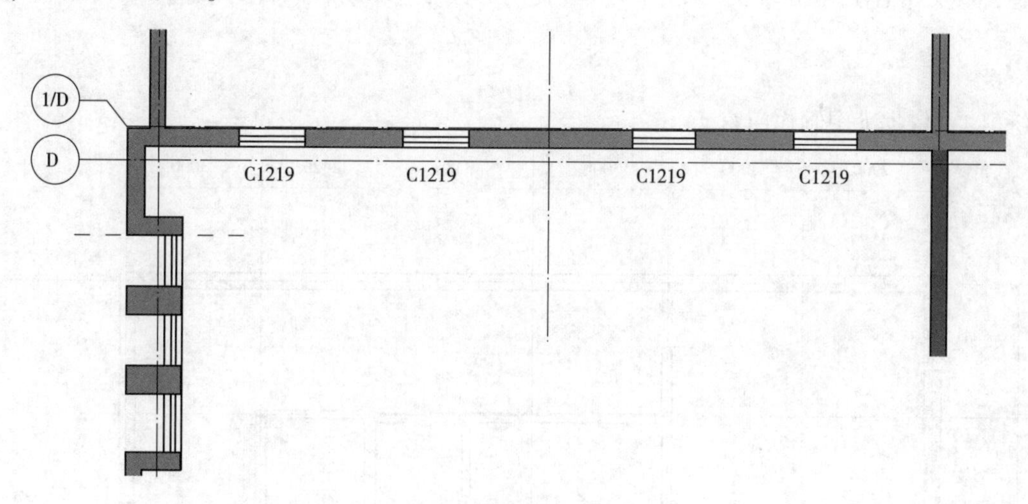

图4-35 放置窗C1229

⑱切换至F3平面视图，框选刚复制的窗C1229，配合使用过滤器，只选择窗图元，在"属性"栏的窗"类型选择器"修改窗的类型为"单扇六格窗C1229"，窗标记自动修改成C1229，修改底高度为100，单击应用。

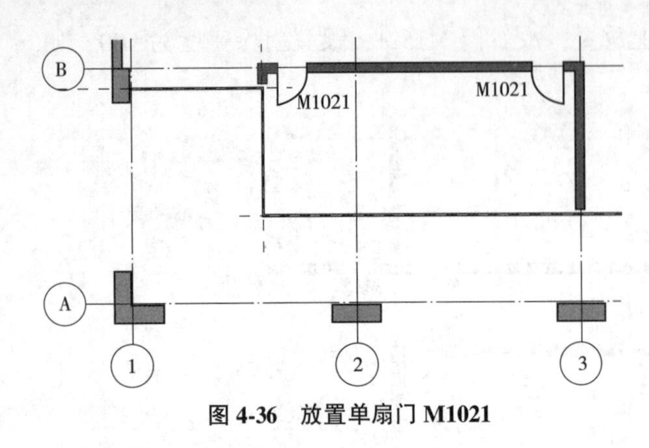

图 4-36　放置单扇门 M1021

⑲单击“门”工具，在“类型选择器中”修改门卫“单扇门 M1021”。移动鼠标至②轴线左侧 B 轴线墙体上放置门 M1021，配合临时尺寸，修改门到其左侧的参照平面距离为 500，按回车键确定。

⑳沿 B 轴向右移动鼠标至门 M1521，单击 M1521，在类型选择器中修改门为单扇门 M1021，利用空格键使门向内向右开启，修改门垛宽度为 500，按 ESC 键退出，如图 4-36 所示。

4.3　理解图元属性与类型属性

至此，已经多次使用了 Revit Architectue 构件的“图元属性”及“类型属性”对话，并修改了图元属性参数。Revit 使用“图元属性”对话框中的参数用于调节所选择的对象的属性，如门所在的标高、底高度等参数。而“类型属性”对话框中的参数，用于调节图元类别参数，例如修改门的宽度、高度等参数。修改该参数，会修改该类型的所有实例图元宽度、高度值。在添加门标的练习中，由于门标记引用了门“类型属性”中“类型标记”参数的参数值，所以当修改“类型标记”值时，所有采用该类型门的标记都会被自动修改。

本章小结

本章主要介绍了如何在项目中添加门、窗构件。在添加门过程中，通过使用外部门、窗族，配合使用“图元属性”及“类型属性”，调节不同参数的门窗及类型。通过使用门、窗标记，可以为门窗添加不同类型的注释信息。本章中，还介绍了如何设置临时尺寸标注及捕捉确定插入门窗的位置，以及如何使用 Revit 的“对齐”工具及使用等分参数驱动居中插窗等。

练习

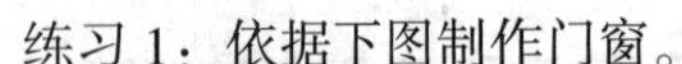

练习 1：依据下图制作门窗。

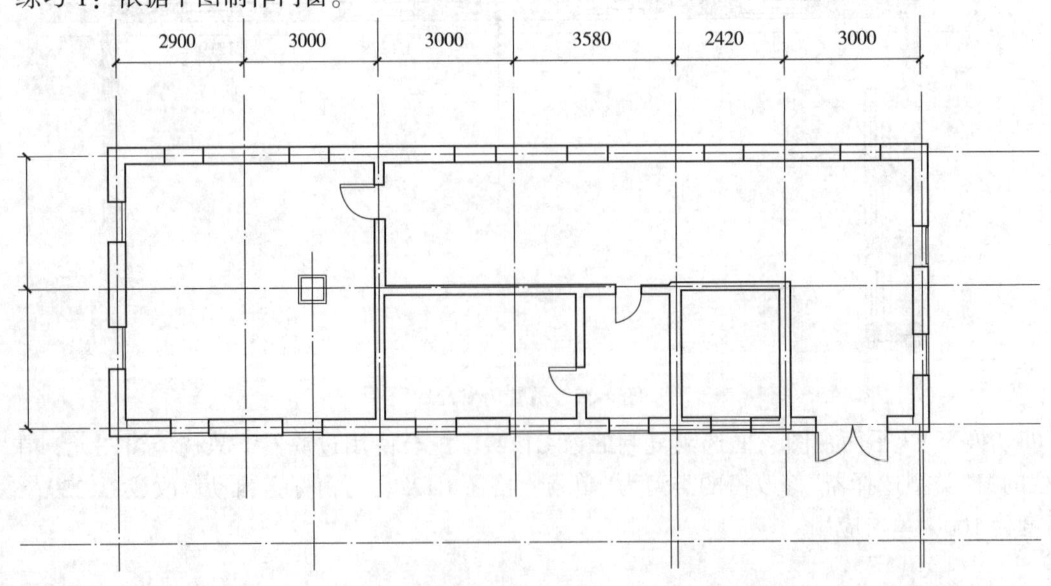

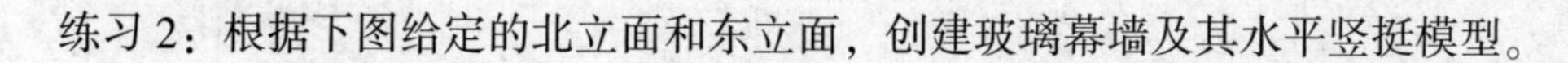

练习 2：根据下图给定的北立面和东立面，创建玻璃幕墙及其水平竖挺模型。

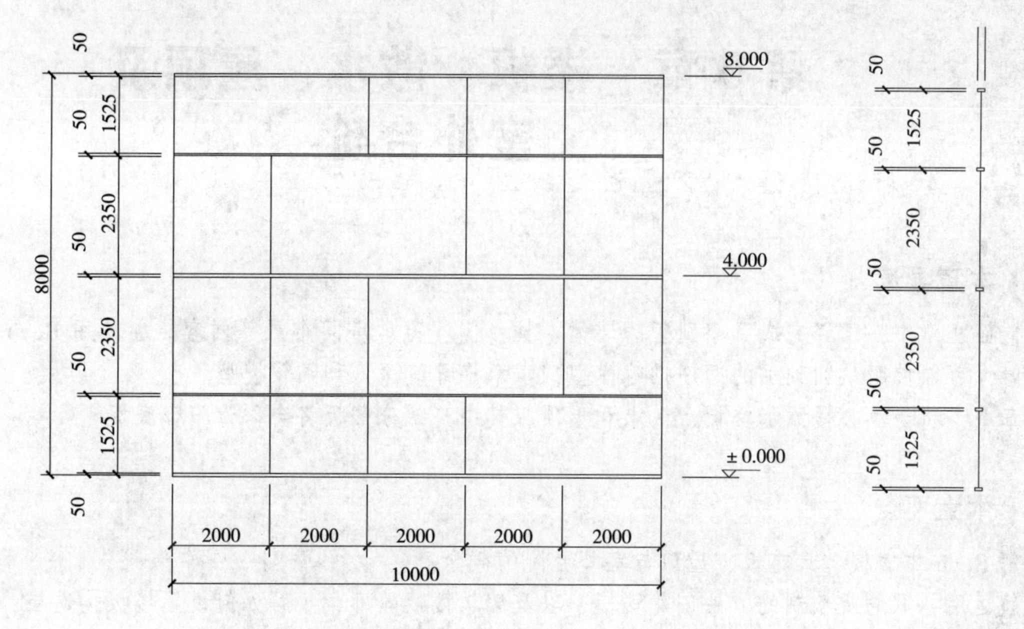

北立面图 1：100

东立面图 1：100

►►►第5章　楼板、散水、屋顶及室外台阶

本章导读

在前面几章中，已经完成了小别墅的墙体、柱、门、窗、房间布置等内容。在使用 Revit 进行设计时，可以按照从粗到细的顺序搭建模型，本章将继续深入和细化模型。

本章中，将为办公楼添加楼板、散水和屋顶，其中，部分楼板将会作为阳台底板。

本章要点

了解 Revit 中楼板、天花板、屋顶与室外台阶的概念；

了解运用拾取墙及绘制的方法创建楼板，以及编辑楼板轮廓，了解如何设置楼板构造层；

了解斜楼板的绘制方法。

学习目标

掌握 Revit 中楼板、天花板、屋顶与室外台阶的创建方法；

在不考虑墙体位置的情况下手动绘制轮廓线，每个样板都能够穿过墙壁创建；

掌握 Revit 中绘制不同样式的版；

掌握 Revit 中在板上绘制洞口。

5.1　添加楼板

使用 Revit 的“楼板”命令，可以非常方便地为模型添加楼板。与墙一样，Revit 中楼板属于系统族，可以创建多种不同类型的楼板，分别定义不同的厚度及构造层。

5.1.1　添加一层楼板

(1)添加食堂一楼楼板

①切换到 F1 平面视图，单击“建筑”选项卡→“构建”面板→“楼板”工具中“建筑楼板”命令，进入到“修改/创建楼层边界”上下关联选项卡，绘制面进入淡写的绘制状态。

【提示】在“楼板”工具中提供了楼板建筑、楼板结构、面楼板、楼板边等四个工具，其中面楼板主要用体量与场地选项卡中面楼板命令将体量楼层转化为楼板图元，建筑楼板与结构楼板使用方式相似，在 Revit Architecture 使用建筑楼板，楼板边缘在后面章节再详细叙述。

②在“属性”栏中修改“属性选择器”楼板为“混凝土 120mm”，单击“编辑类型”，打开“类型属性”对话框。单击“复制”，输入名称“综合楼-150mm-室内”，单击确定。单击“结构”右边的“编辑”按钮，打开“编辑部件”对话框，单击“插入”两次，插入两个新的构造层。单击底部的“向上”按钮，将两个结构层移动到结构层上方，如图 5-1 所示。

③修改 1 号结构层功能为“面层 2[5]”，修改厚度为 10，勾选“可变”选项。修改 2 号结构层的功能为“衬底[2]”，修改厚度为 20。单击 1 号构造层后的材质浏览器按钮，打开材质浏览器对话框，在材质浏览器的搜索栏中输入“混凝土”，下拉列表找到“混凝土-沙/水泥找平”材质。单击右键，出现“复制”命令，单击“复制”创建名称为“综合楼-水泥砂浆找平”，按回车确定，其他保持默认不变，单击确定，如图 5-2 所示。

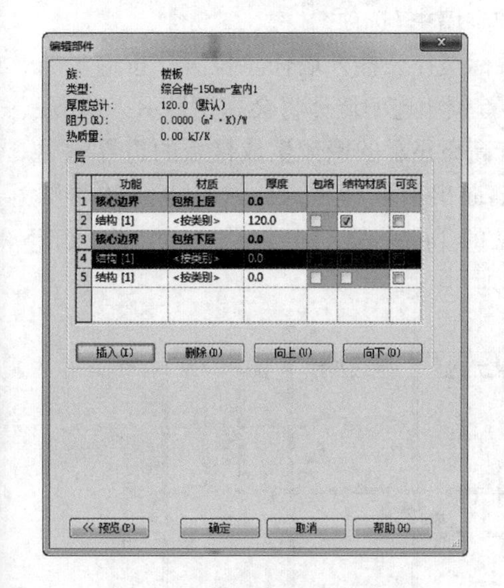

图 5-1　楼板编辑部件对话框

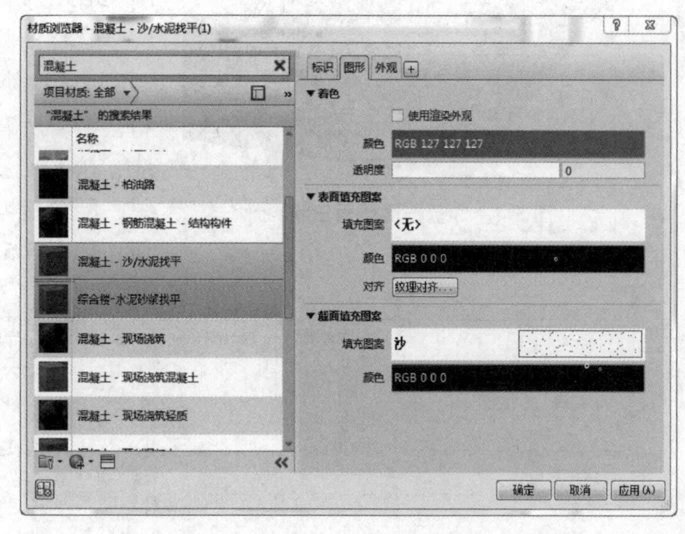

图 5-2　楼板材质浏览为对话框

【注意】在 Revit Architecture 中“可变”是指对楼板进行编辑，使其进行建筑找平的时候这一结构层厚度是可以发生变化的。

④单击 2 号结构层“材质浏览器”按钮，打开“材质浏览器”对话框，继续搜索混凝土，在列表中选择“混凝土-沙/水泥砂浆面层”，单击右键复制创建新的材质，命名为“综合楼-水泥砂浆面层”，按回车键确定，单击确定退出材质编辑器对话框。

【注意】在 Revit 中的模型成为建筑信息模型，材质的名称或者各种族的类型名称都作为信息的一部分，对材质做统一的规划，在使用的过程中将大大提高使用的效率。

⑤单击 4 号结构层“材质浏览器”按钮，打开“材质浏览器”对话框，同样搜索混凝土找到“混凝土-浇注混凝土”，单击右键复制创建新的材质，命名为“综合楼-现场浇注混凝土”，不修改其他设置，单击确定，再次单击确定退出“构建”对话框。

⑥单击“绘制”面板“拾取墙”命令，修改偏移值为 0，勾选“延伸到墙中”。适当放大视图，选择①轴线上的墙体单击，Revit 将沿墙的位置生成楼板的边界轮廓线(放大视图将发现当前的轮廓线是沿核心层表面生成的)。沿 H 轴线单击，Revit 将自动保持所拾取线的首位关联关系，继续单击③轴线墙。切换“绘制”面板中复制方式为直线，捕捉到①轴线轮廓线的端点，单击为起点直至捕捉到③轴线已有轮廓线的端点作为重点，按 ESC 键两次，退出绘制命令。绘制完成以后单击面板中✔(完成编辑模式)按钮，将会弹出“楼板/屋顶高亮显示的墙重叠。是否希望连接几何图形从墙中剪切重叠的体积?”对话框，如图 5-3 所示。在这里单击“是”，接受这个建议，完成食堂部分一层楼板绘制，切换至三维视图，生成的楼板如图 5-4 所示。

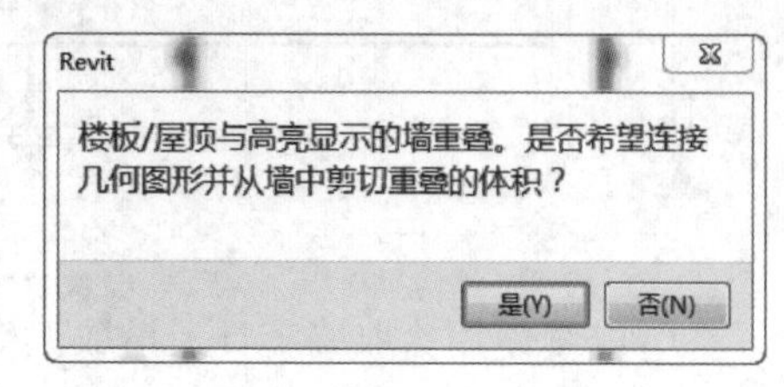

图 5-3　提示对话框

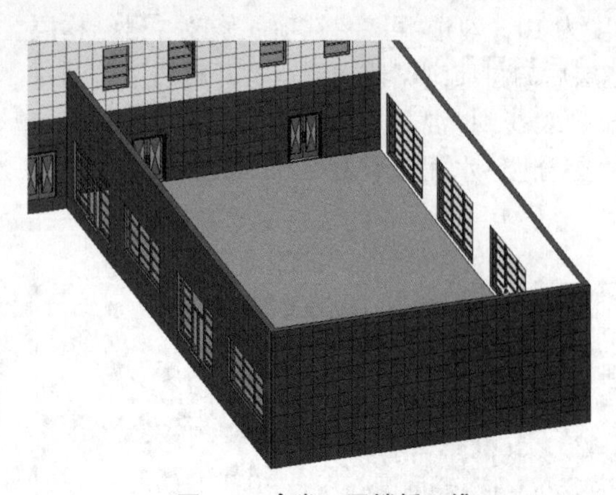

图 5-4　食堂一层楼板三维

（2）添加一层主体办公楼部分楼板

①切换到 F1 平面视图，单击“建筑”选项卡→“构建”面板→“楼板”工具中“建筑楼板”命令，确认“类型选择器”中楼板为“综合楼-150mm-室内”，绘制方式为“拾取墙”。确认选项栏中“偏移”值为 0，勾选“延伸到墙中”选项。

②移动鼠标至办公楼外墙任意位置，按键盘的 Tab 键，这使首位相连的墙体将会高亮显示，单击，将会沿着所有高亮显示的墙体生成楼板的边界轮廓线，按 ESC 键退出拾取墙模式，选择多余的轮廓线，配合键盘的 Delete 键将其删除，单击完成按钮，如图 5-5 所示。

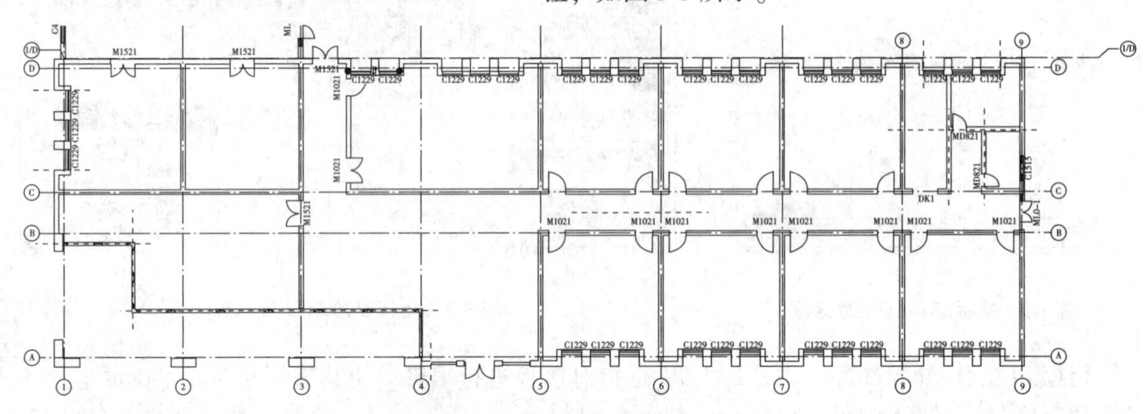

图 5-5　一层办公楼楼板轮廓草图

③继续使用拾取墙功能，完成其轻体边界轮廓线。

④对于幕墙部分墙体轮廓线，可是使用拾取轮廓线的功能。单击“绘制”面板中“拾取线”功能。移动鼠标至幕墙部分，拾取幕墙边缘为轮廓线，完成幕墙部分楼板轮廓线，完成后按 ESC 键退出当前命令。配合使用“修剪工具”修剪轮廓线，保持墙体轮廓线首位相连。然后单击轮廓线上翻转符号，保持轮廓线沿外墙核心层边界生成，如图 5-6 所示。

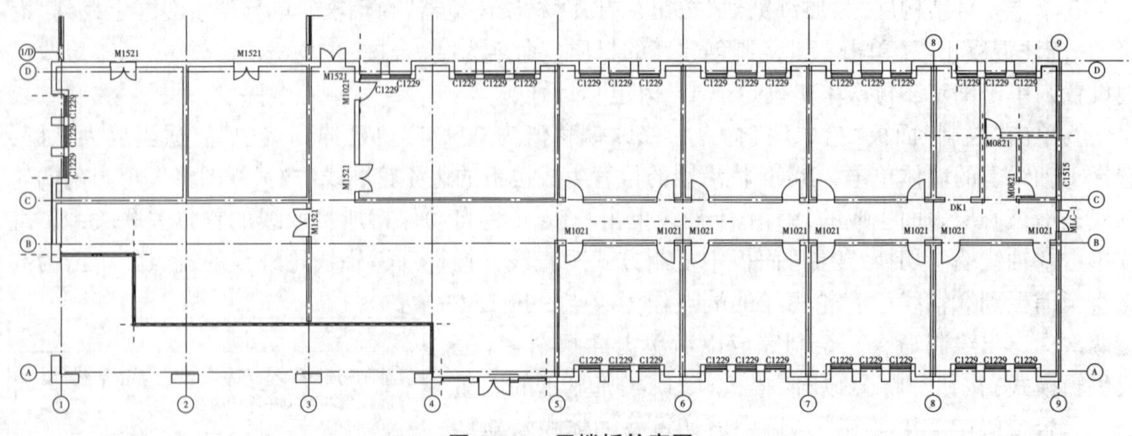

图 5-6　一层楼板轮廓图

⑤继续使用拾取墙工具，拾取卫生间内墙，同时拾取楼梯间右侧墙体，配合使用翻转工具，对轮廓线进行翻转。单击“修改”面板中“修剪/延伸为角”或输入“TR”命令，修剪卫生间部分楼板，删除多余部分轮廓线，如图 5-7 所示。

⑥单击"模式"面板中完成编辑按钮，弹出"是否希望将高达此楼层标高的墙附着到此楼层的底部"的对话框，单击"否"，如图 5-8 所示。弹出"是否剪切重叠的墙体体积"，打击"是"，完成一层办公室楼板轮廓线的复制。

【提示】由于室外地坪标高与 F1 之间在幕墙底部有一个基本的墙体，这个墙体与当前墙体底边高设置相同，因此会弹出"是否希望将高达此楼层标高的墙附着到此楼层的底部"的对话框。

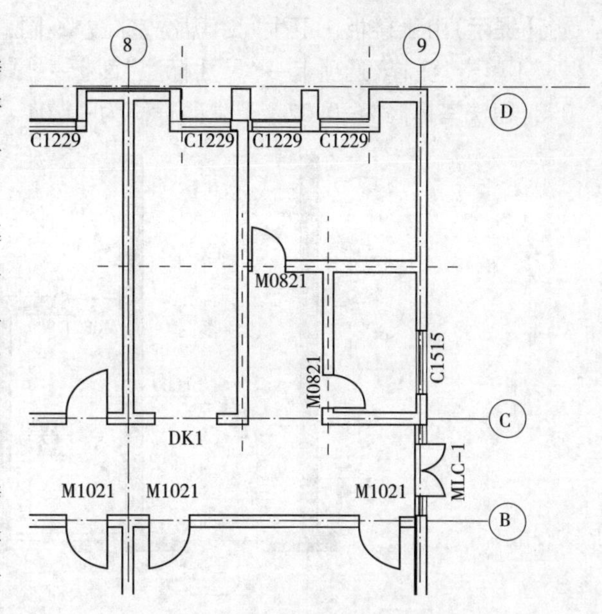

图 5-7　一层洗手间楼板边界轮廓草图

(3)绘制一层卫生间部分楼板

①单击"建筑"选项卡→"构建"面板→"楼板"工具中"建筑楼板"命令，确认"类型选择器"中楼板为"综合楼-150mm-室内"。单击"属性"栏中"编辑类型"按钮，打开"类型属性"对话框，复制新建"综合楼-150mm-卫生间"新类型，单击确定。打开"结构"右侧"编辑部件"对话框，单击材质浏览按钮，搜索"瓷砖"，选择"瓷砖-墙体饰面-灰色"，单击右键复制，输入新名称"综合楼-卫生间-瓷砖"，其他保持默认不变，单击确定。

图 5-8　提示对话框

②修改"属性"栏中"自标高的高度"为"-20"，单击"应用"。使用"拾取墙"的方式，设置偏移值为 0，勾选"延伸到墙中"选项。移动鼠标至卫生间部分，沿盥洗室内侧墙体拾取生成盥洗室部分楼板轮廓线，配合"修剪/延伸为角"工具，修剪轮廓线，单击完成按钮，完成盥洗室楼板轮廓线，如图 5-9 所示。

③继续拾取墙工具，修改"属性"栏中"自标高的高度"为"-40"，拾取卫生间部分墙体，配合修剪工具，完成后单击"模式"面板中完成按钮，完成卫生间部分楼板轮廓线，如图 5-10 所示。

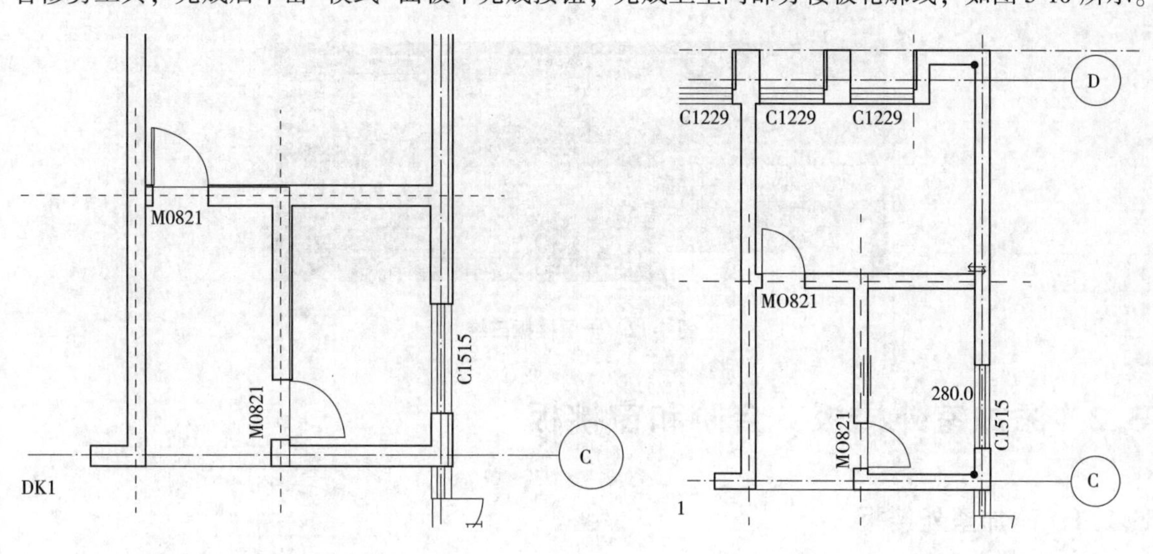

图 5-9　一层盥洗室楼板轮廓图　　图 5-10　一楼洗手间楼板轮廓图

【提示】由于楼板、卫生间、盥洗室高差不同，将会自动生成挡水线。

④单击“注释”选项卡→“尺寸标注”面板→“高程点”工具，在室内楼板放置高程点，标高为“0”，盥洗室标高为-0.02，卫生间标高为-0.04，如图5-11所示。

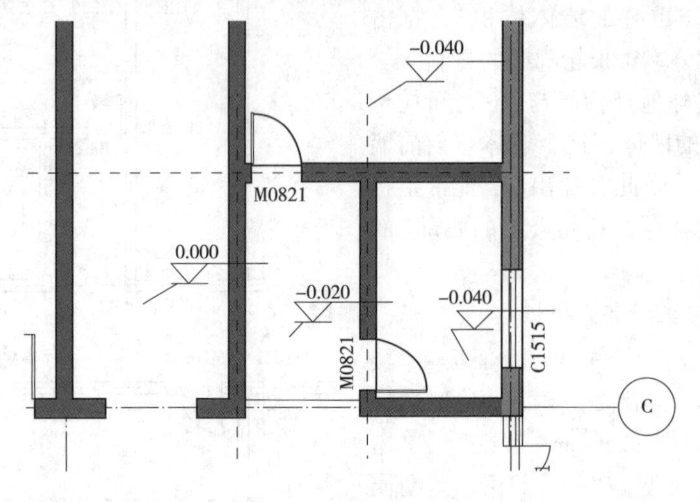

图5-11 “高程点”工具

5.1.2 添加室内其他层楼板

移动鼠标，选择一层办公楼部分，配合过滤器选择办公楼部分所有楼板。单击“修改”选项卡→“剪切板”面板→“复制到剪切板”工具。然后单击“粘贴”，下拉选择“与选定标高对齐”，在“选择标高”对话框中，选择复制到F2、F3，单击确定。

切换至默认三维视图，室内楼板绘制三维如图5-12所示。

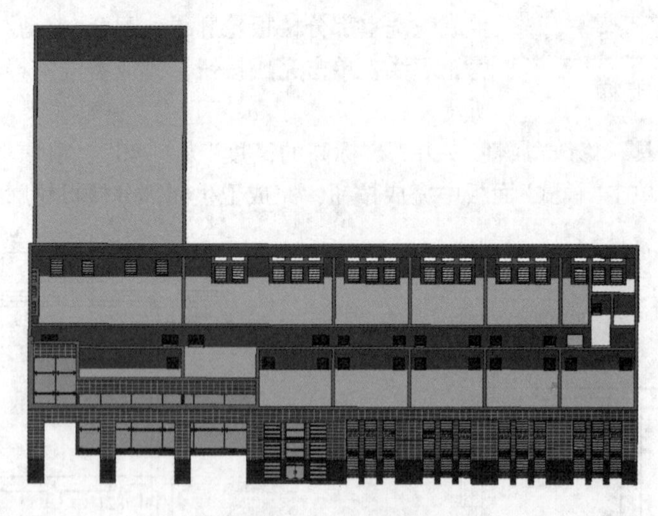

图5-12 一层楼板三维

5.2 添加室外楼板、台阶和窗挑板

5.2.1 添加室外楼板

①切换至F1平面视图，下拉“项目浏览器”列表找到“族”类别，打击“族”前面“+”号。下列“族”图元类别列表，找到“楼板”图元将其展开。在“楼板”图元展开列表中，选择“楼板”展开，将

展示当前项目中所有的楼板类型。选择“综合楼-150mm-室内”双击，打开当前楼板“类型属性”对话框，复制创建“综合楼-150mm-室外”的新楼板类型。修改“功能”为“外部”，单击“结构”后面“编辑”按钮，打开“编辑部件”对话框。打开1号结构层后面材质浏览器按钮，打开“材质浏览器”，选择“综合楼-现场浇注混凝土”，单击确定，再次单击确定，退出“结构部件编辑”对话框。

②采用“拾取墙”方式，移动鼠标至幕墙部分，拾取幕墙部分墙体，以及①轴至④轴之间A轴上的墙体和A轴至B轴之间①轴上的墙体，配合使用“修改”面板上的“修剪/延伸为角”工具，修剪绘制的室外楼板轮廓线，完成后按ESC键退出，修改属性栏中标高为“室外地坪”，自标高的高度为150。单击“绘制完成按钮”，在弹出“是否剪切墙的体积”时，单击“是”，完成楼板轮廓线绘制，如图5-13所示。

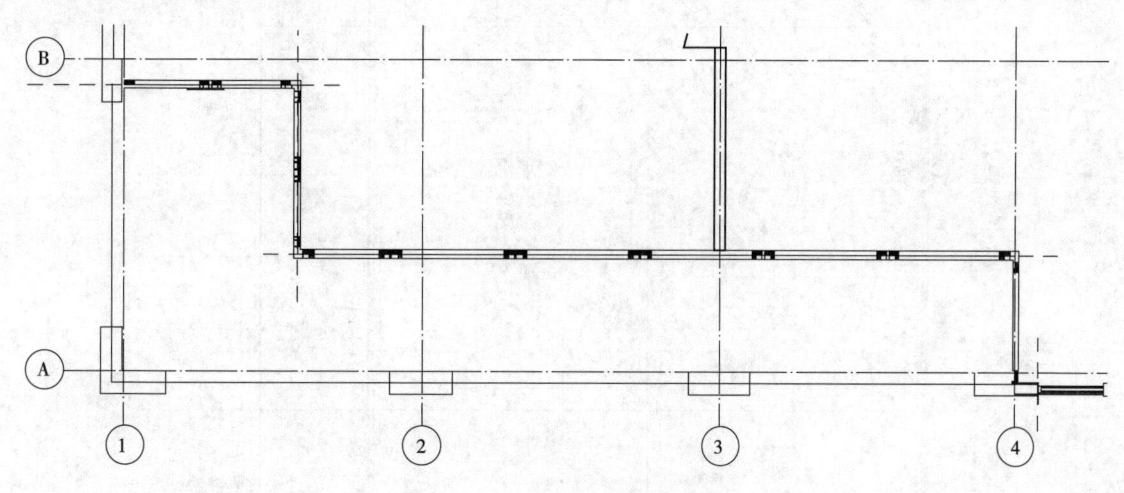

图5-13　一层幕墙部分楼板轮廓

【提示】在Revit中除了“属性”栏的“编辑类型”按钮打开“类型属性”对话框之外，还可以在“项目浏览器”中“族”类别打开“类型属性”对话框。

5.2.2　添加散水

①在“类型属性”对话框中，继续单击“复制”，输入“综合楼-600mm-室外台阶”新的材质。打开“编辑部件”对话框，修改“结构[1]”厚度为550，修改“衬底[2]”厚度为30，修改“面层2[5]”厚度为20。

②切换到F1平面视图，单击“建筑”选项卡→“构建”面板→“楼板”工具中“建筑楼板”命令，绘制方式为“矩形”。确认选项栏中“偏移”值为0，勾选“延伸到墙中”选项。拾取1/D轴线与食堂墙面端点交点处单击作为矩形的起点，向右上方绘制，在H轴线位置单击，按ESC键，完成矩形绘制。使用“修改”面板中“对齐”工具，设置“参照核心层表面”为首选项，将矩形轮廓线上方对齐到H轴食堂外墙核心层表面，将矩形左侧对齐到③轴线上食堂外墙核心层表面，矩形右侧轮廓线对齐到窗C1229左侧的墙体核心层表面，按ESC键退出。修改属性栏中楼板类型为“综合楼-600mm-室外台阶”，“修改自标高”的高度为-20，单击完成编辑按钮，完成室外台阶的编辑，如图5-14所示。

③同样适用“楼板”工具，使用“矩形”的绘制方式，确认楼板类型为“综合楼-600mm-室外台阶”，移动鼠标捕捉A轴线与④轴线下方入口处墙体中心线位置作为起点，捕捉到⑤轴线上任意一点单击，按ESC键两次退出当前命令。配合使用“对齐”命令，将刚刚绘制的矩形上轮廓线对齐到入口处墙体核心层表面。利用临时尺寸标注，修改台阶的宽度为5000，按ESC键退出，单击绘制完成按钮，完成该台阶的绘制，如图5-15所示。

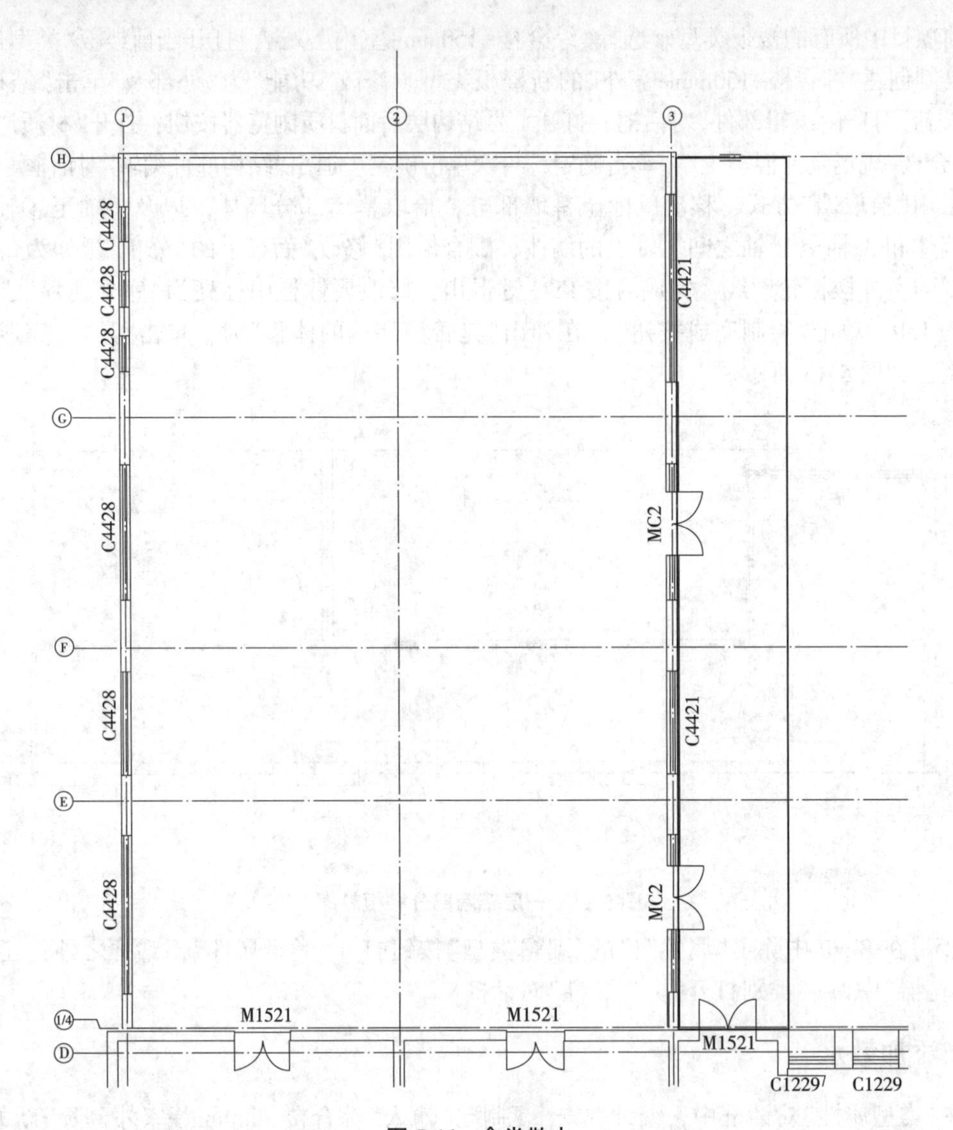

图 5-14　食堂散水

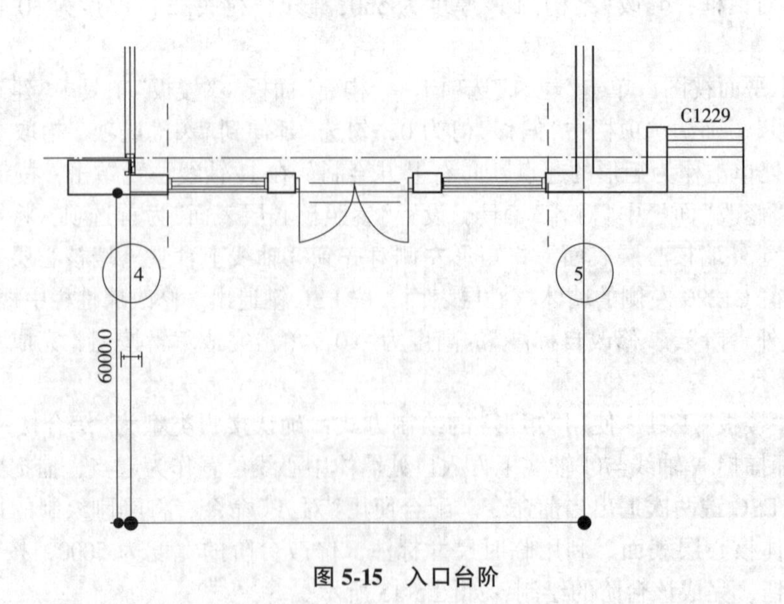

图 5-15　入口台阶

④单击“建筑”选项卡→“构建”面板→“楼板”工具中“建筑楼板”命令，绘制方式为“矩形”。移动鼠标至⑨轴线 B、C 轴之间，以 B 轴与⑨轴线为起点，绘制到 C 轴线与⑨轴线交点为终点，绘制成一个矩形的轮廓，使用对齐的方式，将矩形对齐到墙体的核心层表面。利用临时尺寸标注线，修改矩形的宽度为 1600，单击“模式”面板中绘制完成按钮，如图 5-16 所示。

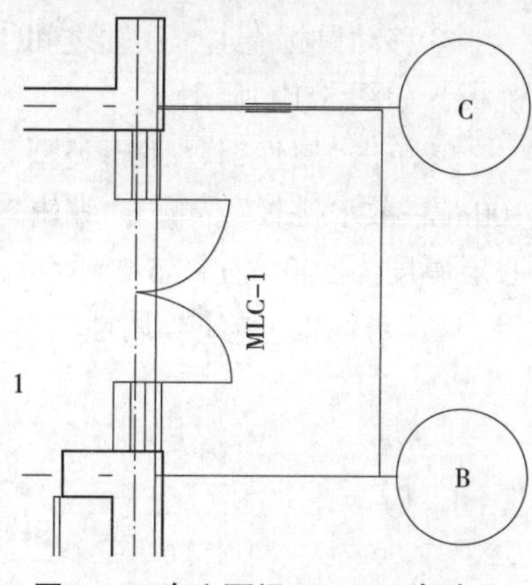

图 5-16 东立面门 MLC-1 台阶

5.2.3 添加窗挑板

①单击“建筑”选项卡→“构建”面板→“楼板”工具中“建筑楼板”命令，绘制方式为“矩形”。移动鼠标至⑤、⑥轴线窗 C1229 下方，使用“矩形”绘制方式绘制窗挑板，利用对齐工具，与墙相邻部分将矩形轮廓线对齐到墙体核心层表面，与柱相邻部分轮廓线对齐柱的核心层表面，如图 5-17 所示。

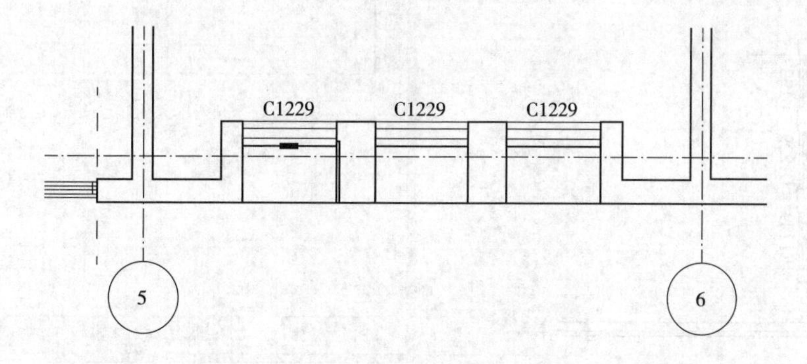

图 5-17 一层⑤、⑥轴线 C1229 窗挑板

②绘制完成后，框选⑤、⑥轴线键绘制的窗挑板，单击“修改”面板中“镜像/拾取轴”工具或输入“MM”的快捷方式。勾选选项栏中“复制”，分别单击⑥、⑦、⑧进行镜像复制。单击 B、C 轴之间中线的参照平面，将窗挑板复制到⑧、⑨轴之间 D 轴上，然后依次单击⑧、⑦、⑥、⑤轴线进行镜像复制。单击④轴线进行复制，删除多余的窗挑板，如图 5-18 所示。

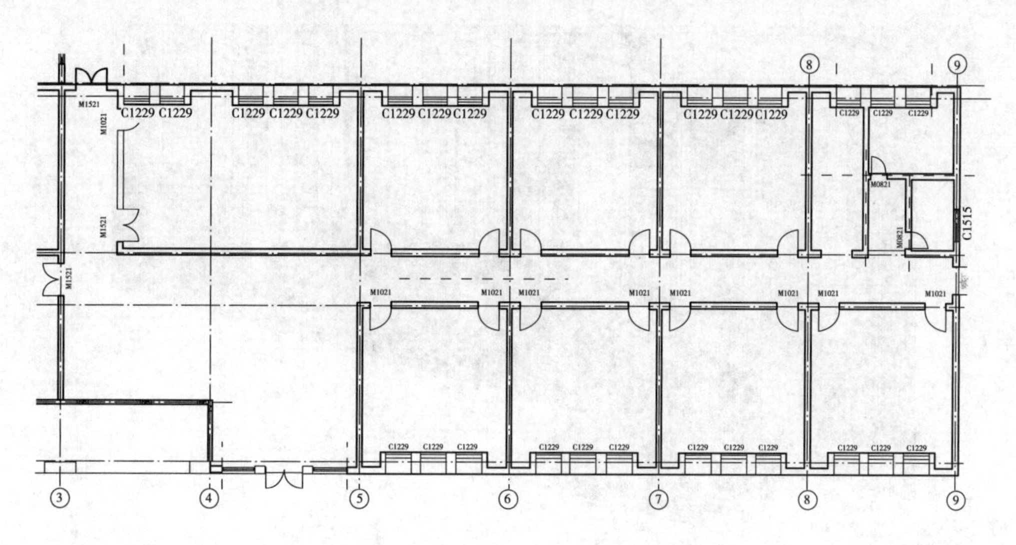

图 5-18 一层南立面、北立面 C1229 窗挑板

③移动鼠标至 C、D 轴之间①轴线上的窗 C1229，使用上述同样的方式绘制完成这部分的窗挑板，如图 5-19 所示。

④单击“属性”栏“编辑类型”按钮，打开“类型属性对话框”，“复制”创建名称为“综合楼-100mm-散水挑板”。单击“编辑”按钮，打开“编辑部件对话框”，删除所有的非核心层，修改核心层厚度为 100，如图 5-20 所示。单击确定，退出“编辑部件”对话框，再次单击确定，退出“编辑类型”对话框。修改“属性”栏中“自标高的高度”为-20。

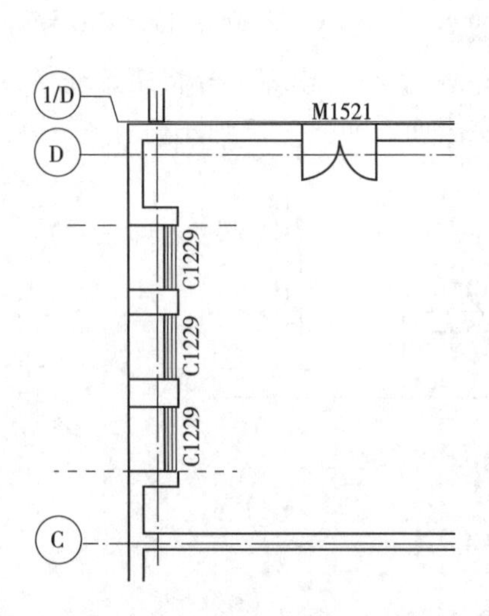

图 5-19 一层西立面窗挑板

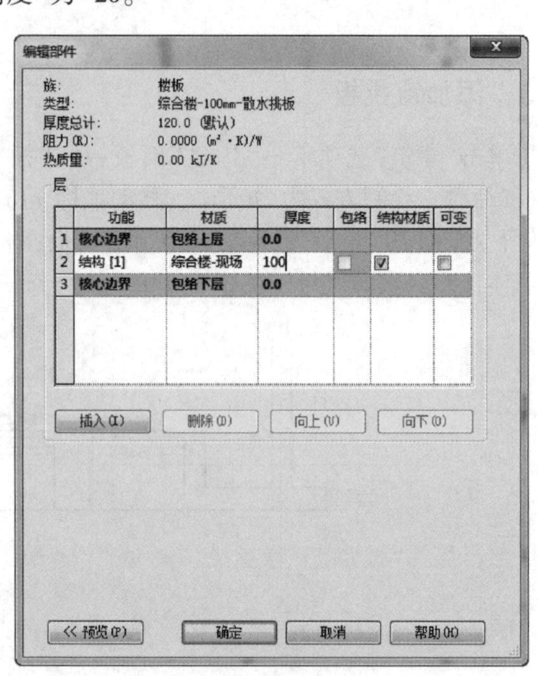

图 5-20 散水挑板编辑部件对话框

⑤单击“模式完成按钮”，完成窗散水挑板的绘制。单击默认三维视图，选择刚刚创建的窗散水挑板，复制到粘贴板，使用“粘贴”工具中“与选定标高对齐”方式，对齐粘贴到楼层平面视图，生成的“窗挑板”如图 5-21 所示。

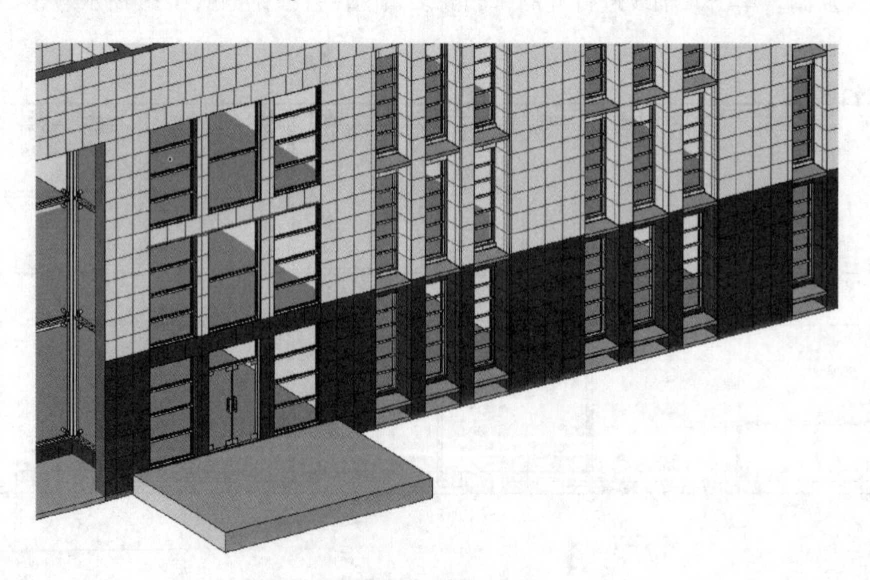

图 5-21 南立面室外台阶三维

5.3　添加屋顶

5.3.1　添加食堂屋顶

①切换至F2楼层平面视图，单击“建筑”选项卡→“构建”面板→“屋顶”工具，在“屋顶”下拉列表中选择“迹线屋顶”命令。单击“属性”栏中“编辑类型”按钮，打开“类型属性”对话框。

②单击“复制”按钮，打开“名称”对话框，输入名称“综合楼-150mm-平屋顶”，单击确定。

③单击“结构”后面的“编辑”按钮，单开“编辑部件”对话框。单击底部的“插入”按钮两次，插入两个构造层。配合“向上”工具，将两个结构放置核心层上方，如图5-22所示。

④修改第一个构造层的“功能”为“面层2[5]”，修改“厚度”为30，勾选“可变”选项；修改第二个构造层的“功能”为“涂膜层”，“厚度”为0。打开第一个构造层的“材质浏览器”，在搜索栏中搜索“综合楼”，找到“综合楼-水泥砂浆面层”作为该层结构的材质。单击“结构[1]”后面材质按钮，进入“材质浏览器”对话框，修改结构层的材质为“综合楼-现场浇注混凝土”，完成之后单击确定两次，退出“类型属性”对话框。

【提示】可变是指在使用建筑找平的方式修改屋顶坡度时，构造层将改变厚度。

⑤确定屋顶的绘制方式为“拾取墙”，不勾选选项栏中“定义坡度”选项，设置“悬挑”值为0，勾选“延伸到墙中(至核心层)”选项。

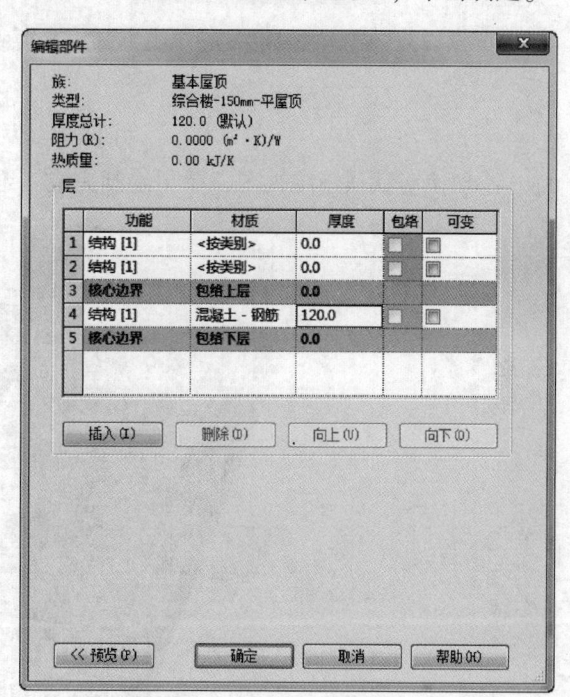

图5-22　平屋顶编辑部件

⑥修改“属性”栏中“底部标高”为F2，设置“自标高的底部偏移”为480，单击应用。

【提示】屋顶是以屋顶的下表面作为定位线，楼板是以楼板的上表面作为定位面，所以在设置屋顶顶部标高偏移是要剪掉楼板的厚度。

⑦拾取食堂部分墙体，将沿食堂内侧核心层表面生成轮廓线。切换绘制方式为“直线”将其绘制成封闭的区域。单击“模式”面板中“完成编辑”按钮，弹出如图5-23所示对话框，单击“是”。

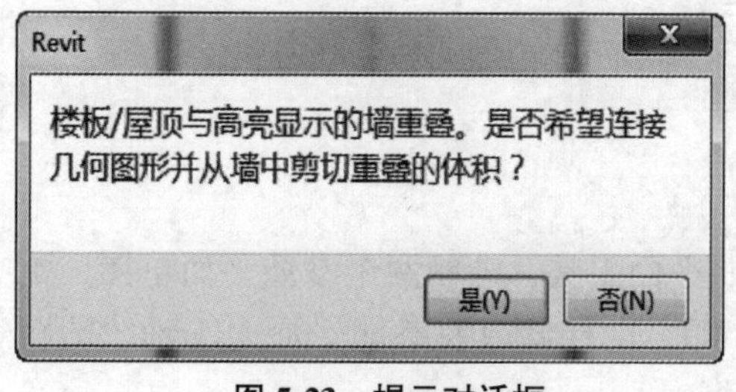

图5-23　提示对话框

5.3.2　添加办公楼部分屋顶

①切换至F4楼层平面视图，单击“建筑”选项卡→“构建”面板→“屋顶”工具，在“屋顶”下拉列表中选择“迹线屋顶”命令。修改“属性”栏中“自标高的底部偏移”为-120。

②确定屋顶的绘制方式为“拾取墙”，不勾选选项栏中“定义坡度”选项，设置“悬挑”值为0，勾选“延伸到墙中(至核心层)”选项。

③沿办公楼女儿墙拾取生成屋顶迹线，配合修剪工具，使屋顶迹线保持首尾相连，绘制草图如图5-24所示。

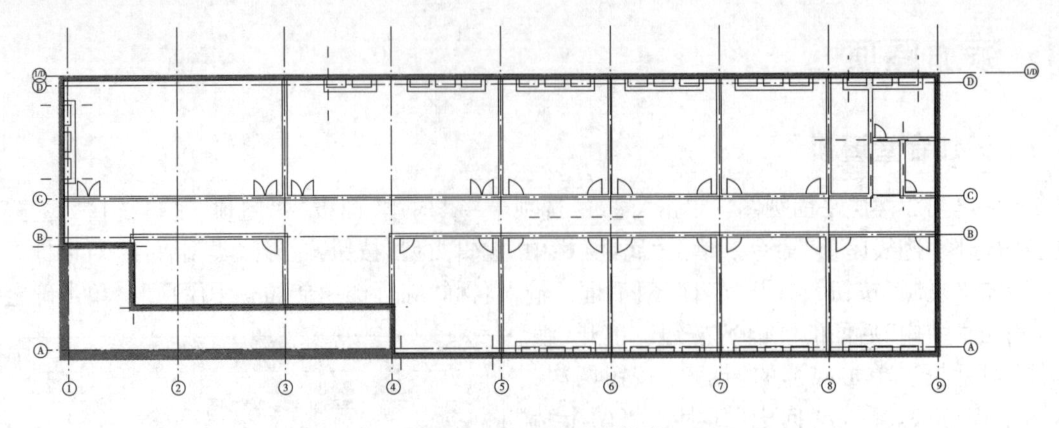

图 5-24　办公楼屋顶轮廓

④切换至默认三维视图，屋顶绘制完成三维效果图，如图 5-25 所示。

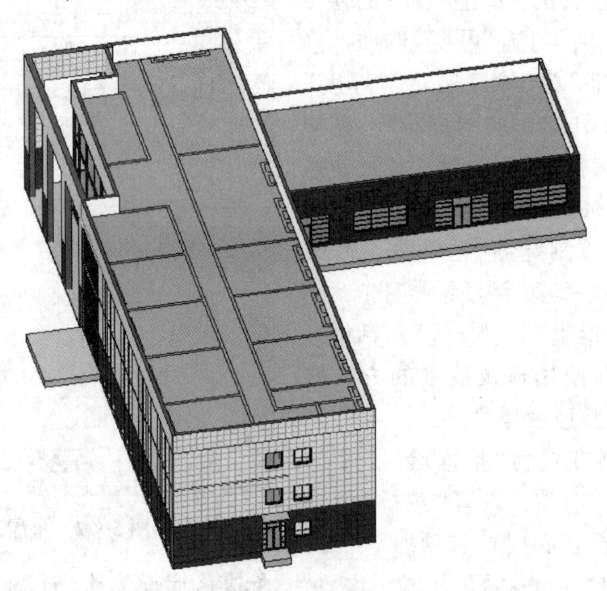

图 5-25　办公楼屋顶三维

5. 3. 3　修改子图元

通过修改子图元，对屋顶进行进一步编辑。

①切换至 F2 平面视图，按照图 5-26 所示，使用参照平面工具，绘制两个参照平面草图。配合临时尺寸标注，修改右参照平面到③轴线的距离为 2500，同样修改左参照平面至①轴线的距离为 2500。

②框选食堂部分所有图元，配合使用过滤器，仅保留屋顶图元。在“修改/屋顶”上下关联选项卡下单击“形状编辑”中“添加点工具”。

③捕捉到 F 轴线与刚复制的左侧参照平面的交点放置第一个点，移动鼠标向右捕捉到与右侧参照平面交点位置放置第二个点。

④单击“形状编辑”面板中“添加分割线”的工具，捕捉到第一定点单击，然后捕捉到第二个定点单击，将两个定点连接。然后按照图 5-27 所示，将放置的两个点与食堂屋顶四个定点相连。

⑤完成之后，单击“形状编辑”面板中“修改子图元”工具，选择中间的分隔线，将会给出一个临时尺寸值，输入 100，按回车，按 ESC 键退出。

⑥切换至默认三维视图，生成屋面坡度如图 5-28 所示。

【提示】这里的临时尺寸值是指分隔线与屋顶表面的距离。

⑦使用“注释”选项卡→“构建”面板→“高程点坡度”工具，移动鼠标至屋顶坡面，将产生屋顶坡度。

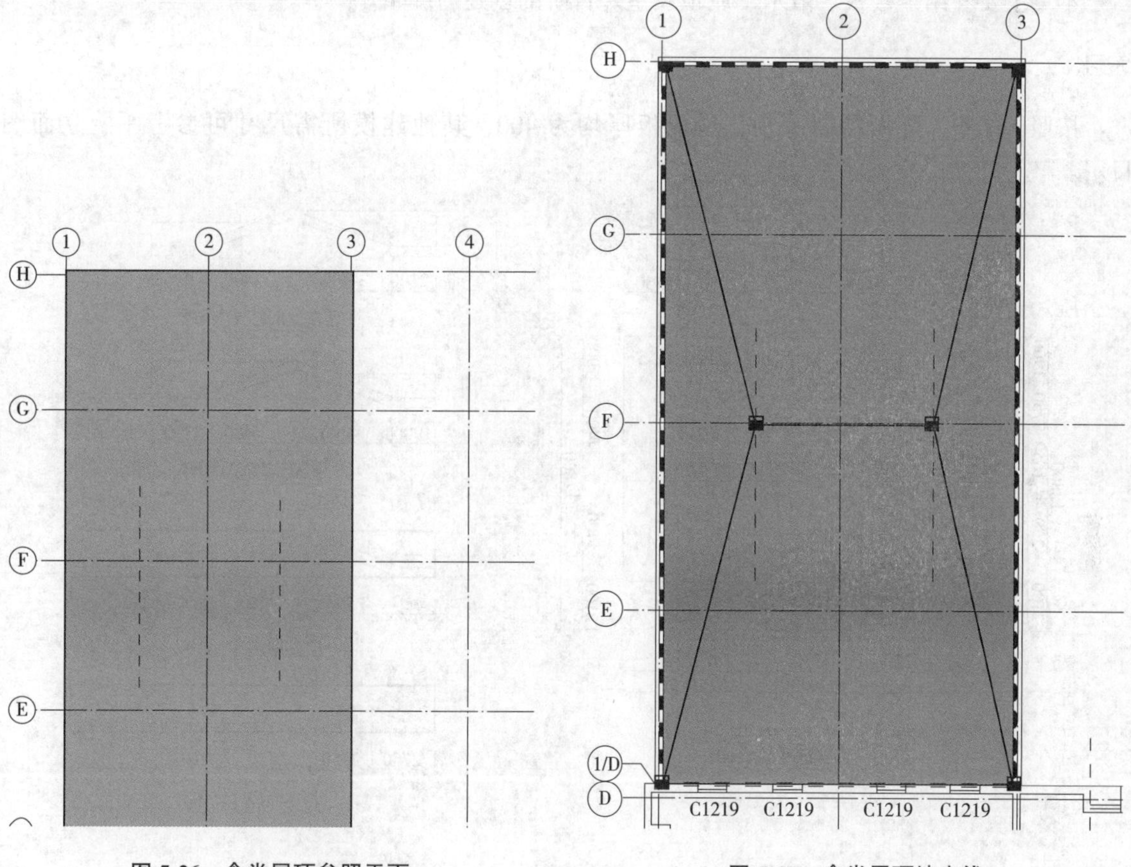

图 5-26 食堂屋顶参照平面

图 5-27 食堂屋顶坡度线

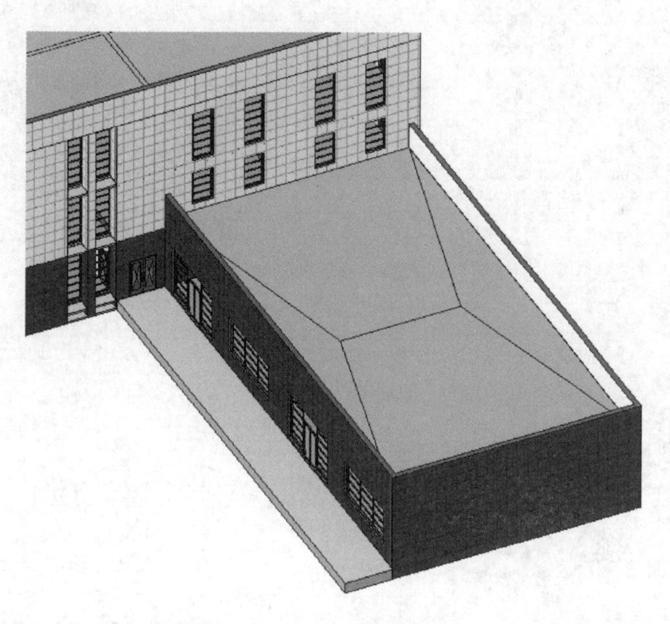

图 5-28 食堂坡屋顶

本章小结

本章主要介绍了楼板、散水、屋顶及室外台阶的创建与编辑。

练习

按照下图平、立面绘制屋顶，屋顶板厚均为 400，其他建模所需尺寸可参考平、立面图自定。

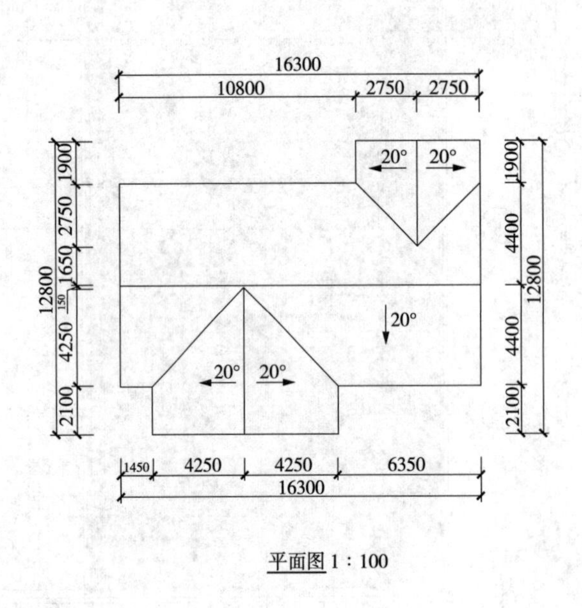

平面图 1：100

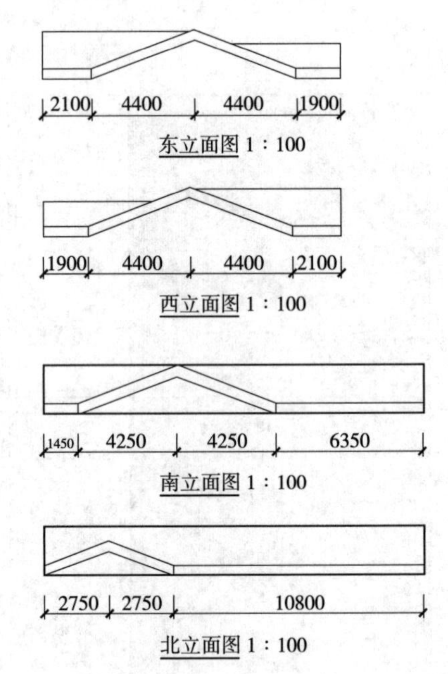

东立面图 1：100

西立面图 1：100

南立面图 1：100

北立面图 1：100

▶▶▶第 6 章　栏杆、扶手、楼梯

本章导读

前面几章已经完成了办公楼的主体模型，并使用“楼板”命令创建了楼板，添加了室外楼板以及台阶，利用“天花板”命令为办公楼创建了屋顶。本章将利用 Revit 的扶手、楼梯等工具，为办公楼添加室外空调栏杆、室内扶手及楼梯。

本章要点

了解栏杆、扶手、楼梯的基本概念；
了解栏杆、扶手、楼梯的创建的方法。

学习目标

掌握绘制单跑、两跑楼梯及多层楼梯的方法，了解楼梯属性中各参数的作用，灵活掌握梯面、边界命令；
掌握精确绘制楼梯的方法；
掌握扶手的绘制及编辑方法，重点掌握编辑扶手、编辑栏杆位置对话框。

6.1　添加栏杆

1）切换至 F1 楼层平面视图，单击“建筑”选项卡→“楼梯坡道”面板→“栏杆扶手”工具下拉列表，选择“绘制路径”命令。单击“属性”栏中“编辑类型”按钮，打开“类型属性”对话框。在“类型”中选择“钢楼梯 900mm 圆管”，单击“复制”按钮，输入名称为“综合楼-900mm-空调栏杆”，单击确定，复制创建新类型。复制创建新的类型后，在“类型参数”中将添加“顶部扶栏”和“扶手 1”“扶手 2”等相关的参数，如图 6-1 所示。

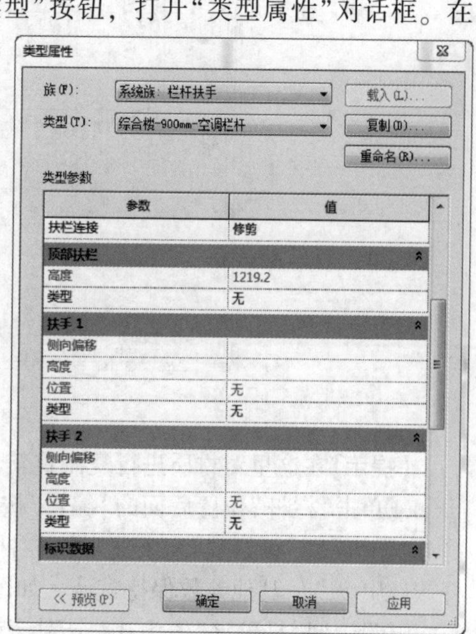

图 6-1　栏杆扶手对话框

②单击“扶栏结构”后面的编辑按钮，打开“编辑扶手”对话框。选择“扶手 5”，单击“复制”按钮，复制一个扶手结构。单击向下，将其放置最下方，修改扶手名称为“扶手 6”。修改“扶手 1”至“扶手 6”高度分别为：900、750、600、450、300、150。修改“偏移值”都为 0，修改参数如图 6-2 所示。

③单击“扶手 1”的“轮廓”按钮，在轮廓材质选择器下拉列表中选择“公制_ 圆形扶手：50mm”。单击后面的“材质按钮”，打开“材质浏览器”对话框。在搜索栏输入“不锈钢”，选择“抛光不锈钢”。单击 按钮，选择“复制选定的材质”或者单击鼠标右键后单击复制，

输入名称“综合楼-抛光不锈钢”，复制创建新的材质，单击确定。修改说是有的扶手材质为“综合楼-抛光不锈钢”，其他保持默认，如图 6-3 所示，单击确定，返回“类型属性”对话框。

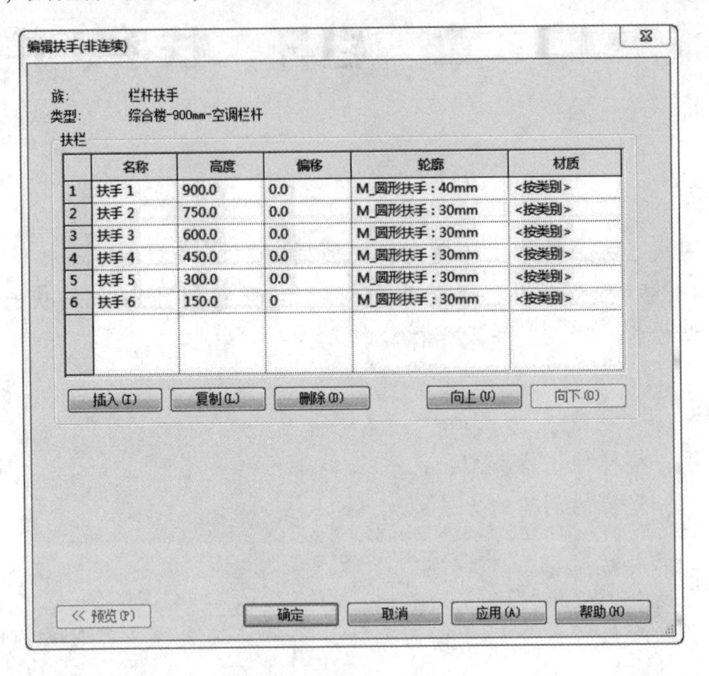

图 6-2　编辑扶手对话框

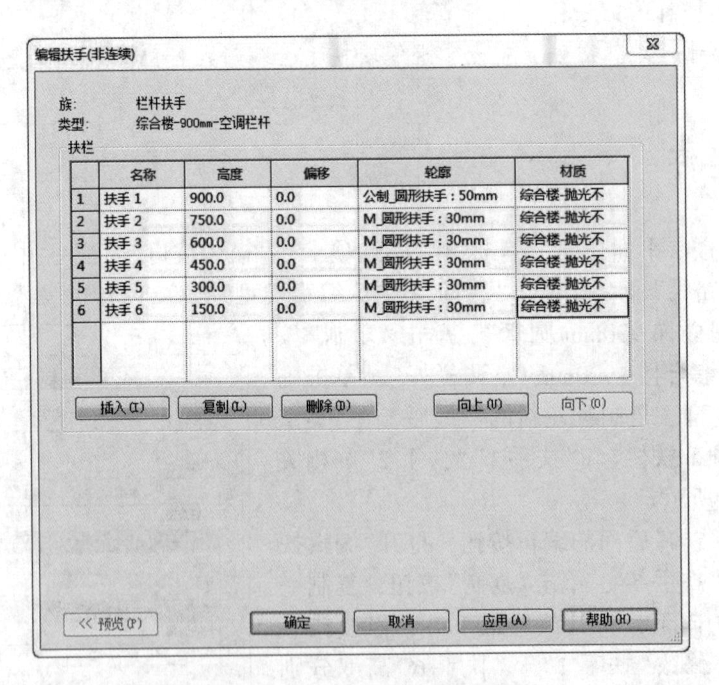

图 6-3　编辑扶手设置后对话框

【**提示**】在这里对材质进行复制重新命名，是为了后面对材质更好的区分类别。

④单击“栏杆”位置后面的“编辑”按钮，打开“编辑栏杆位置”对话框。修改“常规栏杆”“栏杆族”为“无”。设置“转交支柱”的“栏杆族”为“无”，同样设置“转角支柱”和“终点支柱”的“栏杆族”为“无”，其他参数保持默认，如图 6-4 所示，完成之后单击确定。

⑤设置“栏杆偏移”值为 0，分别设置“顶部栏杆”“扶手 1”和“扶手 2”的类型为无，其他参数保持默认，如图 6-5 所示，单击“确定”，返回路径绘制状态。

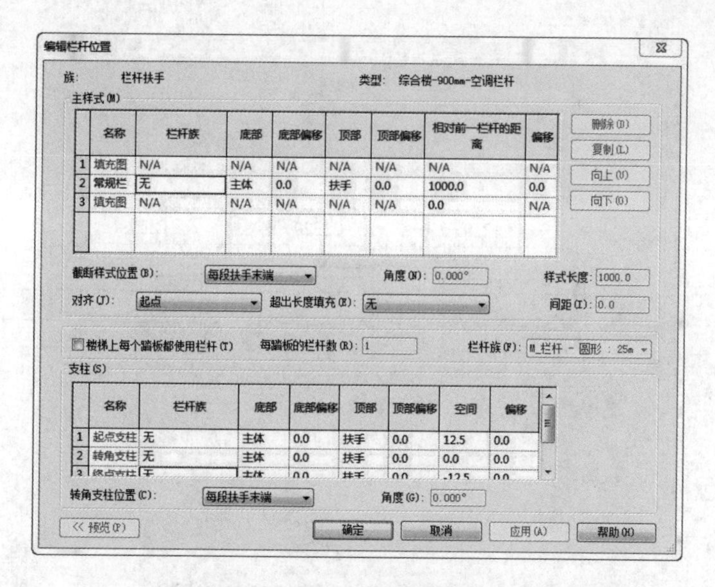

图 6-4　编辑栏杆位置对话框

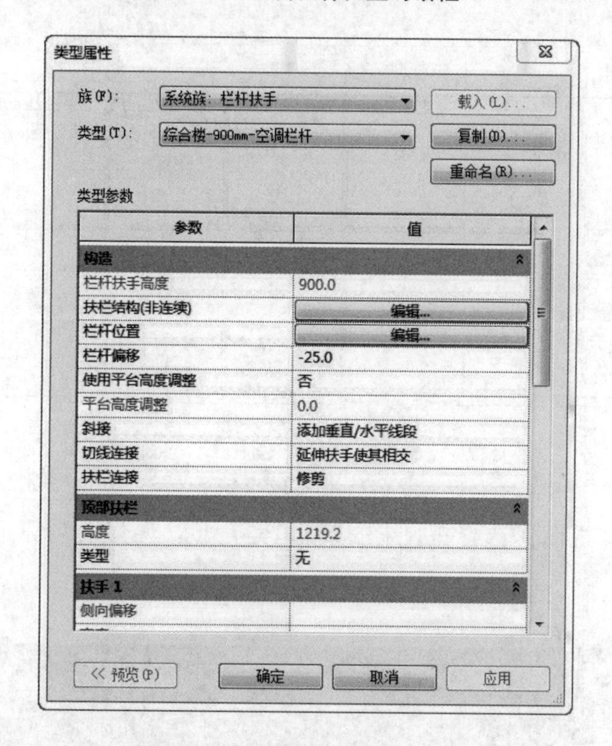

图 6-5　栏杆扶手设置完成对话框

⑥修改“属性”栏中“底部偏移”为 20，单击绘制“面板”中的“直线”工具，勾选“选项”面板中“预览”选项。设置选项栏中“偏移量”为 400，不勾选“半径”。

⑦移动鼠标至⑤、⑥轴线之间窗 C1229，在窗户最左侧墙体单击，配合空格键控制扶手方向，捕捉到另一层窗户的墙体，单击确定，按 ESC 键退出。单击“模式”面板中“完成编辑模式”命令，完成扶手的放置，如图 6-6 所示。

⑧使用“复制”或者“镜像复制”工具，将栏杆扶手复制其他窗户上。在 C、D 轴线间窗户使用上述方式绘制窗户的栏杆扶手，绘制完成图如图 6-7 所示。

⑨选择扶手，单击鼠标右键，选择“选择全部实例”→“在视图中可见”，选择所有的扶手。将其复制到粘贴板，才用“与选定标高对齐”方式，将扶手复制粘贴到 F2、F3 标高上。

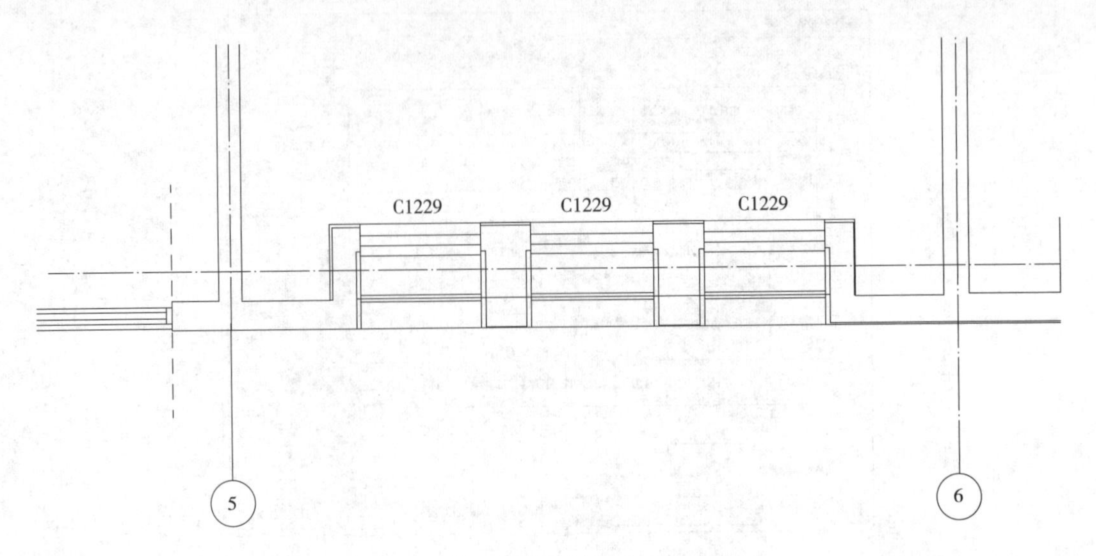

图 6-6　⑤、⑥轴线间窗 C1229 扶手

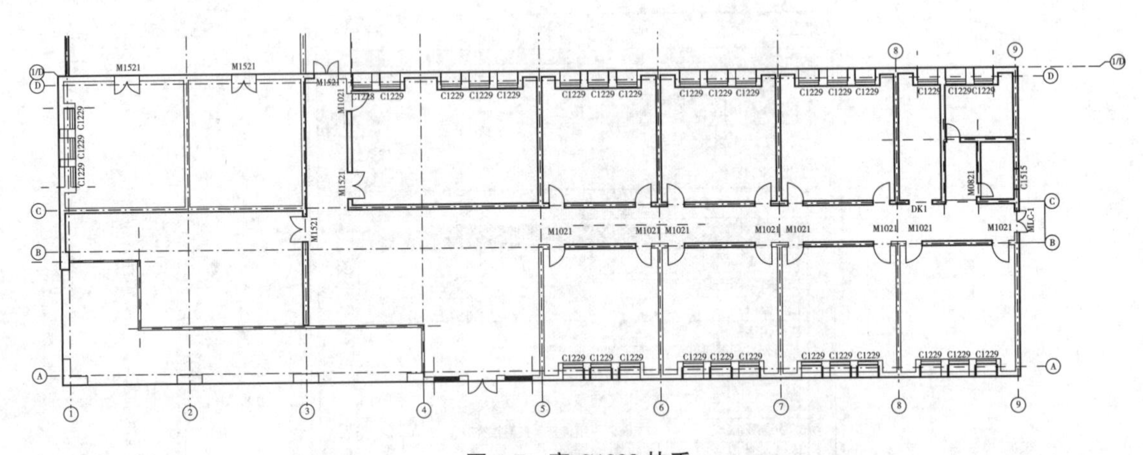

图 6-7　窗 C1229 扶手

⑩切换至默认三维视图，选择视图样式为真实，可以观察绘制完成的栏杆扶手如图 6-8 所示。

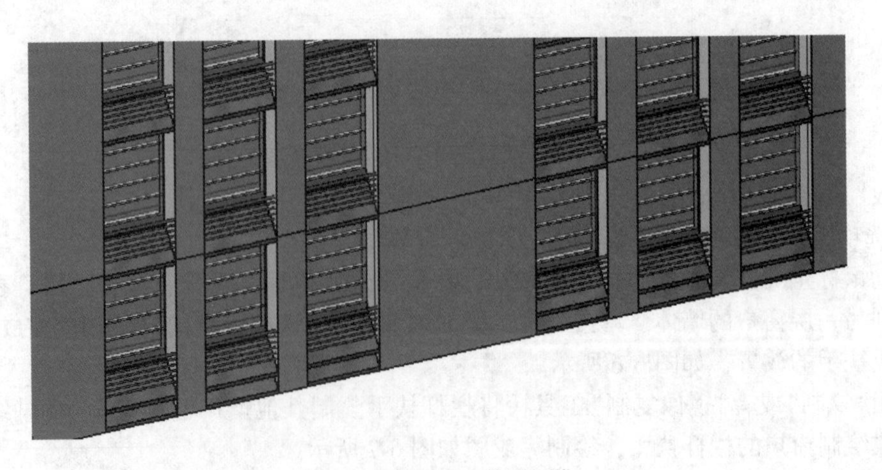

图 6-8　窗 C1229 扶手三维

6.2 定义扶手

Revit 的扶手由“扶手结构”与“栏杆结构”两部分构成，如图 6-9 所示。“扶手结构”部件由一系列沿扶手线放样生成，用户可以自定义扶手的数量与扶手的轮廓；“栏杆结构”可以指定不同类型的栏杆族，替换生成不同的栏杆。依次生成不同类型的扶手。

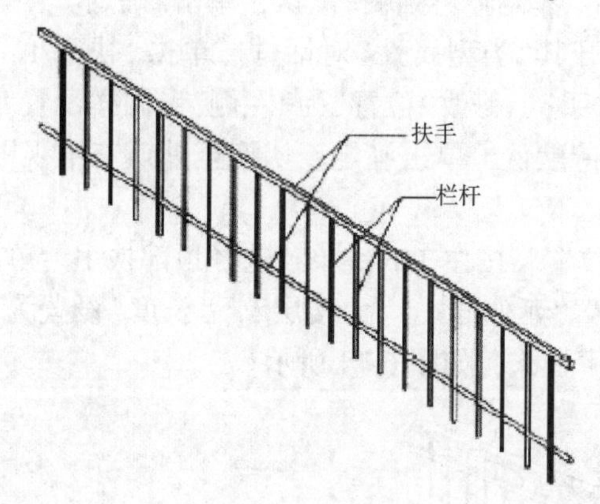

图 6-9 扶手结构

①单开课件“课件/第 8 章/RAT/扶手类型定义练习”项目文件。切换至“标高 1”楼层平面视图，选择已有的扶手将其删除。

②单击“插入”选项卡→“从库中载入”面板→“载入族”工具，打开“载入族”对话框。浏览至课件“课件/第 8 章/RFA”项目文件中载入“顶部扶手轮廓”“正方形扶手轮廓”两个轮廓族。

③单击“建筑”选项卡→“楼梯坡道”面板→“栏杆扶手”工具，如图 6-10 所示，在视图中绘制任意的扶手。

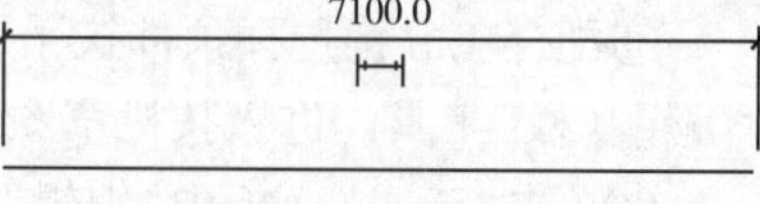

图 6-10 扶手绘制草图

④单击“属性”栏中“编辑类型”按钮，打开“类型属性”对话框。单击“复制”，输入名称“900mm-2014”，复制创建一个新的扶手类型。

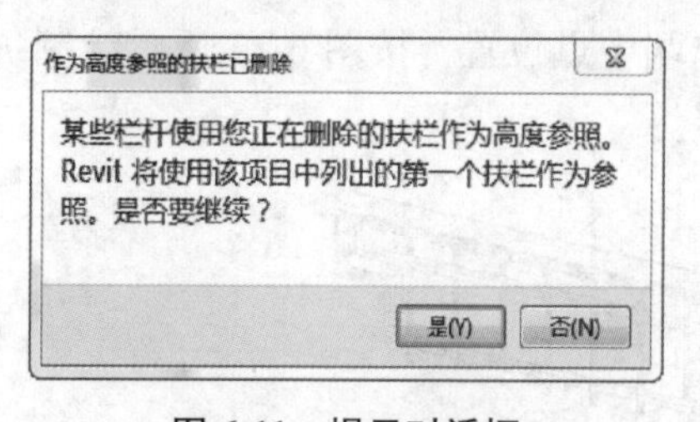

图 6-11 提示对话框

⑤单击“扶手结构”后面的“编辑”按钮，打开编辑扶手对话框。删除已有的扶手定义，会弹出“作为高度参照的扶栏已删除”对话框，如图 6-11 所示，单击“是”，接受这个选项。

⑥设置“类型属性”对话框中“顶部扶栏”的“类型”为顶部扶栏类型，修改“顶部扶栏”的“高度”为 1100。

⑦单击“栏杆位置”后面的“编辑”按钮，打开“编辑栏杆位置”对话框。在已有的“常规栏杆”中设置“顶部”为“顶部扶栏图元”选项，单击确定，返回“类型属性”对话框，修改“栏杆偏移值”为 0，单击确定。

⑧单击“模式”面板中“完成编辑”按钮，完成当前扶手。切换至默认三维视图，如图 6-12 所示，已经为栏杆生成新的形式。

⑨单击“项目浏览器”中“顶部扶栏类型”前面的“+”按钮，在列表中双击“顶部扶栏类型”，单开“类型属性”对话框。单击“轮廓”后面的选择器，在列表中选择载入的“顶部扶手轮廓：顶部扶手轮廓”，设置“手间隙”设置为 0，其他保持默认不变，单击确定。

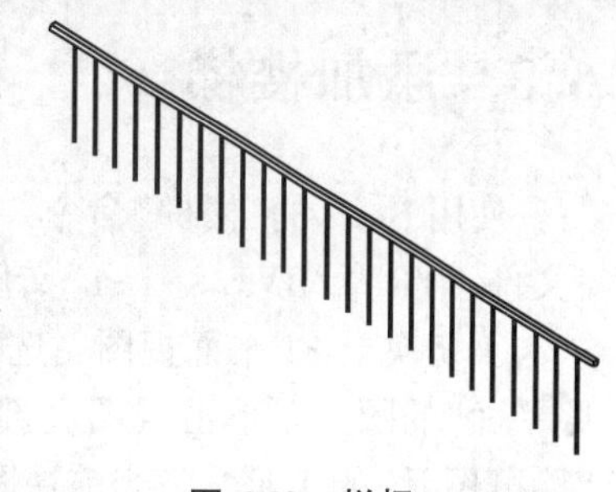

图 6-12 栏杆

⑩单击“项目浏览器”中“扶手类型”前面“+”按钮，选择“扶手类型”族单击右键，选择重命名，修改名称为“顶部扶手”。再次单击右键，单击“复制”，并命名为“中间扶手”。

⑪双击“中间扶手”，打开“类型属性”对话框。修改“手间隙”为0，修改“高度”为850，修改“轮廓”为“正方形扶手轮廓：50mm×50mm”，其他参数保持默认，单击“确定”。

⑫同样的方式单击“底部扶手”，修改“手间隙”为0，修改“高度”为200，修改“轮廓”为“正方形扶手轮廓：50mm×50mm”，其他参数保持默认，单击“确定”。

⑬选择“扶手”图元，单开其“类型属性”对话框。单击“扶手1”“类型”后面“类型选择”按钮，选择扶手类型为“中间扶手”，修改“位置”为“左侧”；同样设置“扶手2”的“类型”为底部扶手，“位置”为左侧，其他保持默认，单击确定。切换至默认三维视图，扶手生成的形式如图6-13所示。

⑭移动鼠标至顶部扶手位置，按住Tab键单独选择顶部扶手。单击“属性”栏中“编辑类型”，进入“类型属性”对话框。设置“延伸样式”为“楼层”，“长度”设置为300，单击确定。此时在扶手的起始位置将生成新的扶手样式，如图6-14所示。

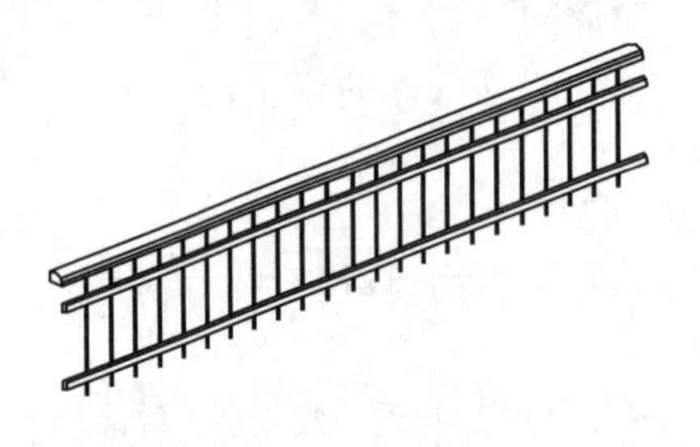

图6-13　栏杆扶手

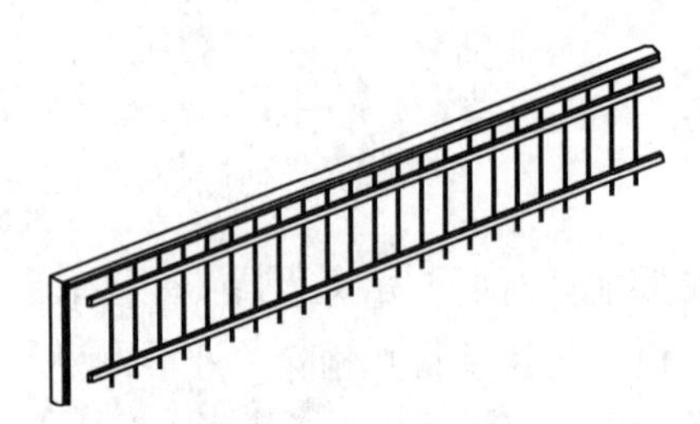

图6-14　扶手顶部轮廓

⑮配合Tab键选择顶部扶手，单击“修改/顶部扶手”上下关联选项卡→“连接扶手”面板→“编辑扶栏”工具，进入扶栏草图编辑模式。

⑯单击“工具”面板中“编辑路径”的工具，捕捉到扶手末端中点位置，按图6-15所示绘制顶部扶手的路径草图，单击两次“模式”面板中“编辑完成”按钮。

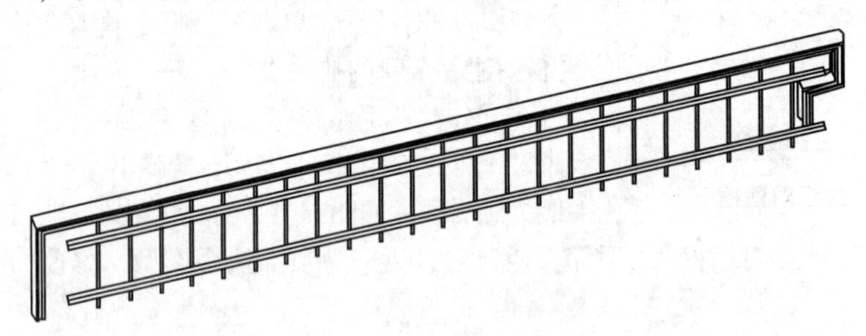

图6-15　扶手绘制完成轮廓

6.3　添加楼梯

使用Revit的“楼梯”命令，可以在项目中添加各种样式的楼梯。接上节练习，或打开课件“文件/第8章/RVT/8-1-1”文件继续学习。

①切换至F1平面视图，选择视图所有图元，单击“选择”面板中“过滤器”命令，只保留“参照平面”的图元。单击视图底部视图控制栏的(临时隐藏/隔离)按钮，在弹出的列表中选择“隐藏图元”的工具，将当前视图的参照平面进行隐藏。

②单击“建筑”选项卡，在“楼梯坡道”面板中单击“楼梯”工具。在“楼梯”工具下拉列表中，

选择"楼梯(按草图)"，进入绘制编辑模式。

③在"属性"栏中单击"编辑类型"按钮，打开"类型属性"对话框。单击"复制"命令，以"整体板式-公共"类型为基础，复制新建名称为"综合楼-室内楼梯-150mm×300mm"的类型。

④确认勾选"整体浇注楼梯"，修改"功能"为"内部"。修改"文字大小"为3，文字字体为仿宋。单击"踏板材质"后面的浏览按钮，单开"材质浏览器"面板，设置材质为"综合楼-水泥砂浆面层"；同样也设置"梯面材质"为"综合楼-水平砂浆面层"；修改"整体式材质"为"综合楼-现场浇筑混凝土"。修改"踏板厚度"为15，修改"楼梯前缘长度"为5。修改"最大梯面高度"为150，勾选"开始于梯面"和"结束于梯面"选项，设置"梯面类型"为楼梯，设置"梯面厚度"为15。修改"楼梯踏步梁高度"为120，"平台斜梁高度"为150。其他保持默认，完成后单击确定按钮。

⑤单击"工具"面板中"栏杆扶手"工具，打开"栏杆扶手对话框"，单击"默认"按钮，打开材质浏览器，选择"不锈钢玻璃嵌板栏杆-900mm"，如图6-16所示，单击确定。

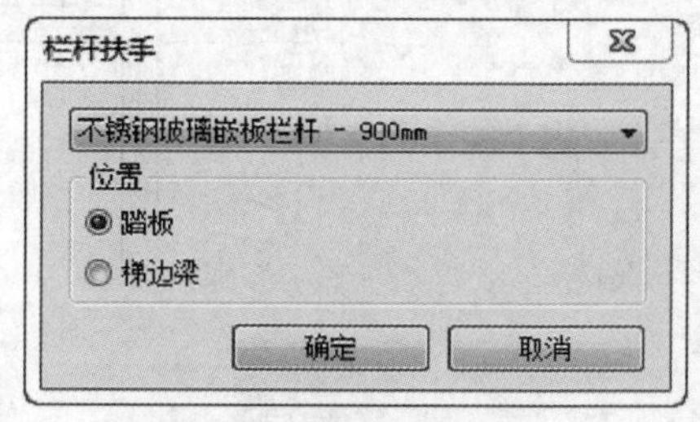

图6-16 扶手设置对话框

⑥单击"工作平面"面板中"参照平面工具"，移动鼠标至楼梯，在⑧轴垂直方向绘制参照平面，并命名为"S-A"，配合临时尺寸标注，修改参照平面到C轴的距离为2180；在楼梯内垂直于"S-A"参照平面方向连续绘制三条参照平面，设置中间的参照平面的名称为"S-B"，左侧的参照平面为"S-C"，右侧的参照平面为"S-D"。配合临时尺寸标注，修改"S-B"到③轴线的距离为1400，修改"S-C"到③轴线的距离为720，修改"S-D"到楼梯右侧的墙体核心层中心线的距离为720，如图6-17所示。

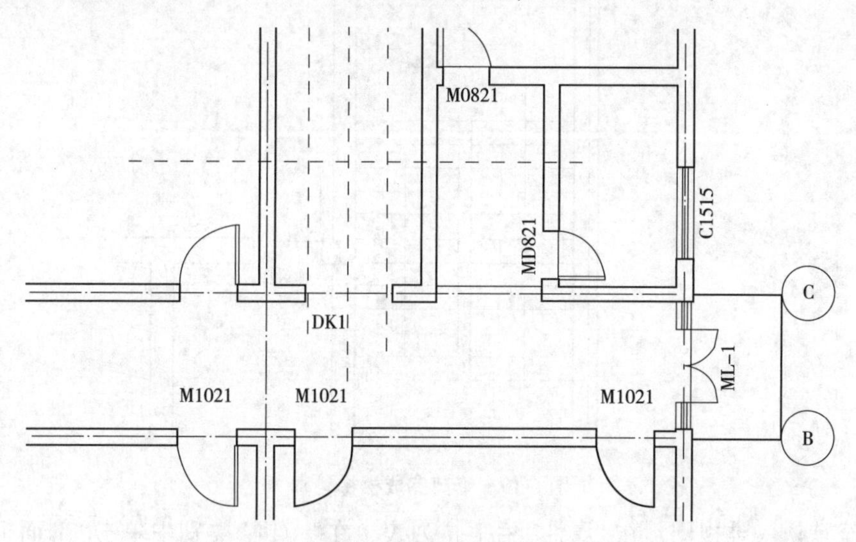

图6-17 楼梯参照平面

⑦确认绘制方式为"梯段"，绘制类型为"直线"的方式。捕捉到"S-A"与"S-C"的交点位置为梯段的起点，沿垂直方向向上。当显示的灰色梯段数为12时，单击确定为终点。移动鼠标向右，捕捉到梯段的终点与"S-D"的交点单击为第二段梯段的起点，沿垂直方向向下，直至灰色梯段数显示为剩余0时单击，完成操作，如图6-18所示。

⑧选择D轴线下方的楼梯边界线，配合使用临时尺寸标注线，修改其到梯段结束点的位置距离1300。

⑨切换"绘制"面板中当前的绘制方式为"边界线"，确认绘制方式为"直线"。在D轴线下方墙体位置，绘制梯面楼梯边界，配合修剪工具修剪，完成之后按ESC键退出，如图6-19所示。

⑩绘制完成之后，单击"模式"面板中完成"编辑模式"按钮，完成编辑。

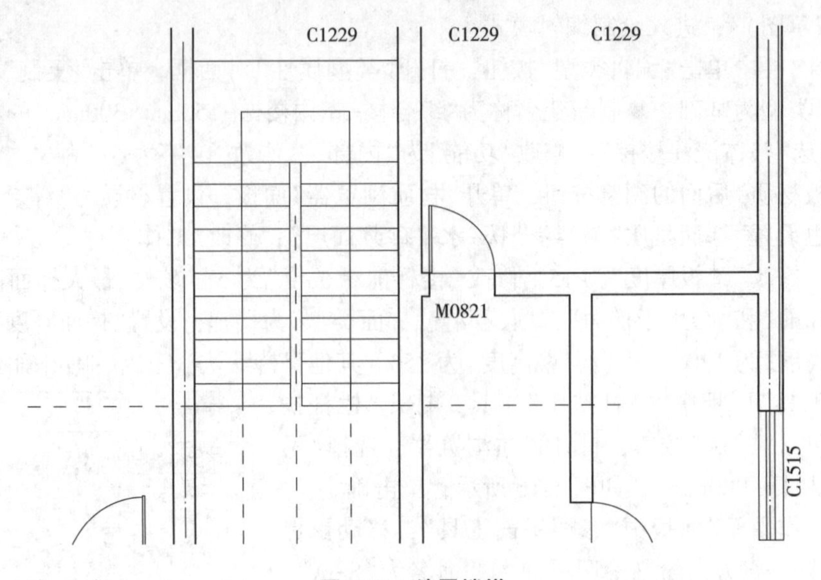

图 6-18　放置楼梯

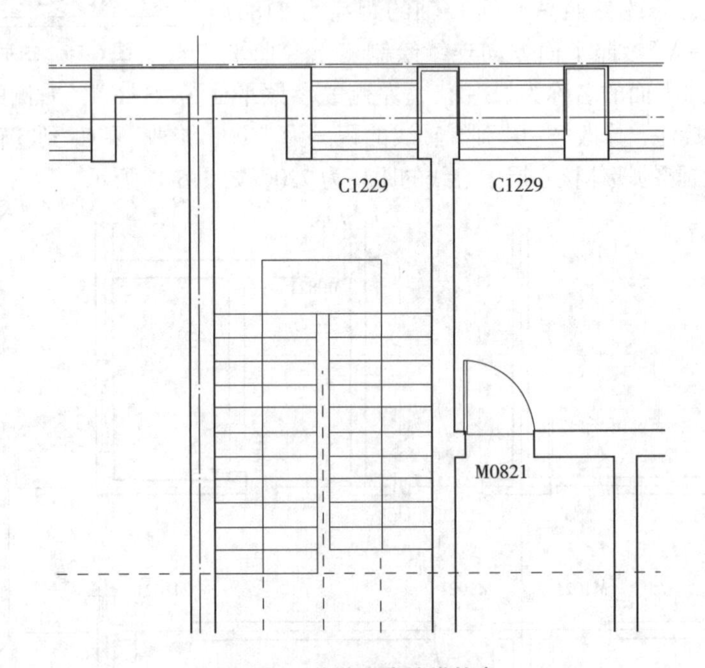

图 6-19　修剪完成楼梯轮廓

⑪切换至默认三维视图，在“属性”栏下拉列表，在“范围”类别中单击“剖面框”，单击应用，在 Revit 中将会给出剖面框，如图 6-20 所示。

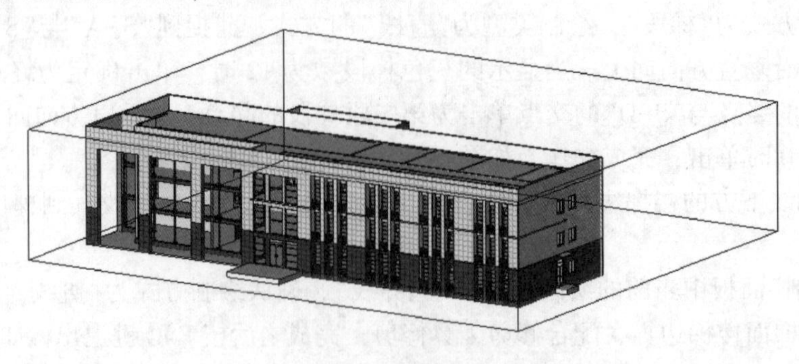

图 6-20　剖面框

⑫选择剖面框，修改剖切位置，直至显示出刚刚绘制的楼梯，如图 6-21 所示。

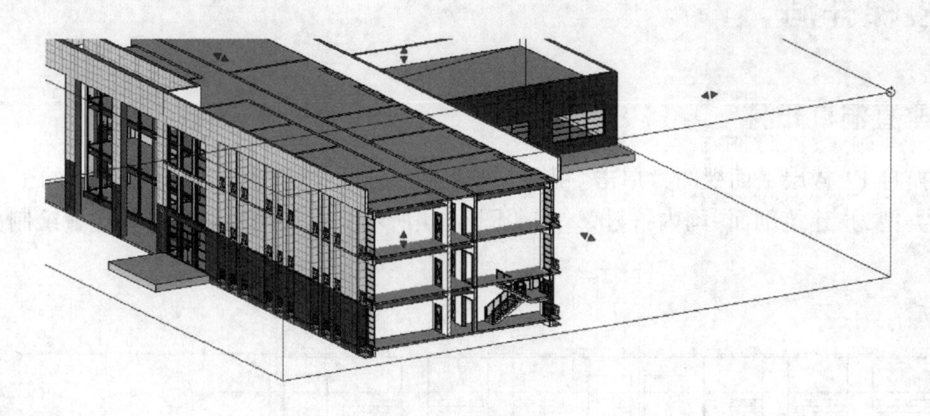

图 6-21 楼梯剖切

⑬选择楼梯和扶手，将其复制到剪切板，单击“粘贴”，选择“与选定标高”对齐的方式。弹出“选择标高”对话框，在“选择标高”对话框，选择 F2，将其复制到 F2 标高。

⑭切换至 F1 楼层平面视图，单击“建筑”选项卡，在“楼梯坡道”面板中单击“楼梯”工具。在“楼梯”工具下拉列表中，选择“楼梯(按草图)”，进入绘制编辑模式。

⑮单击“工作平面”面板中“参照平面”工具，如图 6-22 所示，④轴左侧 2180 的位置放置垂直参照平面，在 B 轴线下方 2150 的位置放置中心参照平面，同时在中心参照平面两侧绘制参照平面，配合临时尺寸标注，修改两侧参照平面至中心参照平面的距离 925。

⑯单击“绘制”面板中“梯段”工具，选择“梯段”的绘制方式为“直线”。修改“属性”栏中“尺寸标注宽度”为 1650，确认“所属梯面数”为 24，同时修改“实际踏板深度”为 300。

⑰拾取 B 轴线下方参照平面交点处作为起点，当绘制成 12 个楼梯时作为梯段的终点，继续捕捉梯段的终点与参照平面的交点单击作为第二段的起点，直至灰色梯段数显示为剩余 0 时单击作为终点。使用对齐工具，将其对齐到核心层表面，绘制草图如图 6-23 所示。

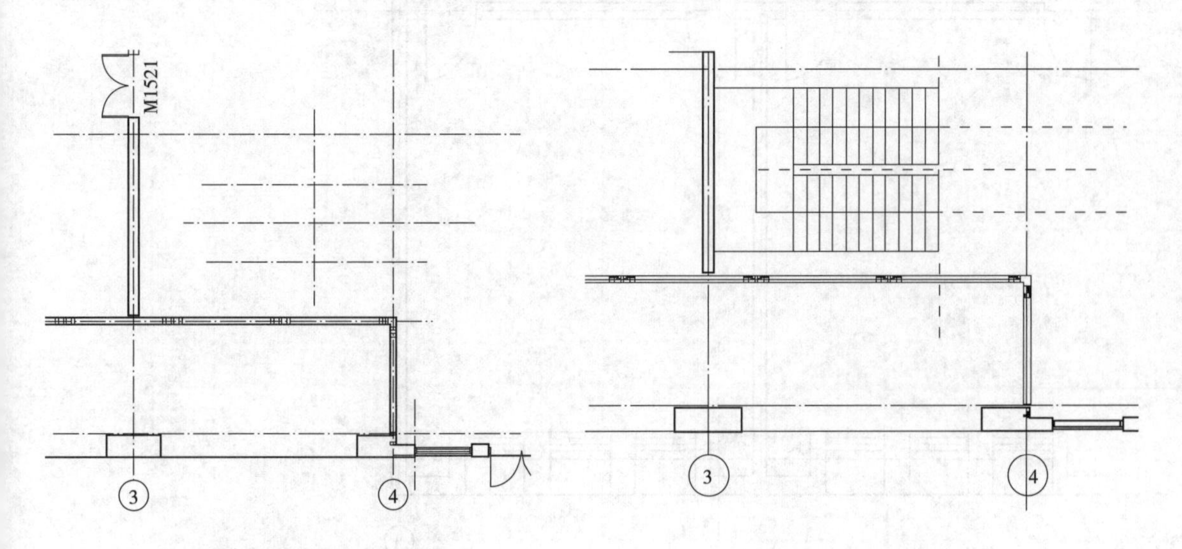

图 6-22 入口处楼梯参照平面

图 6-23 放置入口处楼梯

⑱完成之后单击“模式”面板中“完成编辑”按钮，完成编辑。确认选择楼梯和扶手，将其复制到 F2 标高视图。

6.4 楼梯开洞

6.4.1 垂直洞口开洞

①切换自 F1 楼层平面视图，单击“视图”选项卡，在“创建面板中单击“剖面”的工具，确认当前剖面类型为“建筑剖面-国内符号”。按照图 6-24 所示，在⑧轴线右侧楼梯位置绘制剖面线。

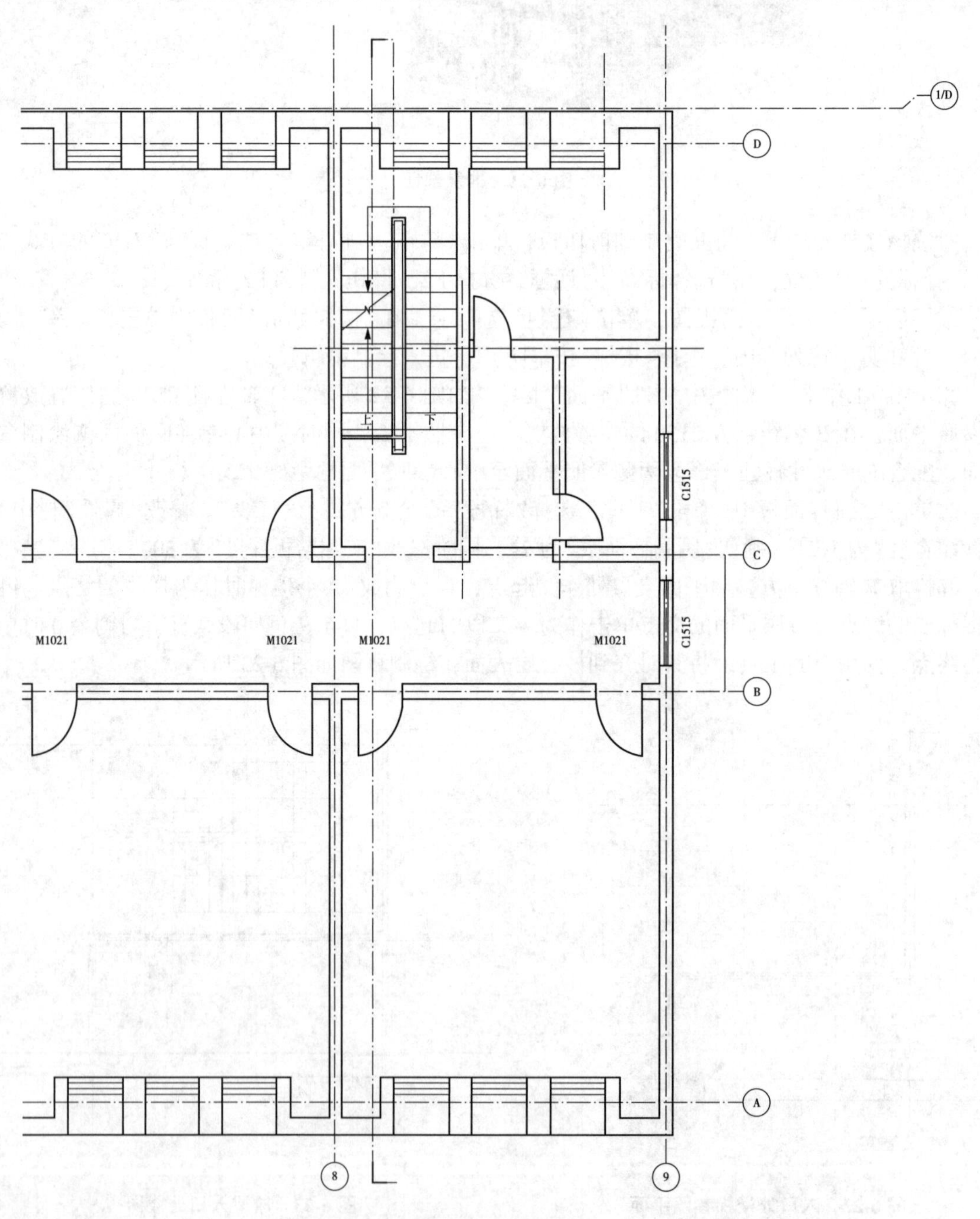

图 6-24 剖切线

②剖面绘制完成后，在“项目浏览器”将生成“剖面”，新的视图类别，展开“剖面”的视图类别，其名称为“Section 0”。双击“Section 0”，进入剖面，如图 6-25 所示。

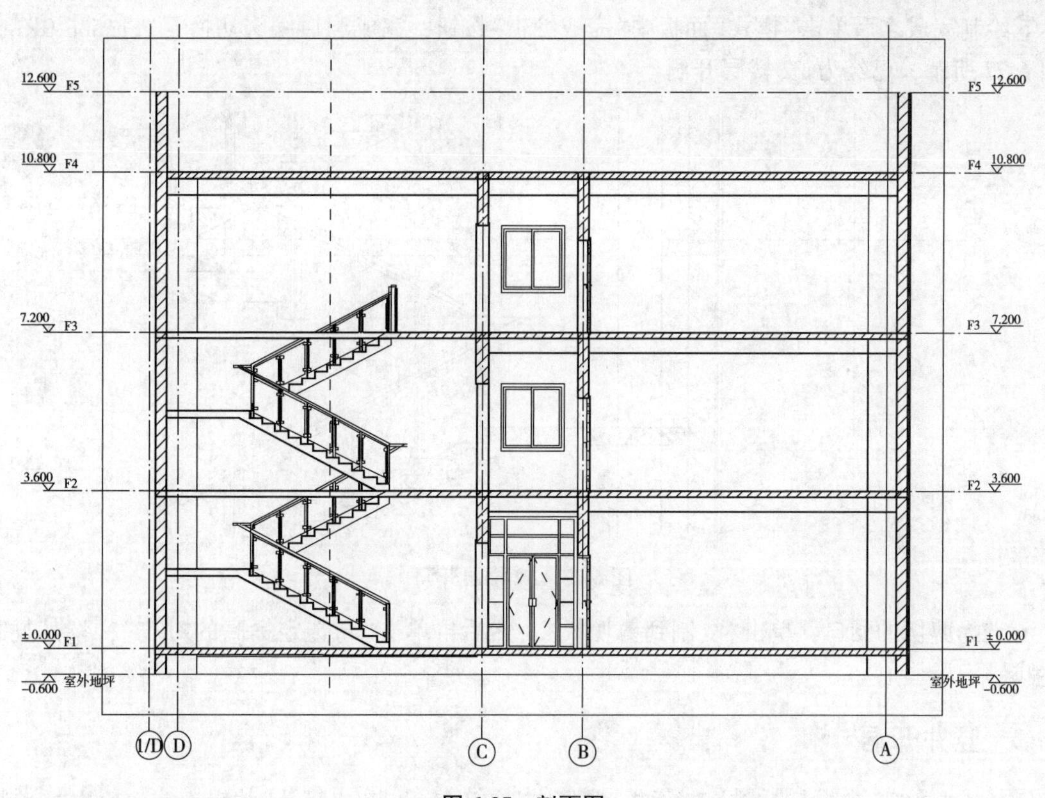

图 6-25　剖面图

③单击“建筑”选项卡→“洞口”面板→“垂直洞口”的工具，选择 F2 楼板，将打开“转到视图”对话框，选择“楼层平面：F2”，单击“打开视图”，转到 F2 楼层平面视图。

④使用“绘制”面板中“拾取线”方式，移动鼠标至卫生间左边的漏气，拾取楼梯的边界，配合 Tab 键拾取墙的边界。配合修剪工具，将其修剪如图 6-26 所示的洞口轮廓草图。

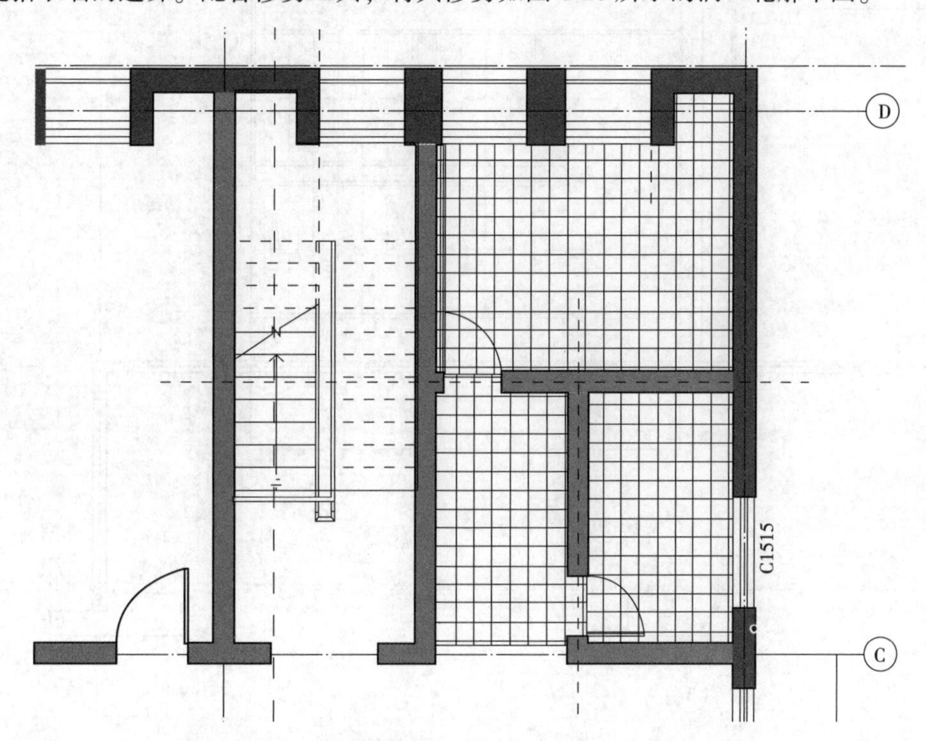

图 6-26　楼梯洞口轮廓

⑤绘制完成之后单击“模式”面板中“完成编辑”按钮，完成洞口编辑切换至“Section 0”剖面，如图 6-27 所示，已经为 F2 楼层开洞。

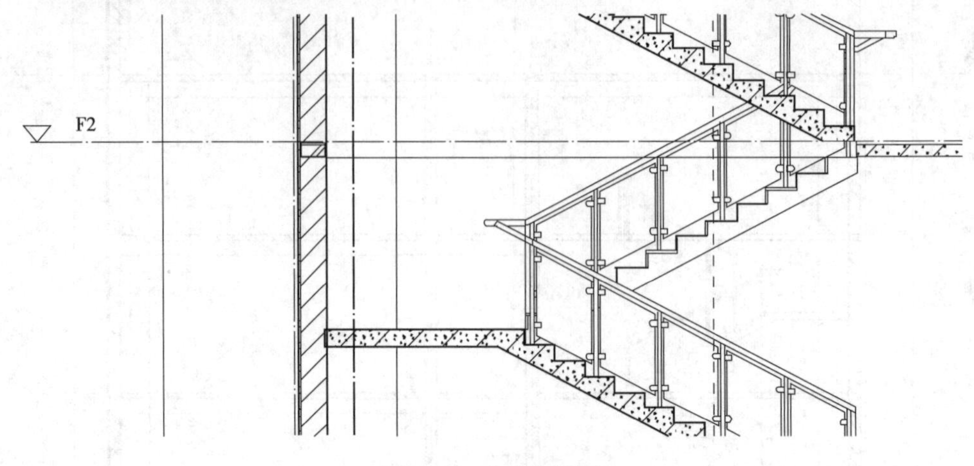

图 6-27　F2 楼层开洞

⑥选择剪切的洞口，单击“复制到剪切板”，然后再单击“与选定标高的对齐”，将其复制到 F3 楼层。

6.4.2　竖井开洞

①单击“建筑”选项卡→“洞口”面板→“竖井”的工具，进入“竖井”编辑模式，使用“绘制”面板中“矩形”命令，以③轴线与 B 轴线交点为起点，向右下方拖动鼠标，绘制草图轮廓。配合“对齐”工具，将左侧轮廓线对齐至墙体面层核心，上侧对齐至③轴线，有侧对齐是楼梯边缘，下侧轮廓线不做修改，竖井轮廓线绘制如图 6-28 所示。

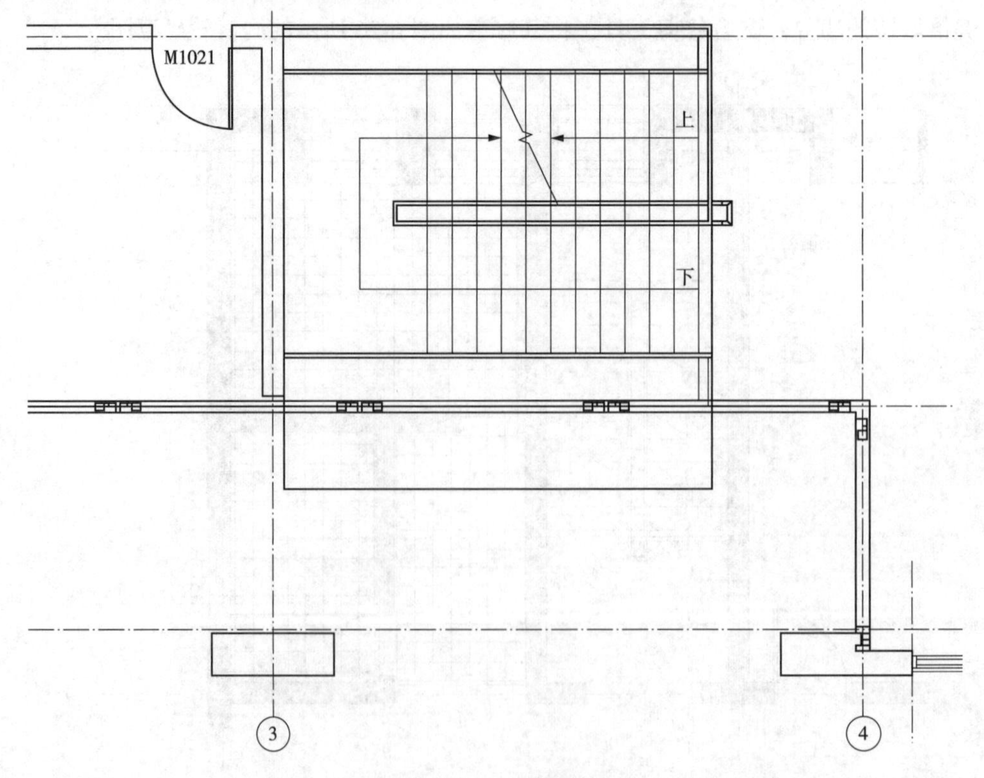

图 6-28　竖井轮廓

②设置“属性”栏中“底部偏移量”为900，将“底部限制条件”设置为F1，“顶部约束”设置为“直到标高：F3”，单击应用。单击“模式”面板中“完成编辑”按钮，完成“竖井”的绘制。

【提示】竖井工具不会对墙、幕墙等进行开洞。

6.5　添加坡道

①切换至室外地坪楼层平面视图，单击“建筑”选项卡→“楼梯坡道”面板→“坡道”的工具，进入创建坡道草图编辑模式。

②单击“属性”栏“编辑类型”按钮，进去“类型属性”对话框。单击“复制”，创建名称“综合楼-1：12-室外”的类型。修改坡道“功能”为外部，修改“材质”为“综合楼-现场浇筑混凝土”，确认“坡道最大坡度”为12，修改“造型”为实体，完成之后单击确定。

③修改“属性”栏中“顶部约束”为-20，修改坡道宽度为4000，其他参数保持默认。

④单击“工具”面板中“栏杆扶手”工具，打开“栏杆扶手”对话框，设置坡道默认栏杆为“欧式石栏板”，单击确定。

⑤使用参照平面，首先室外台阶500的位置绘制参照平面，将参照平面命名为“R-A”。继续使用参照平面，沿④轴线垂直向下绘制参照平面并命名为“R-B”，同时在垂直“R-B”距离“R-A”为14m绘制“R-C”，如图6-29所示。

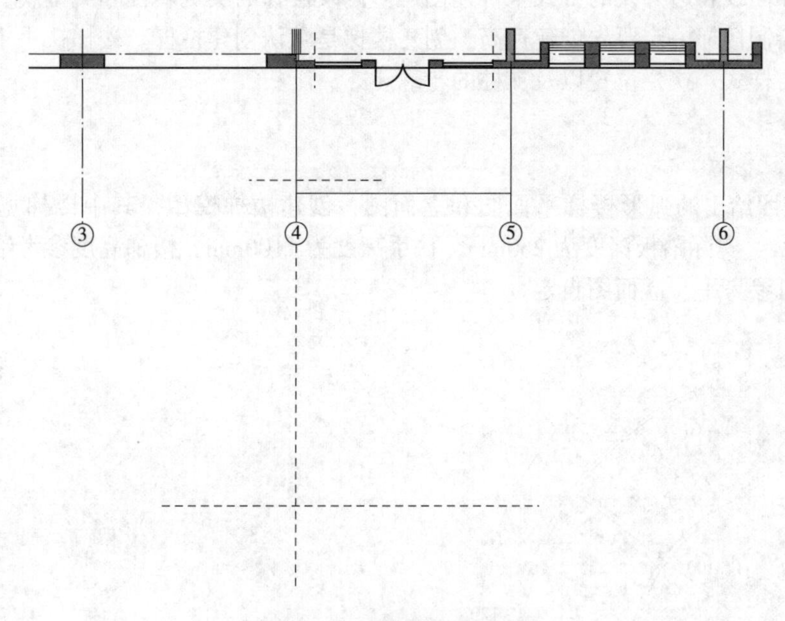

图6-29　坡道参照平面

⑥单击“绘制”面板“梯段”工具，同时选择绘制方式为“圆心-端点圆”。

⑦捕捉到“R-B”与“R-C”交点单击，向左上方移动鼠标，输入16m作为绘制的半径，确定作为圆弧的起点。沿顺时针移动鼠标，直到显示完所有的坡道预览，单击确定，完成第一个坡道。选择这个坡道，单击“修改”面板中“旋转”工具，按空格键修改圆心点，将其移动到“R-B”与“R-C”交点单击作为旋转的中心，捕捉到坡道梯段的末端，将其旋转至④轴线，按ESC键退出。

⑧选择刚创建的坡道，使用“镜像”工具，将其复制到另一侧。

⑨切换至默认三维视图，创建完成后的坡道如图6-30所示。单击坡道扶手，打开扶手的“类型属性”对话框。单击“栏杆位置”后面的“编辑”按钮，打开“编辑栏杆位置”对话框。修改“对齐”方式为“展开样式以匹配”，修改“3”终点支柱的样式为“无”，单击“确定”。

图 6-30　坡道三维

本章小结

本章学习了各种常用楼梯的绘制方式以及如何编辑楼梯与扶手。Revit 可以通过定义楼梯梯段或通过绘制梯面线和边界线的方式来快速创建。修改楼梯的实例属性和类型属性，楼梯将生成不同的样式。绘制楼梯一定要先创建标高。创建楼梯是默认创建栏杆。楼梯扶手主要熟悉顶部扶栏、栏杆的主要样式、扶栏位置以及支柱的轮廓。

练习

练习 1：按照给出的弧形楼梯平面图和立面图，创建楼梯模型，其中楼梯宽度为 1200mm，所需梯面数为 21，实际踏板深度为 260mm，扶手高度为 1100mm，楼梯高度参考给定标高，其他建模所需尺寸可参考平、立面图自定。

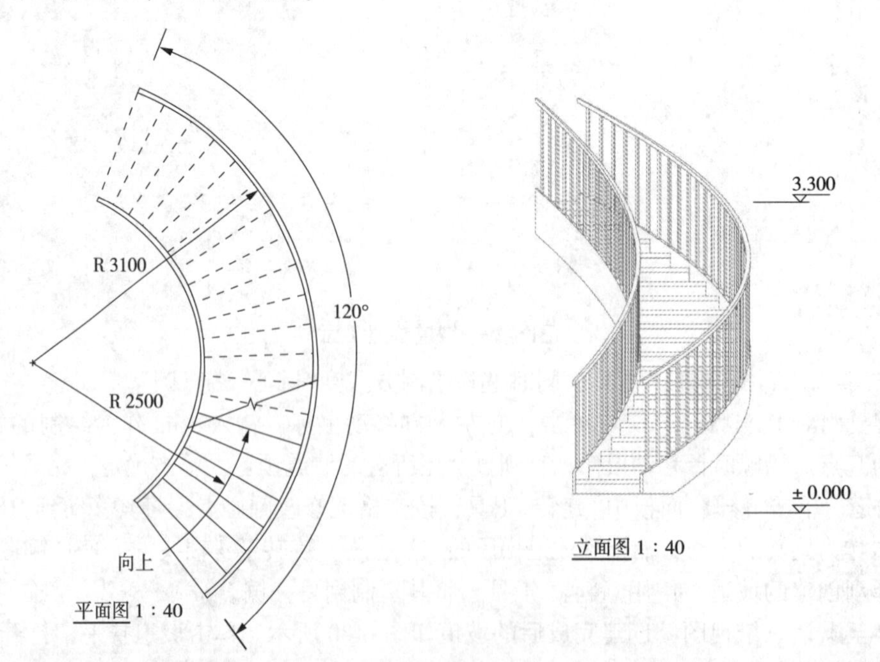

练习 2：按照给出的楼梯平、剖面图，创建楼梯模型，并参照题中平面图在所示位置建立楼梯剖面模型，栏杆高度为 1100，栏杆样式不限。

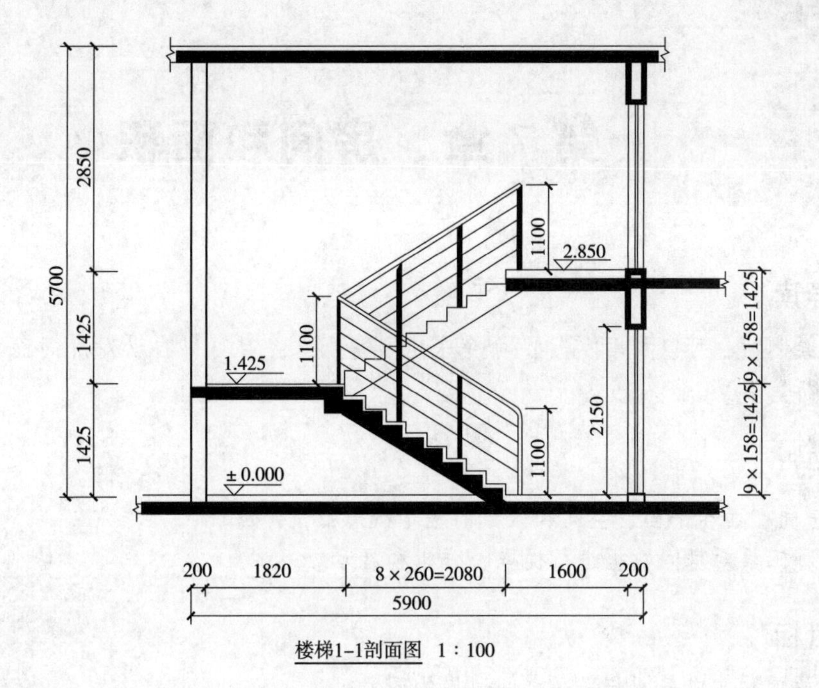

楼梯1-1剖面图　1∶100

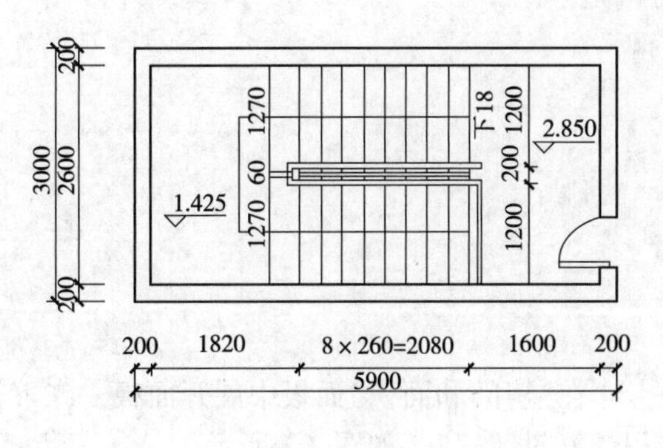

二层楼梯平面图　1∶50

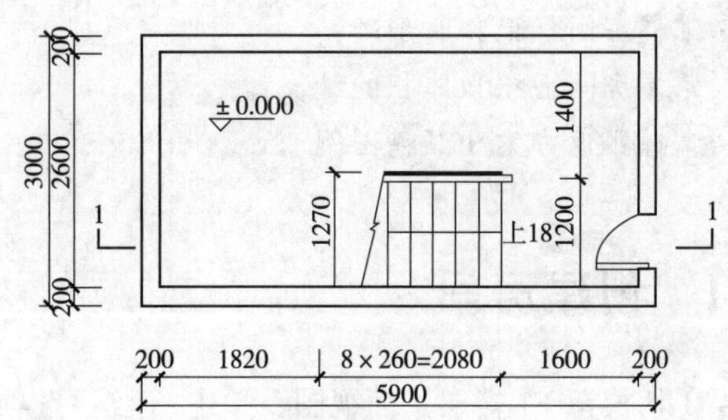

一层楼梯平面图　1∶50

▶▶▶第 7 章　房间和面积

本章导读

完成墙体的绘制后，可以利用“房间”命令来定义房间，并且可以自动对房间面积、体积等信息进行统计分析。

本章要点

了解 Revit 房间、面积平面、空间和区域的基本概念；

了解利用各种工具对房间数据进行提取、分析和展示。

学习目标

掌握房间的放置和构成房间与房间之间边界的图元；

掌握房间标记和明细表；

掌握房间面积和体积的计算；

掌握颜色方案和颜色图例。

7.1　创建房间

①切换至 F1 楼层平面视图，单击“建筑”选项卡，在“房间和面积”面板中展开面板，在下拉列表中选择“面积和体积计算”，将弹出“面积与体积计算对话框”，如图 7-1 所示。

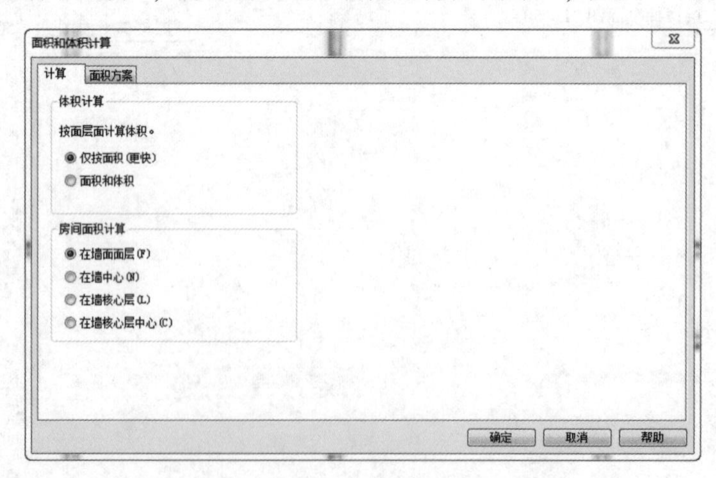

图 7-1　面积和体积计算

②在“体积计算”中选择“仅按面积(更快)”，设置“房间计算方式”为“在核心层(L)”，设置完成后单击“确定”，返回 F1 楼层平面视图。

仅按面积(更快)：在当前项目中仅计算房间的面积。

在核心层(L)：计算房间面积是沿核心层表面进行面积计算。

③单击“房间和面积”面板中“房间”工具，进入“放置房间”编辑模式。确认“标记”面板中“在放置时进行标记”命令，在“属性”栏的类型选择器中选择房间标记类型为“C_ 房间面积标记：房间面积标记”类型。设置限制条件上线为“F1”，设置高度偏移为“3100”。

④移动鼠标至⑤、⑥轴线间封闭房间位置，Revit 将自动生成蓝色房间边界预览线，如图 7-2 所示，单击放置房间，按 ESC 键两次退出放置状态。

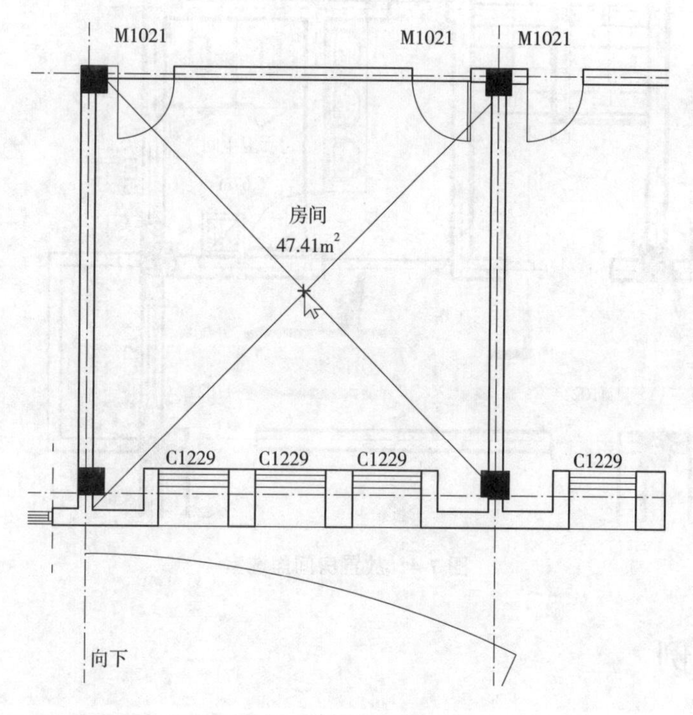

图 7-2　放置任意房间

⑤在已放置房间中移动，当房间图元高亮显示时单击选择该房间。在“属性”栏中将显示当前房间属性，修改房间名称为“生产办公室”，并单击“应用”，Revit 将自动修改房间名称。

⑥使用类似方式在其他房间放置“房间”，通过单击标签或者使用房间属性修改房间名称，房间放置完成后如图 7-3 所示。

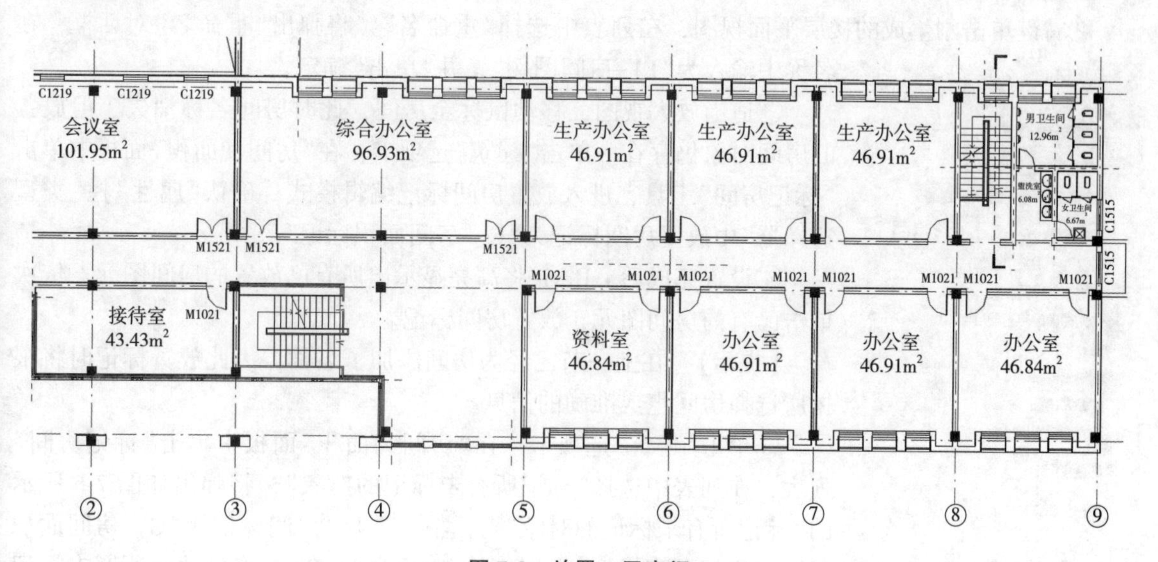

图 7-3　放置一层房间

⑦单击"房间和面积"面板中单击"房间分隔"命令，并参照图 7-4 所示，绘制房间分隔线。完成后，放置房间，并命名为"盥洗室"。

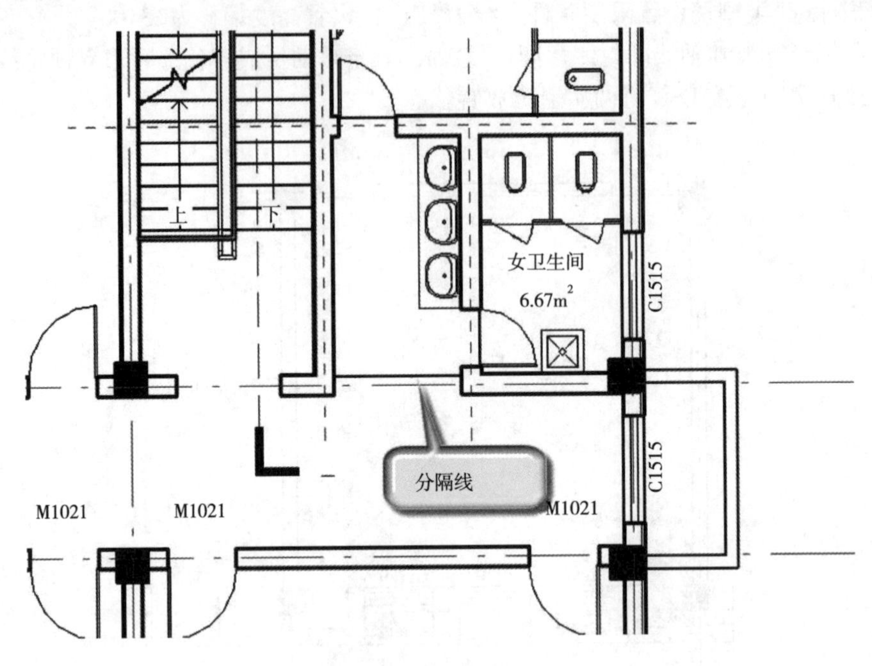

图 7-4 放置房间盥洗室

7.2 房间图例

7.2.1 颜色填充

①接上节练习，切换至 F1 楼层平面视图。在"项目浏览器"中"F1"楼层平面视图上单击鼠标右键，弹出如图 7-5 所示的视图。在弹出的右键菜单中"复制视图"列表，在该列表中选择"复制"选项，将创建新的楼层平面视图。

②右键单击刚生成的楼层平面视图，在列表中选择"重命名"，将弹出"重命名"对话框，在名称中输入为"F1-房间图例"，并"单击"确定。

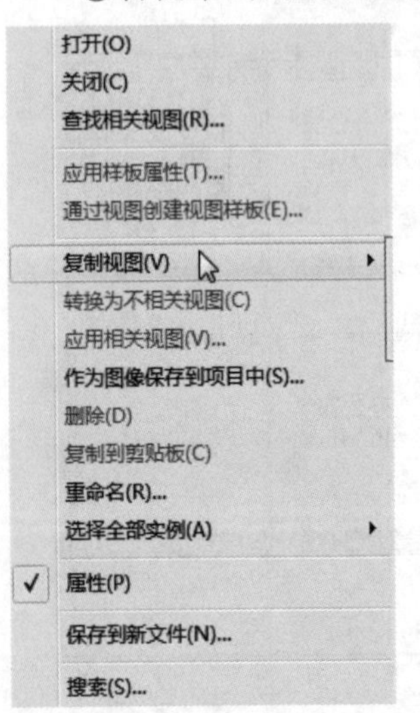

图 7-5 复制视图列表

③适当放大视图，移动鼠标至房间，此时房间名称消失，但放置的房间对象仍存在。单击"建筑"选项卡，在"房间和面积"面板中单击"标记房间"工具，进入放置房间标记编辑模式，确认"属性"栏"类型选择器"中放置房间标记为"C_ 房间面积标记"。

④设置完成后，Revit 将高亮显示出所有已放置的房间图元。依次单击已有的房间图元，放置房间标记。

【提示】 在上一节已经为房间添加了名称，因此放置标记时将根据所选择房间生成准确的信息。

⑤单击"建筑"选项卡，在"房间和面积"面板中单击"标记房间"列表，在列表中选择"标记所有未标记的对象"，将弹出如图 7-6 所示的"标记所有未标记的对象"对话框，选择"房间标记为"C_ 房间面积标记：房间面积标记"类型，单击"确定"，Revit 将自动对所有未标记的房间进行标记。

⑥不选择任何图元，按键盘"VV"将打开"楼层平面：F1-房间图例的可见性/图形替换"对话框。切换至"注释类别"选项卡中，在列表中去除当前视图中"剖面""剖面框""参照平面""立面"以及"轴网"复选框，完成后单击"确定"，返回视图中，所有去除的图元将被隐藏。

⑦单击"建筑"选项卡，展开"房间和面积"面板，选择"颜色方案"命令，将弹出"编辑颜色方案"对话框。首先修改标题为"一层房间图例"，设置方案类别为"房间"，修改"颜色"方式为按房间的"名称"，将弹出"不保留颜色"对话框，单击"确定"，Revit 将会按照房间不同名称生成颜色。单击"确定"按钮，退出"编辑颜色方案"对话框，F1 楼层平面房间图例视图已经使用颜色对房间进行填充，如图 7-7 所示。

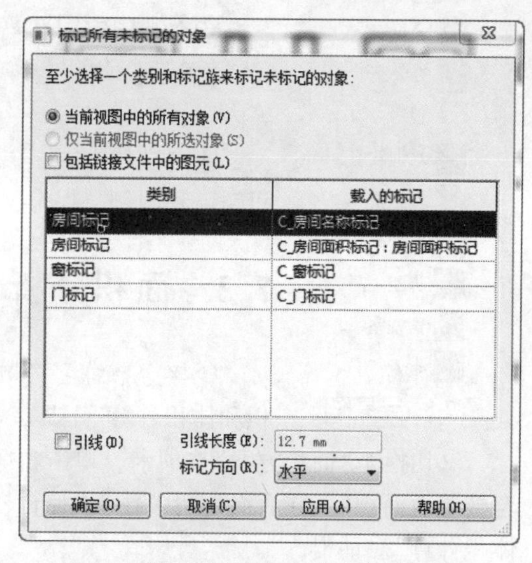

图 7-6　标记所有为标记的对象对话框

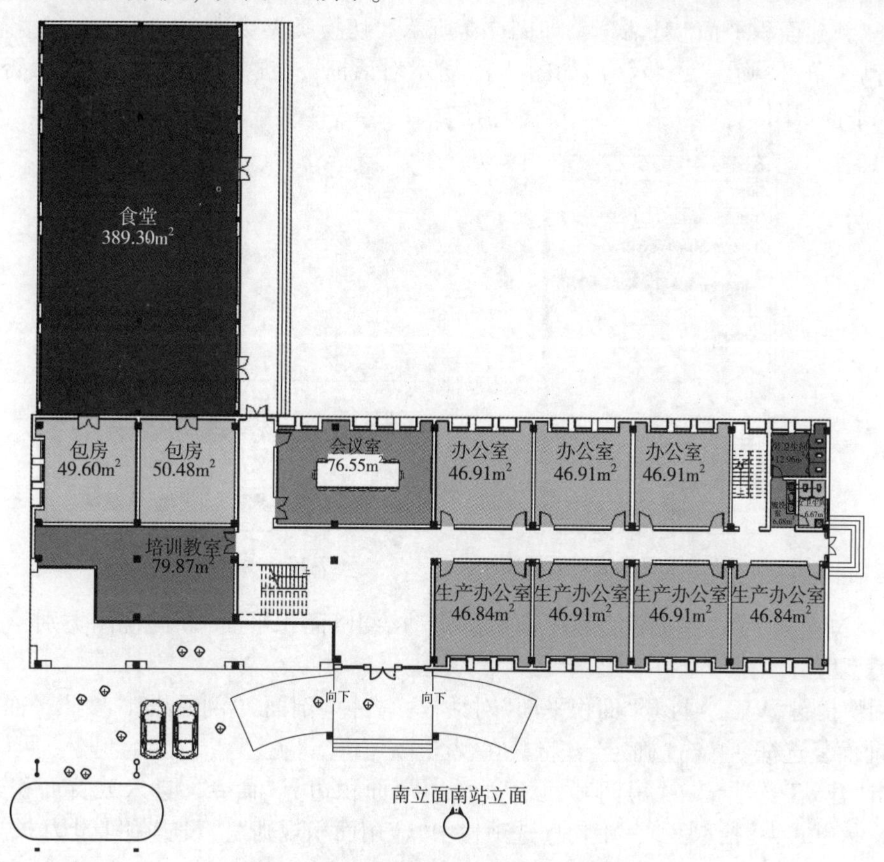

图 7-7　F1 楼层平面房间图例颜色填充

7.2.2　颜色图例

①单击"注释"选项卡，在"颜色填充"面板中单击"颜色填充图例"命令。在"属性"栏类型选择器中确认当前类型为 1，单击"编辑类型"按钮，打开"类型属性"对话框。

②修改"类型参数"中显示的值为"按时图"，其他参数保持默认不变，单击"确定"按钮，退出"类型属性"对话框。

会议室
办公室
包房
培训教室
女卫生间
生产办公室
男卫生间
盥洗室
食堂

图 7-8　一层图例

③在视图空白适当位置单击放置颜色图例，如图 7-8 所示。

【提示】可以在图例类型属性对话框中，修改图例大小、字体、透明度等内容。

④同样的方式，F2、F3 室外地坪以及其他楼层平面进行复制，设置房间颜色和图例，保存文件。

7.3　面积分析

①接上节练习，单击“建筑”选项卡，展开“房间和面积”列表，选择“面积和体积计算”工具，打开“面积和体积计算”对话框。

②切换至“面积方案”选项卡，单击右侧“新建”按钮，创建一个新的面积方案，并命名为“综合楼基地面积”，在后面说明中输入“综合楼基地面积”的说明方式，单击“确定”，退出“面积和体积计算”对话框。

③单击“建筑”选项卡，在“房间和面积”面板中“面积”下拉列表，在列表中找到“面积平面”单击，打开“新建面积平面”对话框，如图 7-9 所示。切换类型为刚创建的“综合楼基地面积”，选择 F1 标高，单击“确定”，将弹出如图 7-10 所示对话框，在这个对话框中选择“否”，将自动切换至面积平面视图。

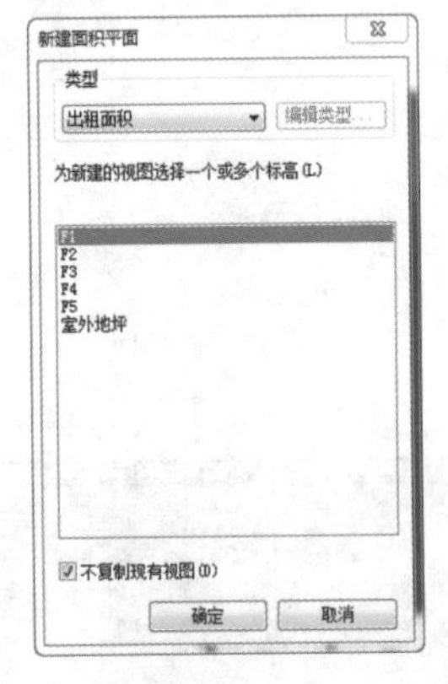

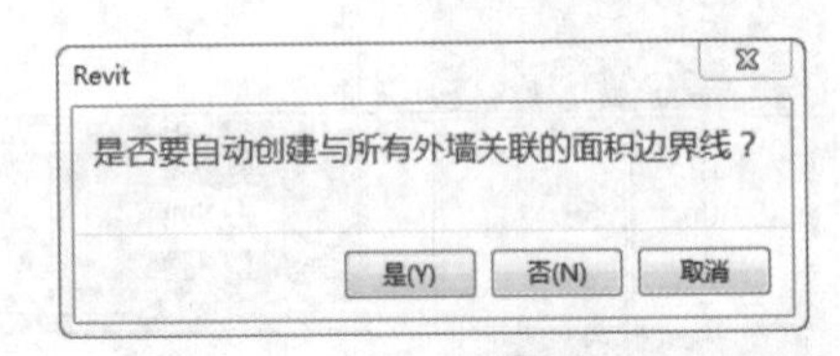

图 7-9　新建面积平面对话框图　　7-10　提示对话框

④“项目浏览器”中，在创建面积平面后将自动给出“面积平面”新的视图类别，并以创建的平面面积类型区分。

⑤使用快捷键“VV”，打开“面积平面”对话框，去掉“剖面”“剖面框”“参照平面”“立面”以及“轴网”前面复选框，单击“确定”，将其在视图中关闭。

⑥单击“建筑”选项卡→“房间和面积”面板→“面积边界”命令，进入放置面积边界编辑模式。确认绘制方式为“拾取线”，不勾选选项栏中“应用面积规则”，设置偏移量为 0，不勾选“锁定”选项。

⑦拾取外墙边界，生成面积的编辑线。配合使用“修剪/延伸为角”工具，对边界线进行修剪，使边界形成首尾相连的封闭区域。

⑧在“房间和面积”面板中单击“面积”下拉列表，在列表中选择“面积”，激活“在放置时进行标记”面板中“在放置时进行标记”命令。确认“属性”栏面积类型为“C_ 面积标记”，不勾选选项中“引线”选项。

⑨移动鼠标至绘制的面积编辑封闭区域内，Revit 会显示出面积范围的预览，单击放置该面积，如图 7-11 所示。完成后按 ESC 键两次，退出当前命令。

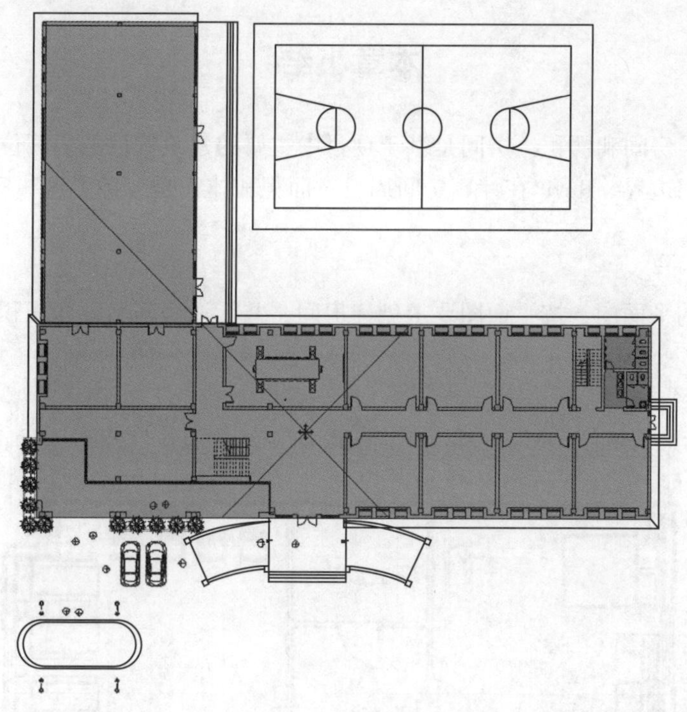

图 7-11 房间面积

⑩选择上一步创作的面积对象，在“属性”栏中修改当前面积名称，修改面积类型为“楼层面积”，然后单击“应用”，应用该设置。

⑪确认不选择任何图元，在“属性”栏中将显示当前面积平面属性。单击“属性”栏中颜色方案后面的按钮，打开“编辑颜色方案”对话框。单击选择已有的“方案 1”，修改方案标题为“基地面积”，设置颜色类型为按“名称”，在弹出的“不保留”对话框中单击“确定”，用新的名称替换已有的面积方式。单击“确定”，Revit 将使用设置的面积来显示绘制面积区域。

⑫按照上节同样的方式，使用“注释”选项卡中“颜色填充图例”工具在当前面积视图中添加颜色图例，如图 7-12，完成后保留文件。

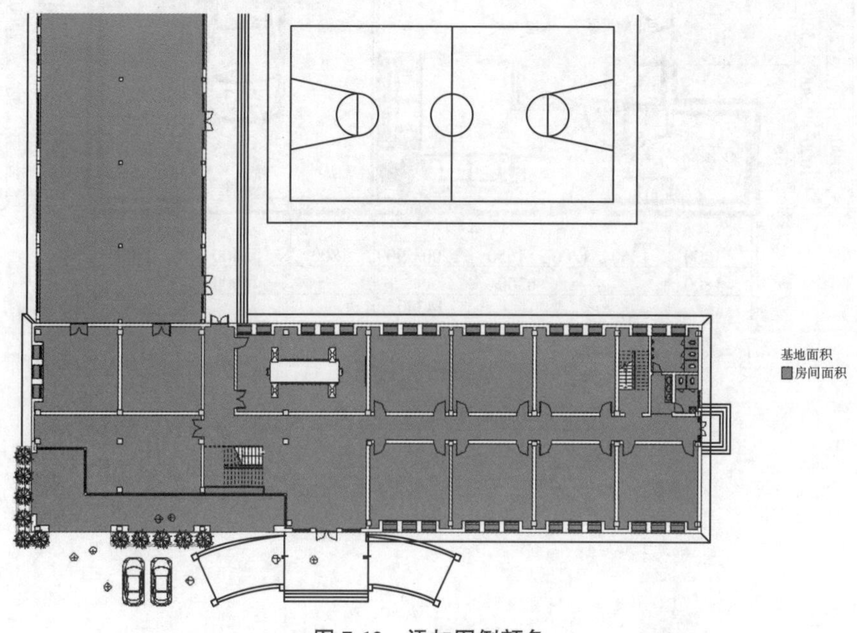

图 7-12 添加图例颜色

本章小结

本章主要介绍了房间和面积，房间是基于项目中主要的建筑构件的空间位置进行细分的，图元素属性定义为房间边界。Revit 在计算房间周长、面积和体积是会参考这些房间边界图元。

练习

参照下面给出的平面图，按平面图要求创建房间，并标注房间名称和面积。

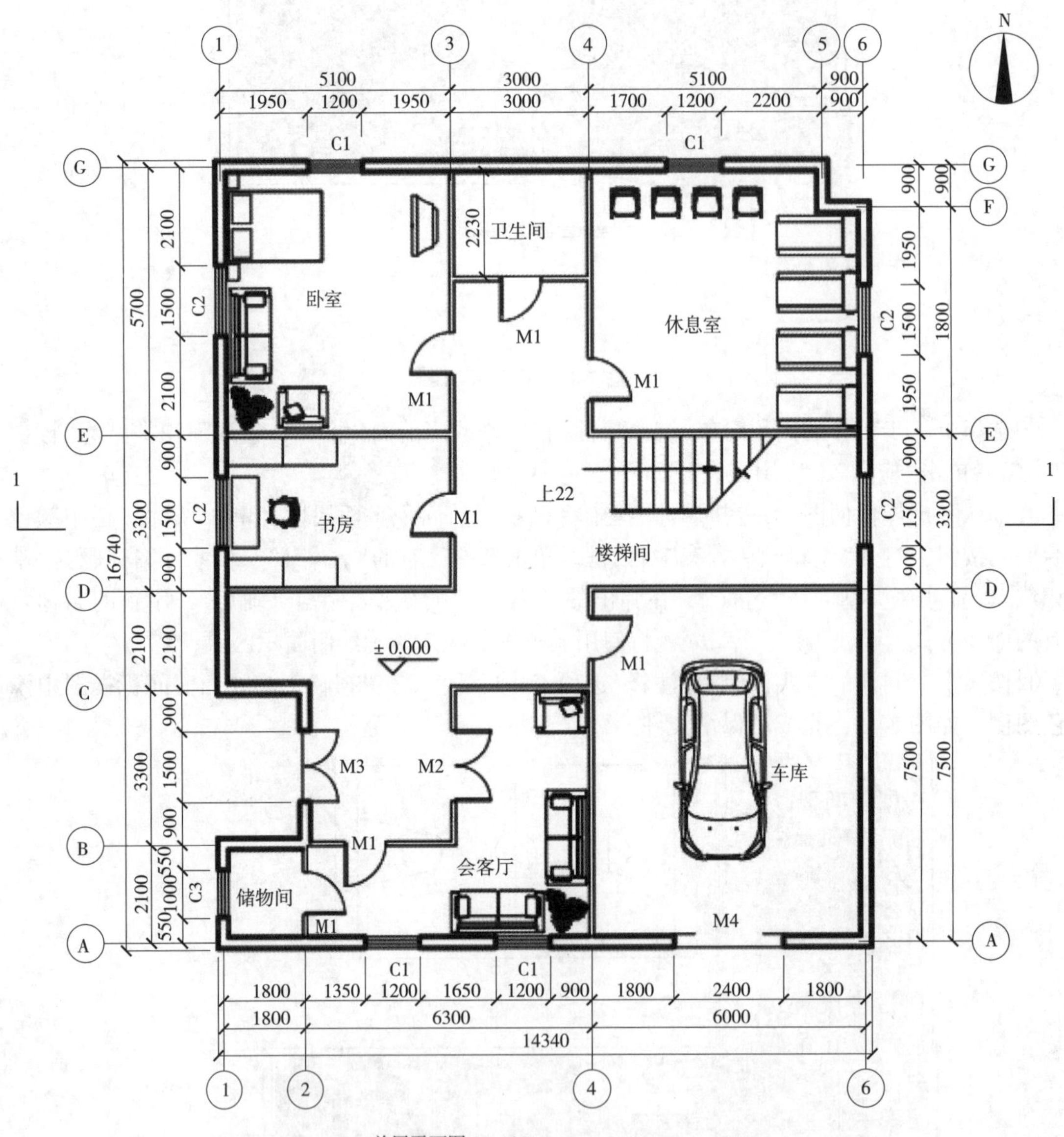

首层平面图 1：100

▶▶▶第 8 章　场地及场地构件

本章导读

Revit 的场地功能虽然不是非常强大，但满足一般需求还是可以的，通过场地的建模及常用处理方法，给场地规划建筑红线、标记登高线、放置场地构件和植物等配景构件。Revit 场地模型建模按照场地图元的类型，分为场地地形、道路广场、停车场地、绿化水体、建构筑物五大类型。

本章要点

了解地形表面；
了解建筑地坪和室外地坪；
了解地形子面域；
了解场地构件。

学习目标

掌握使用高程点工具创建地形的方法；
了解项目中创建多个不同高度地坪的方法；
了解地形子面域的设置和场地构件的添加。

8.1　添加地形表面

①切换至场地平面视图，在“属性”面板下拉列表中找到“视图范围”，单击后面的“编辑”按钮，弹出“视图范围”对话框，如图 8-1 所示。

②切换至“体量和场地”选项卡，单击“场地建模”面板中“地形表面”工具，进入地形表面编辑状态。

③修改选项栏中设置“高程”值为-600，高程类型为“绝对高程”，在建筑物四角适当的位置放置四个高程点，按 ESC 键退出。

④单击“属性”栏中材质浏览按钮，打开“材质浏览器”对话框，搜索找到“场地-草”材质。单击鼠标右键，单击“复制”，创建名称为“综合楼-场地草”新的材质类型，单击确定。

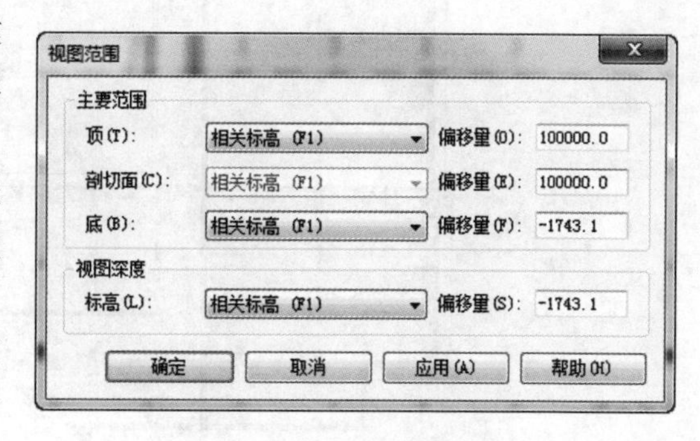

图 8-1　视图范围对话框

⑤完成之后，单击“表面”面板中“完成表面”按钮，创建地形表面。切换至默认三维视图，效果如图 8-2 所示。

【提示】地形表面还可以通过 DWG 文件或高程点文件生成。

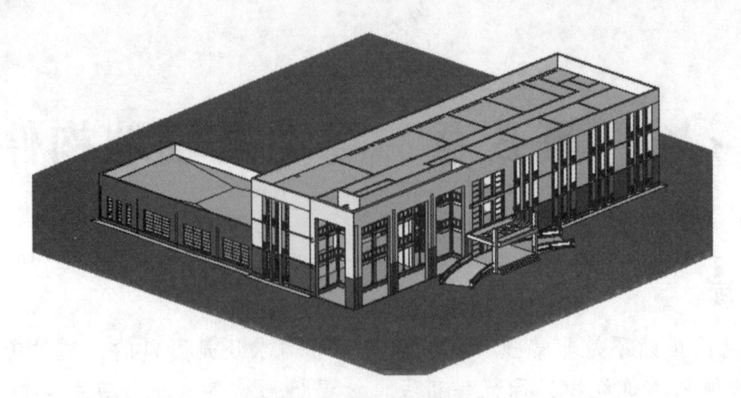

图 8-2　地形表面三维

8.2　添加建筑地坪

①接上节练习，切换至 F1 平面视图。在“体量和场地”选型卡中单击“场地建模”面板内“建筑地坪”命令，进入地坪轮廓绘制模式。

②单击“属性”栏中“编辑类型”按钮，打开“类型属性”对话框。复制创建名称为“综合楼-450mm-地坪”新类型。单击结构后面“编辑”按钮，打开“编辑部件”对话框。删除结构层以外的其他部分，修改结构层厚度为 450。打开结构层后面的“材质浏览器”，搜索“碎石垫层”找到“地坪-碎石垫层”材质，单击确定。

③修改“属性”栏总“自标高的高度”为-150，绘制方式为拾取墙，设置偏移值为 0，勾选延伸到墙中。

④按照如图 8-3 所示绘制食堂以及办公楼部分室外地坪封闭轮廓线，单击“完成绘制”创建室外地坪。

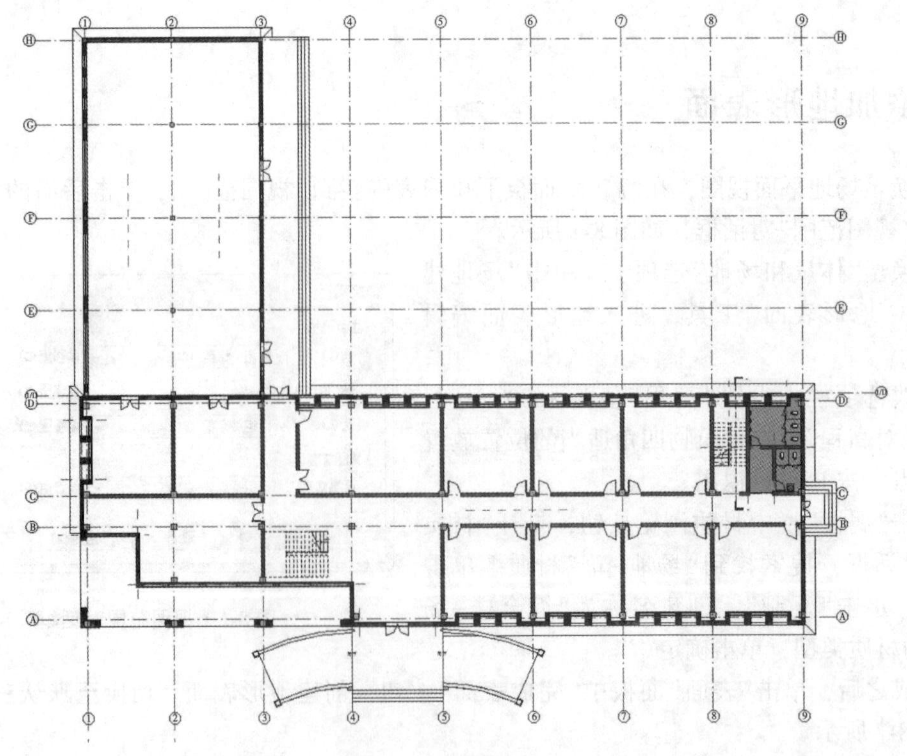

图 8-3　建筑地坪轮廓线

⑤切换至默认三维视图，绘制完成的室外地坪效果如图 8-4 所示。

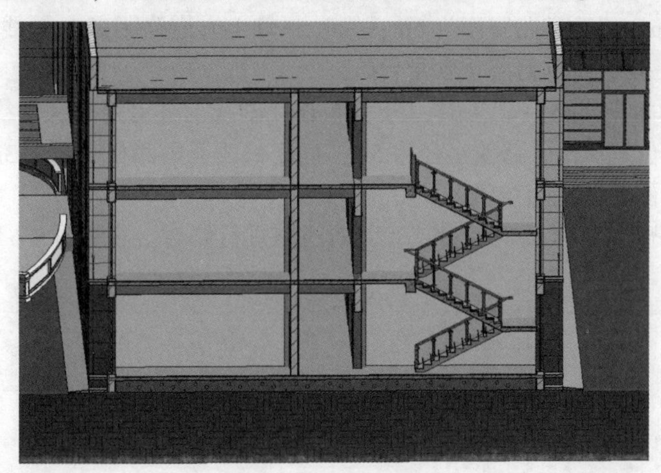

图 8-4 建筑地坪三维

8.3 创建道路

①切换至场地平面视图，单击“体量和场地”选项卡→“修改场地”面板→“子面域”命令，进入创建子面域编辑模式中。

②单击“绘制”面板中“圆形”工具，在 A 轴线下方，④、⑤轴线绘制直径为 6m 的圆。选择这个圆，勾选“属性”中“中心标记”可见。配合使用“对齐”标注，拾取 A 轴线和圆心，单击放置尺寸标注线，按 ESC 键退出。选择绘制的圆，修改尺寸线值为“13000”。

③继续使用“圆”工具，单击鼠标右键，选择“捕捉替代”下拉列表中的“中心”，捕捉到圆心，绘制圆的半径为 15m，按 ESC 键退出。

④单击“直线”绘制工具，在场地内绘制道路，按照图 8-5 所示绘制场地道路草图。

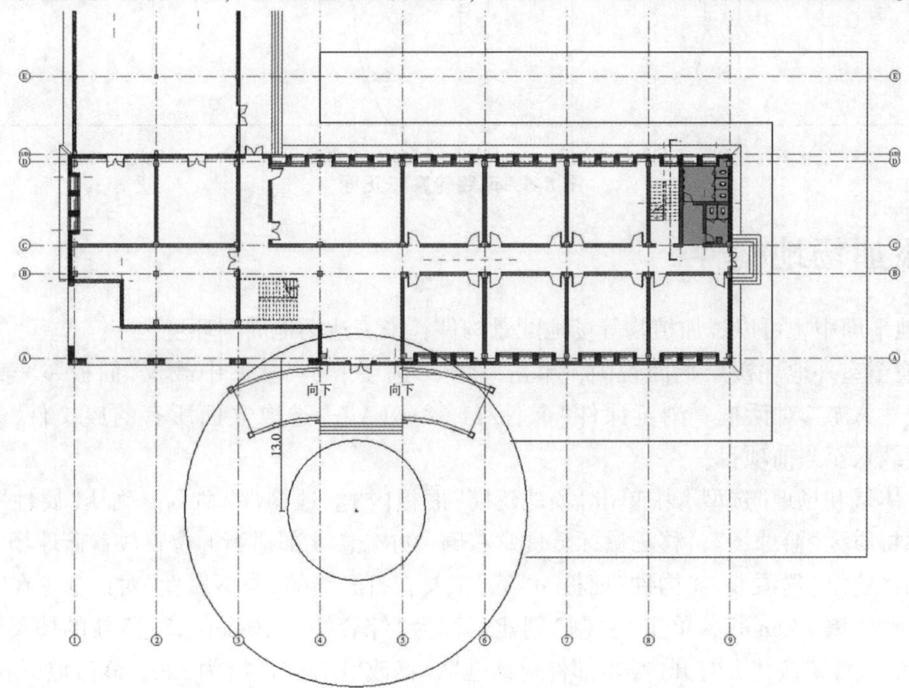

图 8-5 道路轮廓草图

⑤修改道路距离 A 轴线下方道路距离 A 轴线为 2m，修改道路宽度为 6m；修改⑨轴线右侧道路距离其距离为 6m，修改道路宽度为 6m；修改 D 轴上方道路距离 D 轴线距离为 1m，道路宽度为 6m，使用对齐工具，将其对齐至食堂台阶。

⑥单击“绘制”面板中“圆角弧”工具，分别单击 D 轴线上方道路与⑨轴线右侧道路外侧相交两条边界，再到任意位置单击，修改半径为 5m，同时修改器内侧相交线为 3m。利用同样的方式在另一个道路相交的位置创建圆角弧。

⑦配合使用“拆分”工具以及“圆角弧”工具对道路进行修剪，按照图 8-6 所示轮廓进行修剪。

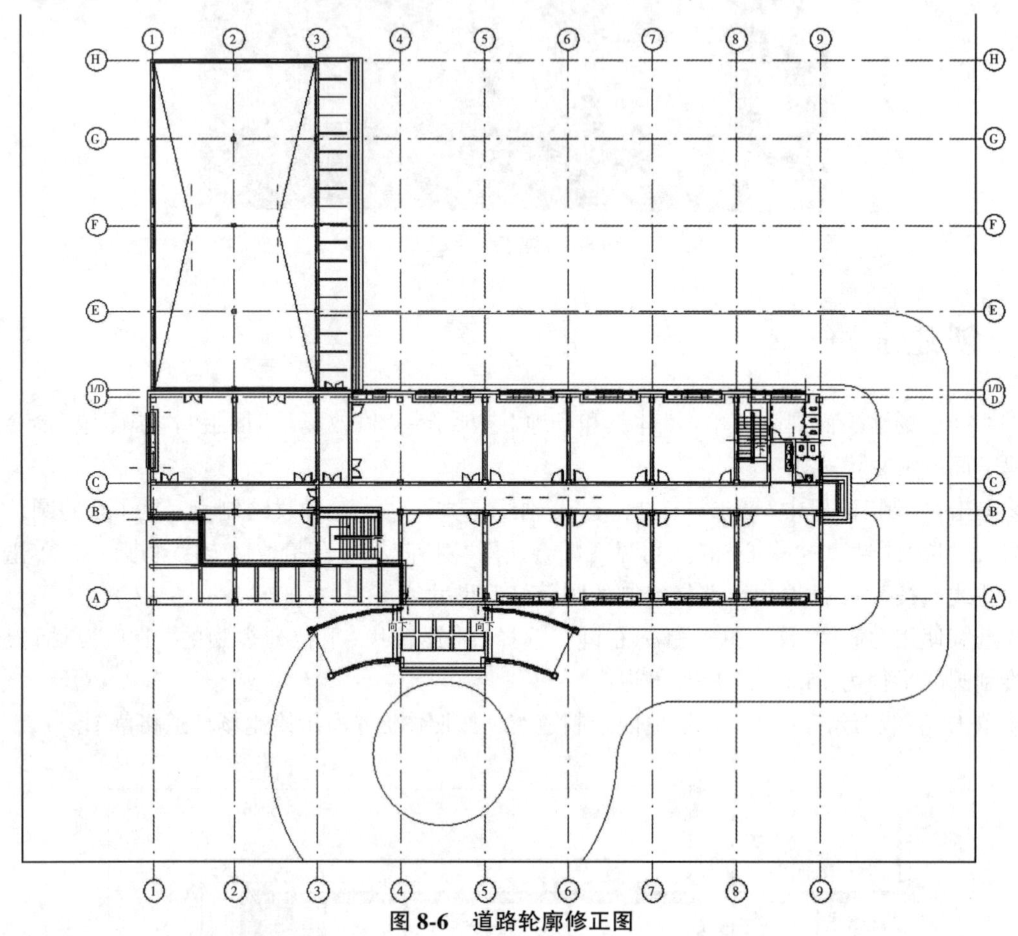

图 8-6　道路轮廓修正图

8.4　添加场地构件

在场地平面中，可以添加植物等场地配景构件，来表达场地周围环境。

①切换至室外地坪楼层平面视图，单击“插入”选项卡→“从库中载入”面板→“载入族”命令，单开“载入族”对话框。浏览课件“课件/11 章/RFA”，选取立面所有的族文件，单击“打开”，将族载入至当前项目。

②在“体量和场地”选型卡中单击“场地建模”面板内“场地构件”命令。确认“属性”栏“类型选择器”总材质为“篮球场”，移动鼠标至食堂右侧，办公楼北部适当的位置放置篮球场。

③单击“建筑”选项卡→“构件”面板→“墙”工具，打开墙的“类型属性”对话框。在“类型”选择栏中选择“砖墙 240mm”，单击“复制”创建名称为“综合楼-120mm-其它”新的墙类型。单击“结构”后面“编辑”按钮，打开“编辑部件对话框”，修改“结构”厚度为 120，修改墙的材质为“综合楼-内墙粉刷”，单击“确定”。

④选择绘制方式为“直线”，设置放置墙的方式为“高度”，墙到达的高度为“未连接”，修改墙高度值为400，确定“定位线”为“核心面：外部”，勾选“链”选项，设置“偏移”值为0，如图8-7所示。

修改 | 放置 墙 高度: 未连接 400.0 定位线: 核心面: 外部 ☑链 偏移量: 0.0 ☐半径: 1000.0

图 8-7 选项栏

⑤移动鼠标至A、B轴线之间①轴线上墙体左侧和②、③轴线之间A轴线墙体南方适当位置按照图8-8所示的轮廓线，绘制完成花坛外形轮廓线。

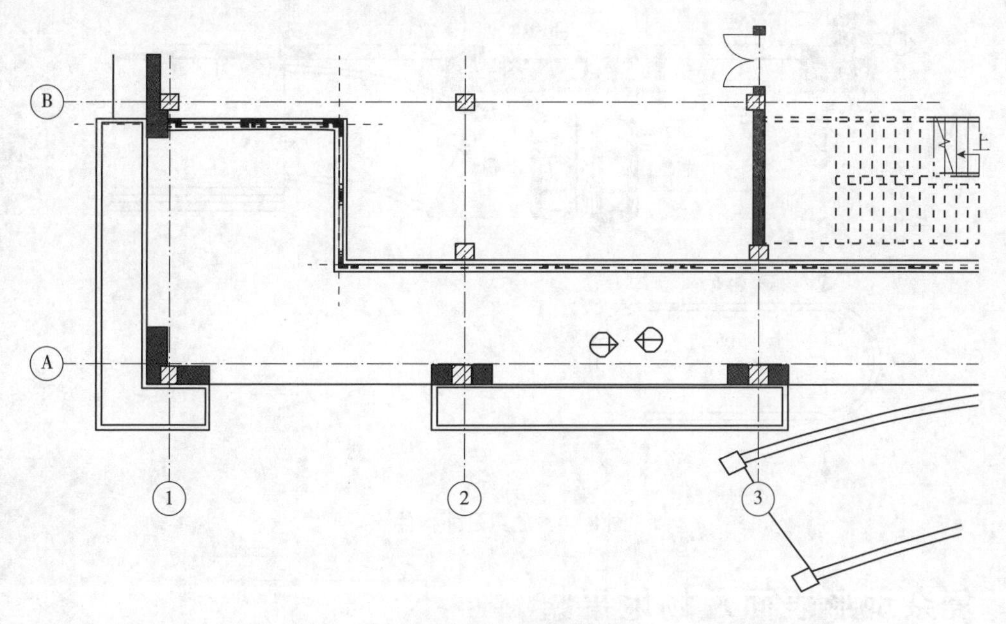

图 8-8 花坛外形轮廓

⑥在“体量和场地”选型卡中单击“场地建模”面板内“场地构件”命令。在属性“类型选择器”中选择场地构件类型为“RPC 灌木-杜松-0.92 米”，单击“编辑类型”，打开“类型属性”对话框。单击“复制”创建名称为“日本蕨”材质，修改高度为1600，修改“类型注释”为“日本蕨”。单击“渲染外观”后面的按钮，打开“渲染外观库”，在“类别”中切换至“Tree [Tropical]”，选择“Japanese Fiber Banana”，单击“确定”。单击“渲染外观”后面“编辑”按钮，打开“渲染外观属性”对话框，勾选“Cast Reflectons”，单击“确定”。

⑦移动鼠标至花坛，在花坛内放置“日本蕨”，放置完成后按ESC键退出。切换至“默认三维视图”，修改视图样式为“真实”，放置的“日本蕨”“真实”效果图如图8-9所示。

图 8-9 花坛三维效果

⑧切换至“室外地坪”平面视图，使用“场地构件”工具，在“项目选择器”中材质选择构件为“RPC 男性”，在项目中任意位置放置“RPC 男性”；切换构件为“RPC 女性”，以同样的方式，在项目中任意位置放置“RPC 女性”；切换构件为“RPC 甲虫”，在办公楼正门左侧是适当位置放置甲壳虫汽车；切换构件为“室外路灯”，在游泳池四周分别放置一盏路灯。构件的放置位置如图 8-10 所示。

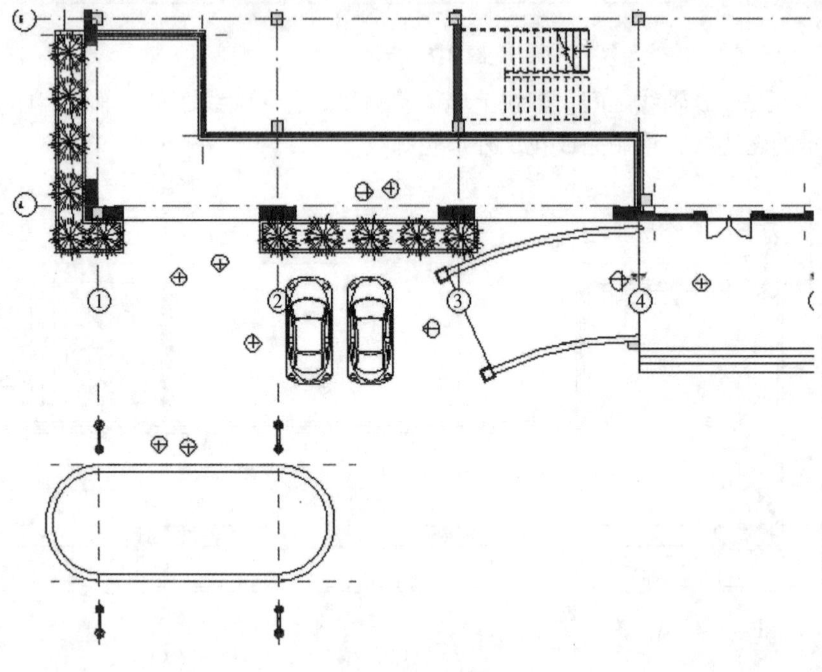

图 8-10　放置是外构件

8.5　复杂地形表面及场地平整

对于复杂的三维地形，可以使用导入的三维等高线 DWG 文件，或直接导入高程点测量文件创建地形表面模型，并可以进行场地规划及场地平整。下面用三维等高线 DWG 文件举例说明。

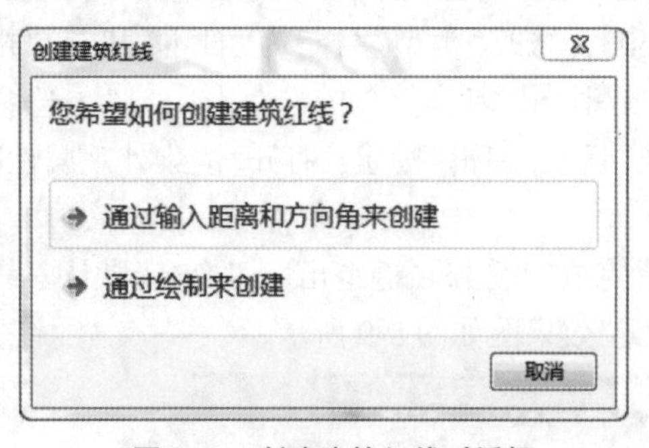

图 8-11　创建建筑红线对话框

①打开课件“课件/第 11 章/RVT/地形整平练习”文件，切换至场地平面视图，“地形整平练习”文件已经通过 DWG 方式生成地形表面。

②单击“体量和场地”选项卡，在“修改场地”面板中单击“建筑红线”工具，弹出“建筑红线”对话框，如图 8-11 所示，选择“通过绘制来创建”，进入修改建筑红线草图模式。

③在“绘制”面板选择“直线”绘制方式，单击确定。勾选选项栏中“链”的选项，设置“偏移量”为 0，不勾选“半径”。捕捉到 A 参照平面交点位置作为起点，继续捕捉到 B、C、D 参照平面交点，然后再回到 A 点的位置单击，形成封闭的草图，按 ESC 键两次退出绘制模式。单击“完成”面板中“完成编辑模式”按钮，完成建筑红线的绘制。

【提示】选择建筑红线，在“属性”栏中将显示器建筑面积。

④选择已有的地形表面，修改“属性”栏中“创建阶段”为“现有”，单击“应用”。

⑤单击“体量和场地”选项卡→“修改场地”面板→“平整区域”工具，弹出“编辑平整区域”对话框，选择“仅基于周界点新建地形表面”，如图 8-12 所示。

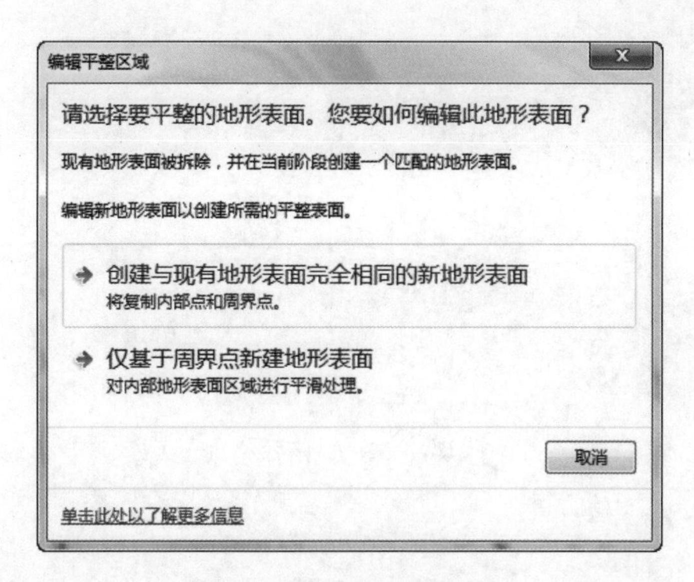

图 8-12　编辑平整区域对话框

⑥选择已有地形表面，Revit 将自动沿着已有地形表面边界位置创建高程点，并且由这些高程点形成新的平整场地，如图 8-13 所示。

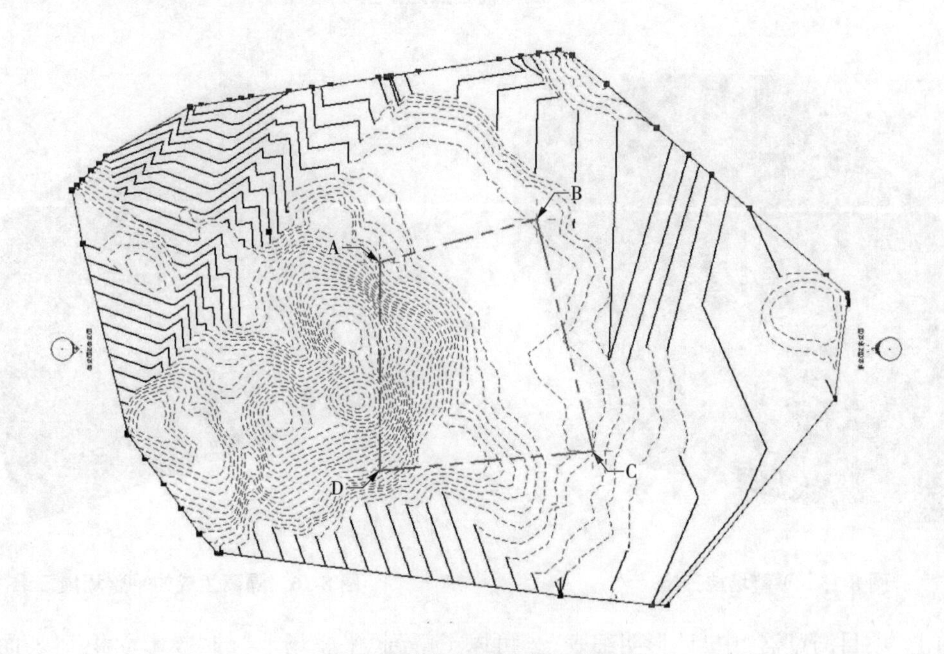

图 8-13　高程点形成的平整场地

⑦选择靠近 A 点位置的任意边界点，将其拖拽到 A 点，利用同样的方式分别将 B、C、D 位置的任意边界点拖拽到其相应的点，完成之后将周边其他点删除，完成后如图 8-14 所示。

⑧框选四个边界点，修改“属性”栏中“立面”高程值为 28m，单击应用，按 ESC 键退出当前模式。

⑨修改“属性”面板中“名称”为“平整场地”，确认场地“创建的阶段”为“新构造”，单击“应用”。单击“完成”面板中“完成表面”工具，完成地形表面。

⑩切换至“默认三维视图”，观测到已生成两个场地，如图 8-15 所示。单击按钮，使用“临时隔离图元”工具隔离绘制的平整场地，观察生成场地如图 8-16 所示。

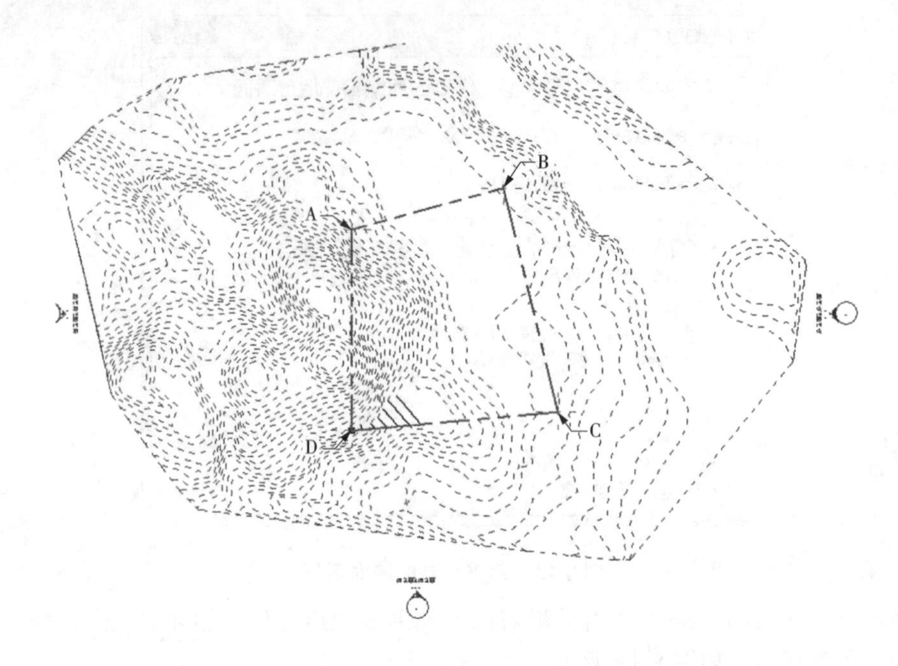

图 8-14　删除高程点的平整场地

图 8-15　平整场地三维　　　　图 8-16　隔离生成的平整场地三维

⑪单击“项目浏览器”中“地形明细表”，可以了解到“平整场地”的“投影面积”“表面积”“填方”“挖方”“净填方量”等明细，如图 8-17 所示。

<地形明细表>

A	B	C	D	E	F
名称	投影面积	表面积	填方	挖方	净填方量
平整场地	45512.12 m²	45512.12 m²	7960.89 m³	175674.50 m³	-167713.61 m³

图 8-17　地形明细表

⑫“关闭”文件，不保存文件的修改。

本章小结

创建地形表面的方法有多种，可以导入外部数据进行创建，也可以在 Revit 中绘制。创建建筑地坪的前提条件是一定要有地形表面作为主体。

练习

创建下图中的“仿央视大厦”模型，并以“仿央视大厦”为文件名保存。

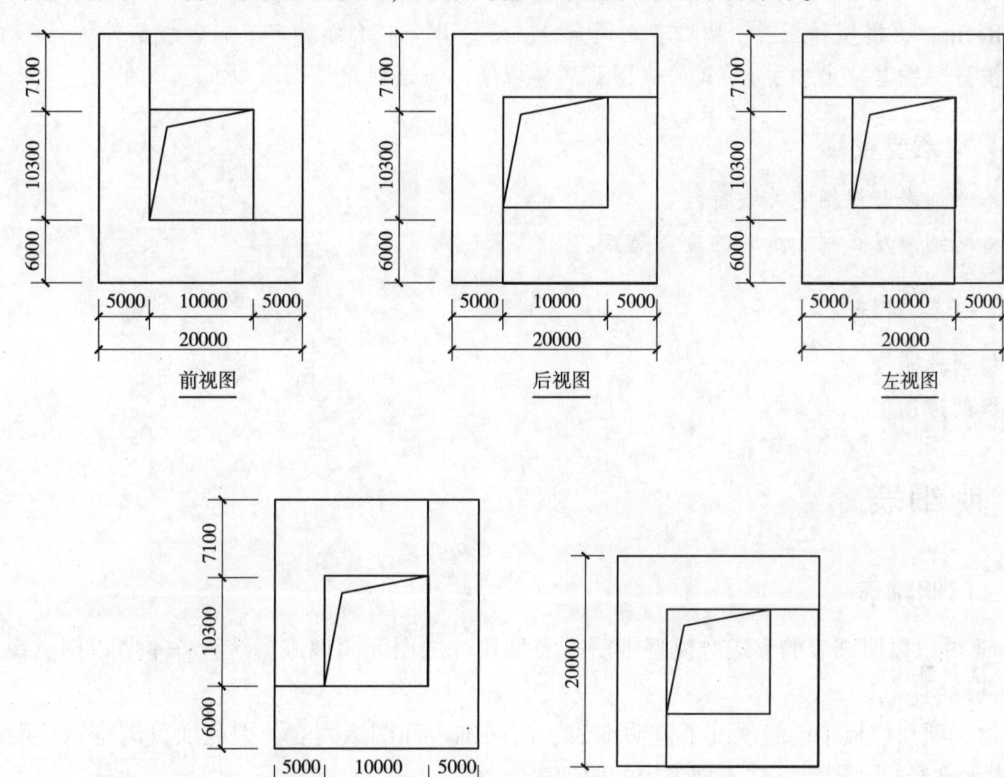

▶▶▶第 9 章　明细表与施工图图纸

本章导读

Revit 不仅可以生成三维参数化建筑信息模型，而且可以利用模型得到施工图纸、明细表等信息。Revit 中，模型和图纸、明细表之间自动关联。本章将介绍如何生成各种构件统计明细表，以及在模型视图基础上利用 Revit 的视图及注释命令，快速创建施工图图纸。

本章要点

了解明细表与视图的关联特性；
了解明细表发布到图纸时的设置要点。

学习目标

掌握创建明细表；
掌握创建图例。

9.1　明细表

9.1.1　门明细表

Revit 可以以明细表的形式对模型中所有类型构件的图元属性进行统计，本节以门、窗统计为例详细说明。

①由于项目样板中已经预设了窗明细表、门明细表和图纸列表，因此项目浏览器“明细表/数量”中，已经自动创建了这三种常用的明细表。

【提示】Revit 可以为同一类别构件建立多个明细表。

②接上节练习，单击“项目浏览器”中“明细表/数量”视图类别前的“+”，展开“明细表/数量”，双击“门明细表”，进入门明细表视图，如图 9-1 所示。

<门明细表>

A	B	C	D	E	F	G	H
	洞口尺寸			樘数			
设计编号	高度	宽度	参照图集	总数	标高	备注	类型
DK1	2400	1500		1	F1		门洞
DK1	2400	1500		1	F2		门洞
DK1	2400	1500		1	F3		门洞
M0821	2100	800		2	F1		单扇门
M0821	2100	800		2	F2		单扇门
M0821	2100	800		2	F3		单扇门
M1021	2100	1000		15	F1		单扇门
M1021	2100	1000		15	F2		单扇门
M1021	2100	1000		17	F3		单扇门
M1521	2100	1500		5	F1		双扇门
M1521	2100	1500		4	F2		双扇门
M1521	2100	1500		4	F3		双扇门
MLC-1	3000	2100		1	F1		MLC-1
MLC-2	3000	4800		2	F1		MLC-2

图 9-1　门明细表

③单击“视图”选项卡，单击“创建”面板中“明细表”工具，在“明细表”列表中单击“明细表/数量”命令，将弹出“新建明细表”对话框，如图 9-2 所示。

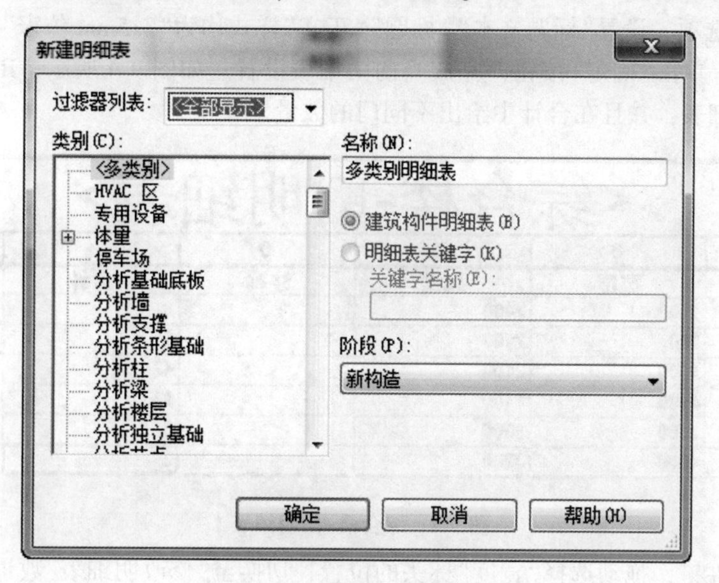

图 9-2　新建明细表对话框

④在“类别”列表中下拉，选择“门”，在“名称”中输入名称“综合楼-门明细表”。确认为“建筑构件明细表”，确认阶段为“新构造”，单击确定，将弹出“明细表属性”对话框，如图 9-3 所示。

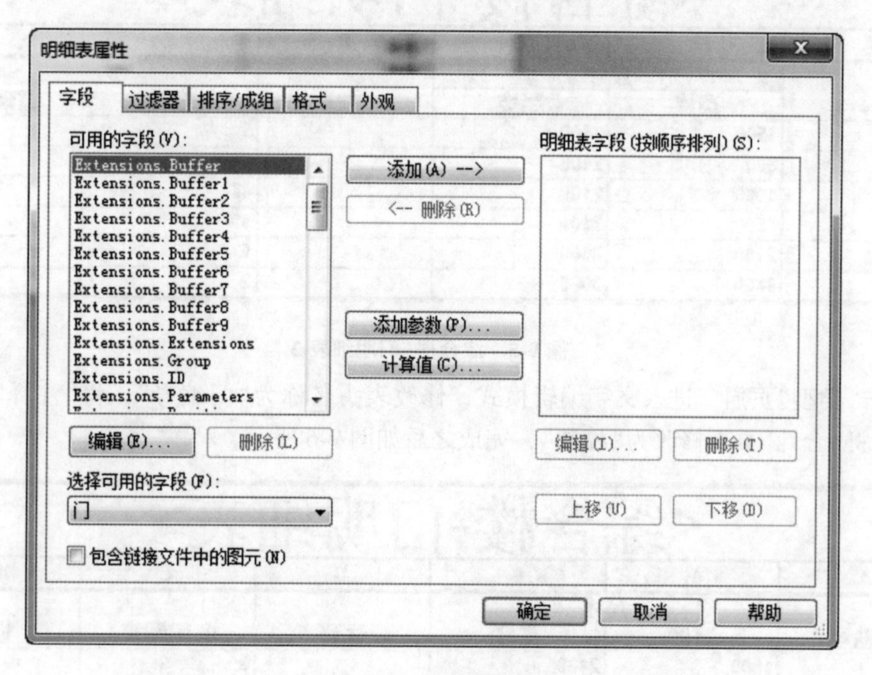

图 9-3　明细表属性

⑤在左侧“可用字段”中按住 Ctrl 键连续单击选择类型、宽度、高度、合计、注释、框架类型 6 个字段名称，单击“添加”按钮添加至右侧“明细表字段”栏中。然后使用“上移”或“下移”按钮将明细表按图示顺序排序。

⑥切换至排序/成组，修改“排序方式”为按“类型”方式，设置排序方式为“升序”，不勾选底部“逐项列举每个实例”选项。

⑦切换至“外观”选项卡，勾选“网格线”，设置网格线的方式为“细线”；勾选“轮廓”选线，修改轮廓线形为中粗线，不勾选“数据前的空行(X)”选项；在“文字”类别中勾选“显示标题”和“显示页眉”两个选项，设置“标题文本”“标题”“正文”样式均为“3. 5mm 仿宋”。

⑧完成之后，单击“确定”按钮，完成当前明细表设置。如图 9-4 所示，Revit 已经使用指定字段生成新的明细表，并且在合计中给出不同门的数量。

<综合楼-门明细表>					
A	B	C	D	E	F
类型	宽度	高度	注释	合计	框架类型
DK1	1500	2400		3	
M0821	800	2100		6	
M1021	1000	2100		47	
M1521	1500	2100		13	
MLC-1	2100	3000		1	
MLC-2	4800	3000		2	

图 9-4　综合楼–门明细表 1

⑨按住鼠标左键，拖动选择“宽度”标头的位置，切换至“修改明细表/数量”上下关联选项卡中，单击“标题和页眉”面板中“成组”工具，将生成新的页眉成组，在新的页眉中输入名称为尺寸，按回车键确认。如图 9-5 所示。

<综合楼-门明细表>					
A	B	C	D	E	F
门编号	尺寸		注释	合计	框架类型
	宽度	高度			
DK1	1500	2400		3	
M0821	800	2100		6	
M1021	1000	2100		47	
M1521	1500	2100		13	
MLC-1	2100	3000		1	
MLC-2	4800	3000		2	

图 9-5　综合楼–门明细表 2

⑩单击“类型”页眉，进入文字编辑模式，修改表头名称为“门编号”，将“注释”修改为“参照图集”，将“合计”页眉修改为“樘数”，完成之后如图 9-6 所示。

<综合楼-门明细表>					
A	B	C	D	E	F
门编号	尺寸		注释	参照图集	樘数
	宽度	高度			
DK1	1500	2400		3	
M0821	800	2100		6	
M1021	1000	2100		47	
M1521	1500	2100		13	
MLC-1	2100	3000		1	
MLC-2	4800	3000		2	

图 9-6　综合楼–门明细表 3

⑪除在表头单击的方式修改名称之外，还可以单击“属性”栏中“格式”后面的“编辑”按钮，打开“明细表属性”对话框。选择“框架类型”，右侧标题将显示明细表中的标题，将其修改为“类型”，单击“确定”，完成明细表修改。

⑫由于在项目楼梯间洞口使用门的方式创建的，因此“DK1”也统计在门明细表中。单击“属性”栏中“过滤器”后面的“编辑”按钮，将打开“明细表属性”对话框。切换至“过滤器”选项卡，选择“过滤条件”为“宽度”，设置其后面栏为“不等于”，将值设置为1500。设置“与(A)”为“高度”“不等于”、2400，完成之后，如图9-7所示，单击“确定”。

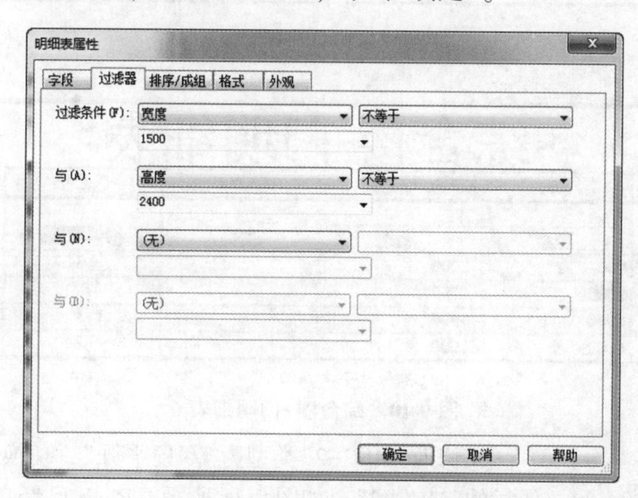

图9-7 明细表属性-过滤器面板

⑬单击确定后，Revit在当前视图中剔除了“DK1”明细表的统计，如图9-8所示。

<综合楼-门明细表>					
A	B	C	D	E	F
	尺寸				
门编号	宽度	高度	注释	参照图集	樘数
M0821	800	2100		6	
M1021	1000	2100		47	
MLC-1	2100	3000		1	
MLC-2	4800	3000		2	

图9-8 综合楼-门明细表4

⑭单击“属性”栏中“格式”后面的“编辑”按钮，打开“明细表属性”对话框，切换至“格式”选项卡之中。在字段类别中选择“合计”字段，修改“标题方向”为“水平”，设置“对齐”方式为“中心线”，其他参数保持默认值，完成之后单击确定，如图9-9所示，已经修改了“合计”的显示样式。

⑮在明细表中选择门编号为“MLC-1”的图元，单击“图元”面板中“在模型中高亮显示”命令，Revit将自动切换至该图元的最佳视图中，并且给“显示视图中的图元”的提示。找到当前的图元之后，单击关闭。

⑯确保当前“MLC-1”处于选择状态，修改“属性”栏中“框架类型”为“双向平开”，完成之后单击应用按钮。

【提示】在Revit中明细表和模型之间是双向关联的。

⑰返回至“综合楼-门明细表”视图，如图9-10所示，Revit已经修改了“MLC-1”的“类型”为“双扇平开”。

<综合楼-门明细表>					
A	B	C	D	E	F
	尺寸				
门编号	宽度	高度	注释	参照图集	樘数
M0821	800	2100		6	
M1021	1000	2100		47	
MLC-1	2100	3000		1	
MLC-2	4800	3000		2	

图 9-9　综合楼-门明细表 5

<综合楼-门明细表>					
A	B	C	D	E	F
	尺寸				
门编号	宽度	高度	注释	参照图集	樘数
M0821	800	2100		6	
M1021	1000	2100		47	
MLC-1	2100	3000		1	双向平开
MLC-2	4800	3000		2	

图 9-10　综合楼-门明细表 6

⑱修改“MLC-2”类型为“双扇平开”，切换至 F1 平面视图。选择任意的“MLC-2”，如图 9-11 所示，Revit 已经自动更新了“属性”栏中“框架类型”的参数。

⑲使用类似的方式，完成其他门的“类型”设置，如图 9-12 所示。

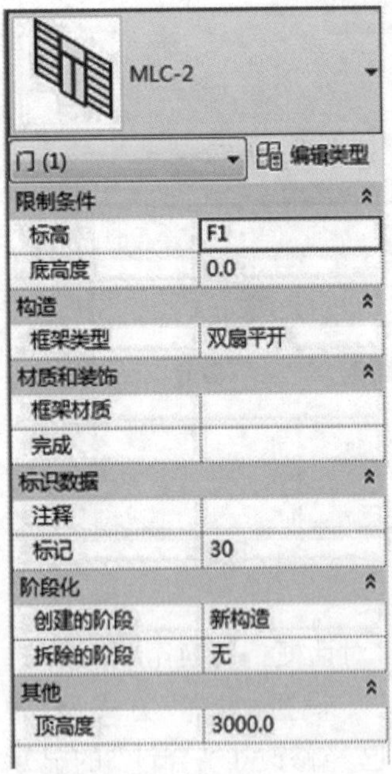

MLC-2

门 (1)　编辑类型

限制条件	
标高	F1
底高度	0.0
构造	
框架类型	双扇平开
材质和装饰	
框架材质	
完成	
标识数据	
注释	
标记	30
阶段化	
创建的阶段	新构造
拆除的阶段	无
其他	
顶高度	3000.0

图 9-11　门 MLC-2 属性

9. 1. 2　明细表导入

以窗明细表为例

①切换至 F1 楼层平面视图，单击“插入”选项卡，选择“导入”面板中单击“从文件插入”工具，在“从文件插入”工具下拉列表中单击“插入文件中的视图”。将弹出“打开”对话框，浏览至课件“课件/第 19 章/RVT/综合楼-窗明细表”项目文件，单击“打开”，将弹出“插入视图”对话框。

【提示】“插入”选项卡中很多工具只有在明细表视图下才能使用。

②在“视图”中选择“显示所有视图和图纸”，如图 9-13 所示，当前明细表仅包含“明细表：综合楼-窗明细表”视图。勾选“明细表：综合楼-窗明细表”视图，完成之后，单击“确定”，将在“明细表/数量”中增加“综合楼-窗明细表”视图。

<综合楼-门明细表>					
A	B	C	D	E	F
	尺寸				
门编号	宽度	高度	注释	参照图集	樘数
M0821	800	2100		6	单扇平开
M1021	1000	2100		47	单扇平开
MLC-1	2100	3000		1	双扇平开
MLC-2	4800	3000		2	双扇平开

图 9-12　综合楼-门明细表 7

③导入的“窗明细表”将按照所选文件中定义好的样式生成当前项目窗的明细表数量，如图 9-14 所示。

【提示】导入的明细表的参数将根据实际窗的参数重新更新，不会导入原有明细表数据。

下面将通过添加计算公式的方式计算洞口的面积。

④单击“属性”栏“字段”后面的“编辑”按钮，进入“明细表属性”对话框。选择“字段”选项卡，单击底部的“计算值”，输入字段名称为“洞口面积”。确认计算方式为“公式”，设置“规程”为公共，设置“类型”为“面积”。单击“公式”后面的浏览按钮，打开“字段”对话框，选择“宽度”，单击确定。然后输入“ * ”号，继续单击“字段”后面的“浏览”按钮，选择“高度”。完成之后单击确定，“洞口面积”将添加至“明细表字段”的列表当中，继续单击确定。如图 9-15 所示，Revit 将自动计算洞口面积。

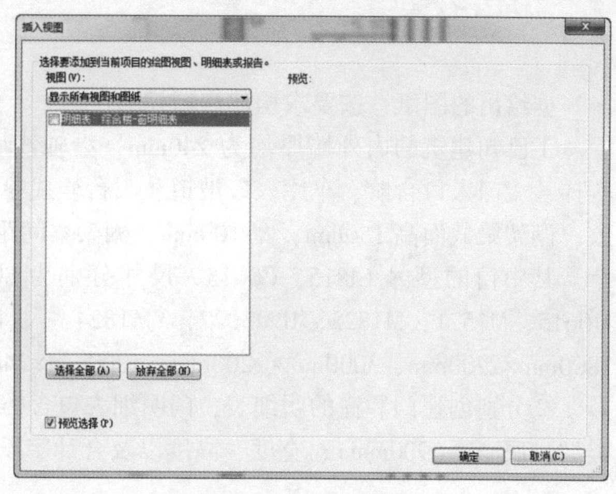

图 9-13 载入视图对话框

<综合楼-窗明细表>				
A	B	C	D	E
	尺寸			
窗编号	宽度	高度	参照图集	樘数
C0929	900	2900		3
C1219	1200	1900		4
C1229	1200	2900		100
C1515	1500	1500		5
C4821	4800	2100		2
C4828	4800	2800		3

图 9-14 综合楼-窗明细表

<综合楼-窗明细表>					
A	B	C	D	E	F
	尺寸				
窗编号	宽度	高度	参照图集	樘数	洞口面积
C0929	900	2900		3	2.61 m²
C1219	1200	1900		4	2.28 m²
C1229	1200	2900		100	3.48 m²
C1515	1500	1500		5	2.25 m²
C4821	4800	2100		2	10.08 m²
C4828	4800	2800		3	13.44 m²

图 9-15 综合楼-窗明细表添加面积

本章小结

在完成这些三维构件设计的同时，其平面、立面视图及部分构件统计表都已经同步基本完成，剖面视图也只需要绘制一条剖面线即可自动创建，还可以从各个视图中直接创建视图索引，从而快速创建节点大样详图。但这些自动完成的视图，其细节还达不到出图的要求，例如，没有尺寸标注和必要的文字注释、轴网标头位置等需要调整等。因此还需要在细节上进行补充和细化，以达到最终出图的要求。

练习

据给出的图纸，按要求构建房屋模型。

①已知建筑的内外墙厚均为240mm，沿轴线居中布置，按照平、立面图纸建立房屋模型，楼梯、大门入口台阶、车库入口坡道、阳台样式参照图自定义尺寸，二层棚架顶部标高与屋顶一致，棚架梁截面高150mm，宽100mm，棚架梁间距自定。

其中窗的型号Cl815，C0615，尺寸分别为800mm×1500mm，600mm×1500mm；门的型号M0615，M1521，M1822，JLM3022，YM1824，尺寸分别为600mm×1500mm，1500mm×2100mm，1800mm×2200mm，3000mm×2200mm，1800mm×2400mm。

②分别创建门和窗的明细表，门明细表包含类型、宽度、高度以及合计字段；窗明细表包含类型、底高度(900mm)、宽度、高度以及合计字段。明细表按照类型进行成组和统计。

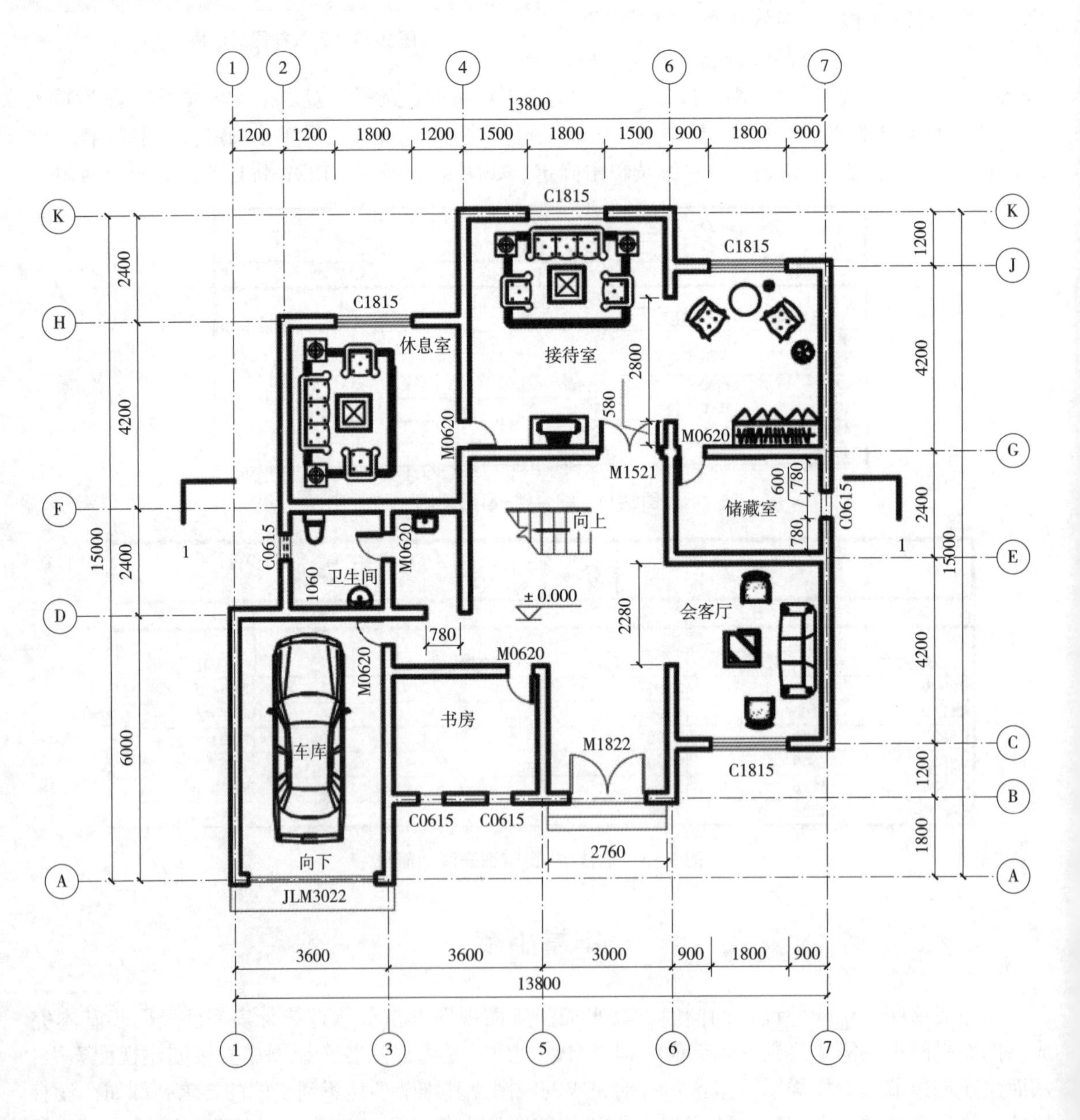

一层平面图 1：100

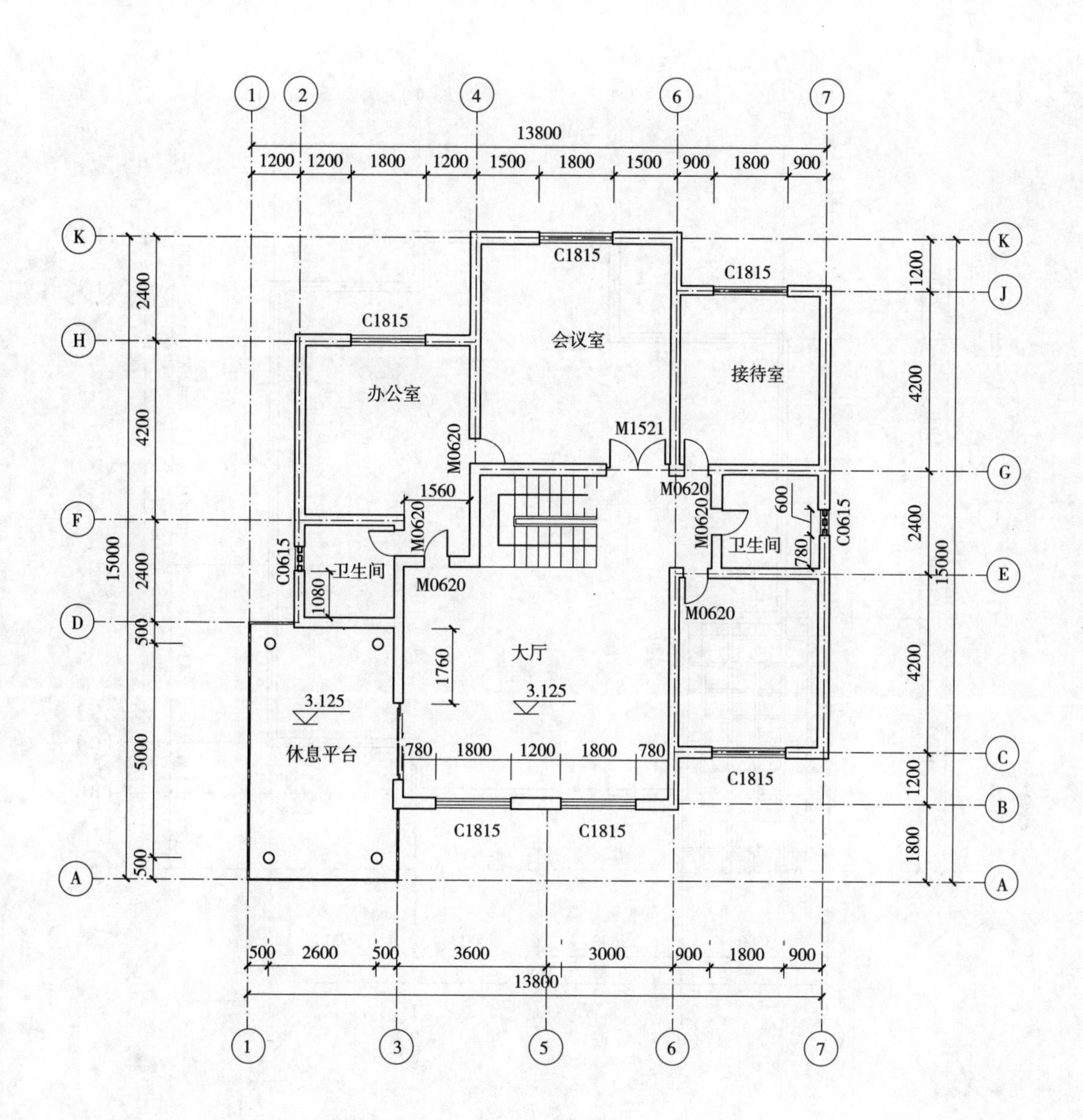
13800
1200
1200
1800
1200
1500
1800
1500
900
1800
900
C1815
C1815
C1815
会议室
接待室
办公室
M0620
M1521
M0620
M0620
M0620
1560
M0620
卫生间
卫生间
C0615
C0615
600
780
1080
M0620
M0620
大厅
1760
3.125
3.125
休息平台
780
1800
1200
1800
780
C1815
C1815
C1815
2400
4200
2400
500
5000
500
15000
1200
4200
2400
4200
1200
1800
15000
500
2600
500
3600
3000
900
1800
900
13800

二层平面图 1：100

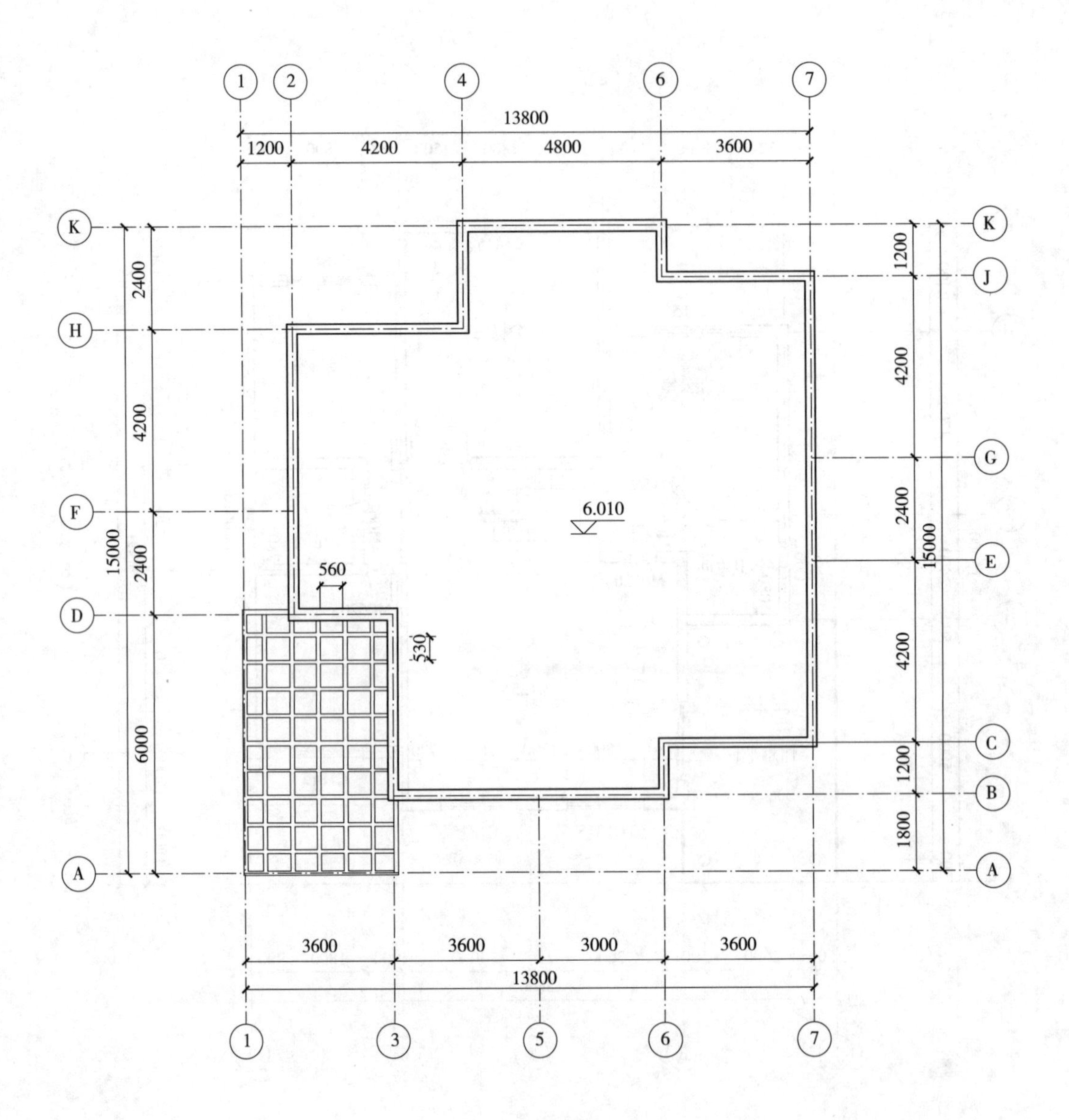
1
2
4
6
7
13800
1200
4200
4800
3600
K
H
F
D
A
2400
4200
2400
6000
15000
J
G
E
C
B
1200
4200
2400
4200
1200
1800
15000
6.010
560
530
3600
3600
3000
3600
13800
1
3
5
6
7

屋顶平面图 1：100

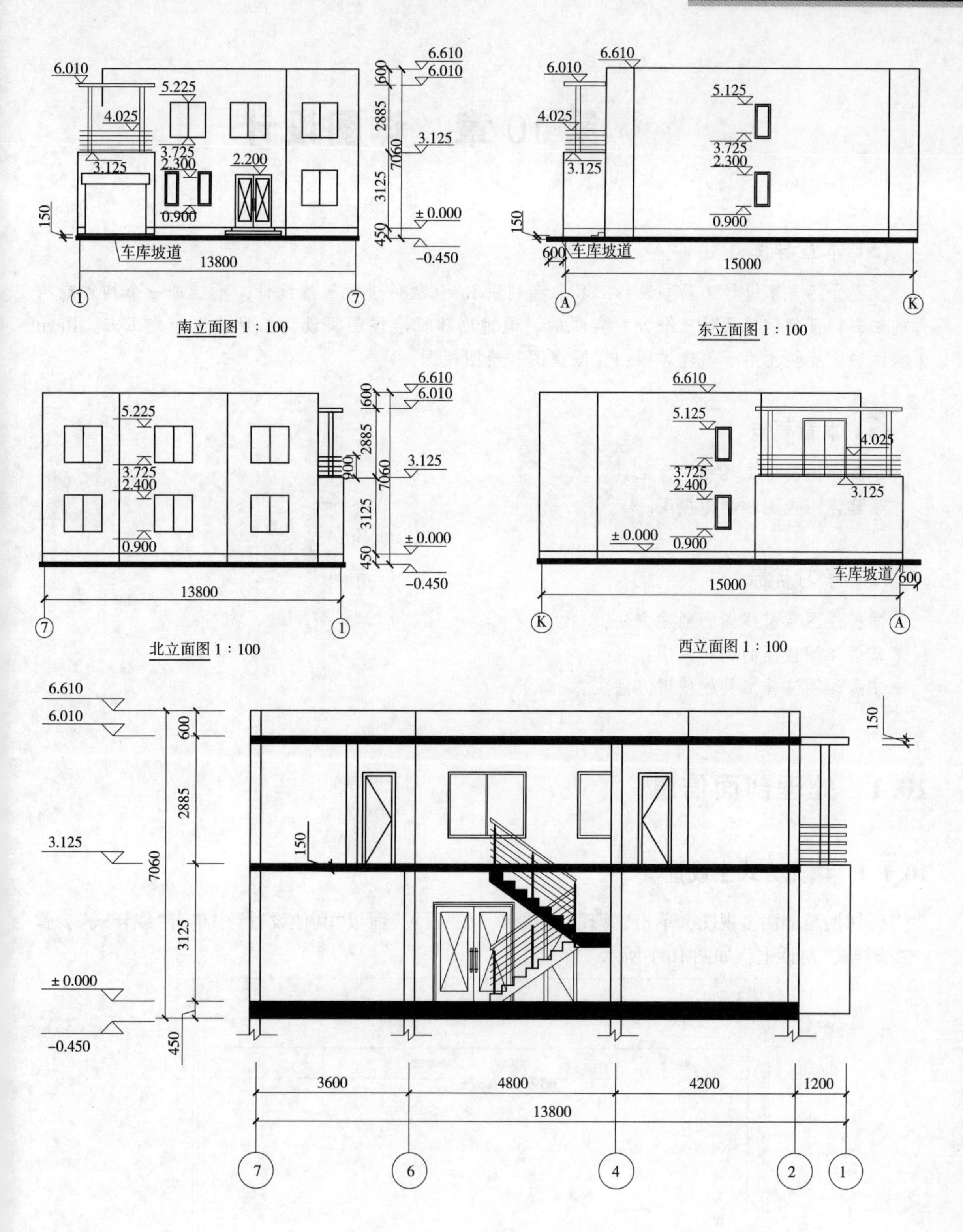

6.010
5.225
4.025
3.725
2.300
3.125
2.200
0.900
150
车库坡道
13800
6.610
600
2885
7060
3125
±0.000
450
-0.450
南立面图 1：100
5.125
4.025
3.725
2.300
3.125
0.900
15000
东立面图 1：100
2.400
900
北立面图 1：100
西立面图 1：100
3600
4800
4200
1200

剖面图 1：100

▶▶▶第 10 章　详图设计

本章导读

主要介绍详图设计工具和注释工具。在利用 Revit 软件进行三维设计，不是每一个构件或构件的细部特征都需要通过三维方式实现的。通过创建标准详图将设计信息传递给施工方。Revit 中有两种主要视图用于创建详图：详图视图和绘图视图。

本章要点

了解详图设计工具和注释工具；

了解详图视图和绘图视图。

学习目标：

掌握详图索引视图的创建方法；

掌握详图视图的编辑方法；

掌握详图注释工具的使用方法。

10.1　处理剖面信息

10.1.1　填充方式生成量

①切换至剖面 1 视图，单击“管理”选项卡，在“设置”面板“其他设置”中单击“线样式”，弹出“线样式”对话框，如图 10-1 所示。

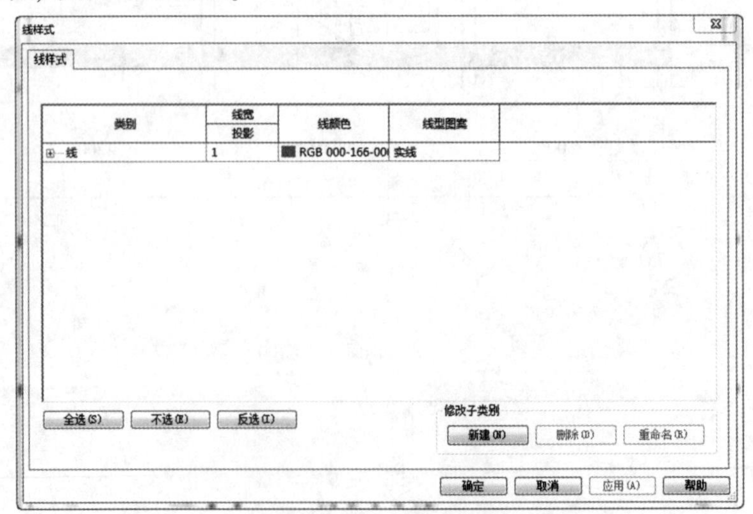

图 10-1　线样式对话框

②单击⊞按钮，展开线样式子类别。单击“修改子类别”中“新建”按钮，打开“新建子类别”对话框。确认子类别属于“线”，输入名称为“粗线”，然后单击“确定”。设置线宽为“3”号线宽，设置线形颜色为“黑色”，确定线形图案为“实线”，完成后单击“确定”，退出“线样式”对话框。

③单击“注释”选项卡，在“详图”面板中单击“区域”下拉列表，选择“填充区域”，进入绘制“填充区域”模式。

④单击“属性”栏中“编辑类型”对话框，打开“编辑类型”对话框。单击“复制”，创建名称为“综合楼-剖面梁”的新材质。单击“填充样式”后面材质选择器按钮，打开“填充样式”对话框，在列表中选择“实体填充”，选择“填充图案类型”为“绘图”，单击“确定”返回“类型属性”对话框。设置图形颜色为“黑色”，设置“线宽”为“1”，设置背景为“不透明”，其他参数保持默认，完成后单击“确定”按钮，退出“类型属性”对话框。

【提示】“绘图”填充图案是指填充图案随当前的视图比例的变化而变化；“模型”填充图案是指填充图案作为图形一部分，不随视图的比例而变化。

⑤确定“绘制”面板中当前绘制方式为矩形，在“线样式”面板中设置线样式为“粗线”。确定选项栏中偏移量为0，不勾选“半径”选项。

⑥移动鼠标至D轴线左侧墙体位置，捕捉到屋顶的端点，绘制一个矩形。配合临时尺寸标注线的高度为600，宽度为450，绘制完成后单击“模式”面板中✔完成编辑模式按钮，如图10-2所示。

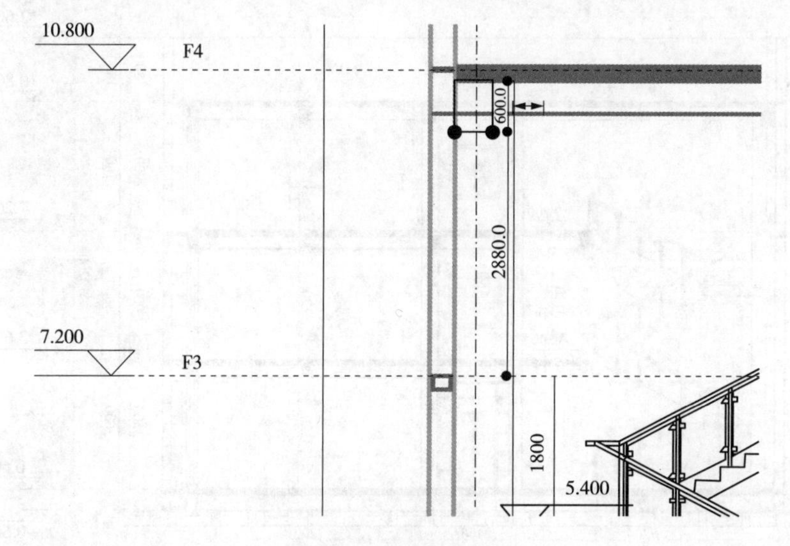

图10-2 屋顶T梁

⑦单击“插入”选项卡，然后再单击“从库中载入”面板中的“载入族”命令，打开“载入族”对话框。浏览到课件并选择“第18章/RFA/2D剖面梁”，单击“打开”，将其载入到当前项目中，将弹出如图10-3所示的“族已存在”对话框，单击“覆盖现有版本”。

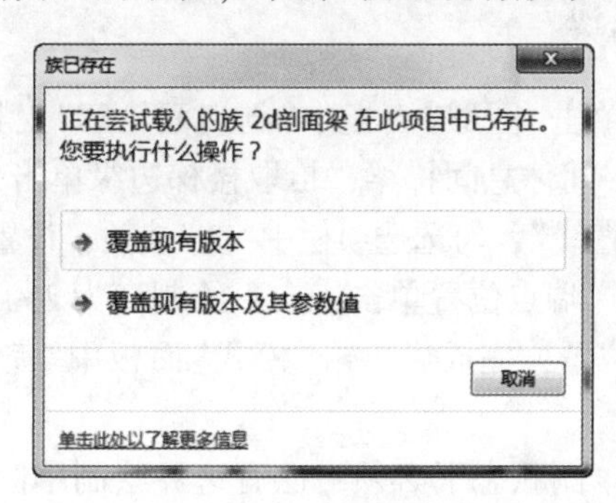

图10-3 族已存在

【提示】在这里已经载入了相同的族文件，因此会出现“族已存在”现象。

⑧切换至“注释”选项卡，单击“详图”面板中“构件”下拉列表，在列表中选择“详图构件”。在“属性”栏“类型选择器”中选择当前族类型为“2D 剖面量：T 型梁”。

⑨单击“编辑类型”按钮，打开“类型属性”对话框。单击“复制”按钮，创建名称为“T 型梁-250×450”的新类型。修改“翼缘长为 20”，修改板厚为 150，修改剖面梁高为 450，修改剖面梁宽为 250，其他参数保持默认不变，完成后单击“确定”，退出“类型属性”对话框。

⑩在 F4 标高下，C 轴线位置选择屋顶顶部单击放置该梁，同样在 B 轴线位置放置该梁，继续在 A 轴线左侧墙体放置该梁，完成后按 ESC 键退出。

【提示】在二维族生成的梁可以任意时候作参数化变更和修改。

⑪配合 Ctrl 键，选择上一步放置的三个剖面梁。单击“创建”面板中“创建组”命令，打开“创建详图组”对话框。输入“组”的名称为“剖面梁”，不勾选在“在族编辑器中打开”，单击“确定”，返回编辑模式。

⑫选择任意剖面梁时，将选择整个详图组。配合使用“修改”面板中“复制”工具，勾选选项栏中“约束”选项，同时勾选“多个”。捕捉 F4 标高上任意一点作为复制的起点，垂直向下移动，捕捉到 F3 标高，单击放置该梁。继续向下捕捉到 F2 标高，单击放置该梁，完成放置梁如图 10-4 所示，按 ESC 键两次退出复制模式。

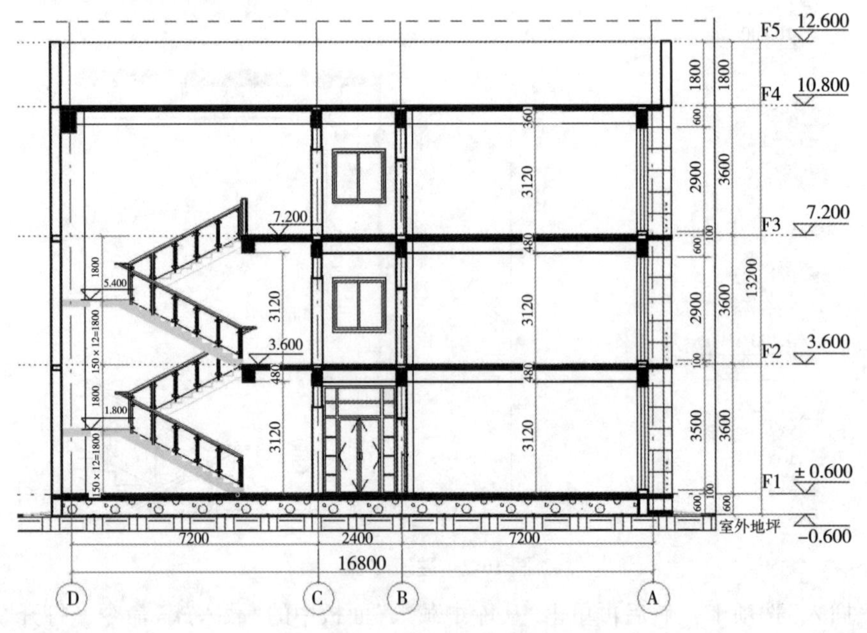

图 10-4　放置各层梁

10.1.2　剖切面轮廓编辑梯梁

①切换至“视图”选项卡，单击“图形”面板中“剖切面轮廓”工具。确认选项栏中编辑方式为“面”，移动鼠标至 F2 与 F3 楼层间休息间梯梁，拾取楼梯边缘单击，进入“创建剖切面轮廓草图”模式。确认当前的绘制方式为“直线”，勾选选项栏中“链”选项，设置偏移量为 0，不勾选“半径”。

②如图 10-5 所示，捕捉楼梯端点位置单击，向下绘制高为 250、宽为 200 的 T 边梁剖切面轮廓，保持箭头指向保留的面域位置，完成后单击“模式”面板中“完成编辑模式”按钮，完成当前编辑。

【提示】在创建剖切面轮廓草图状态下必须沿已有边界绘制草图，草图必须与原有边界相交，并且要保持箭头指向保留的面域位置。

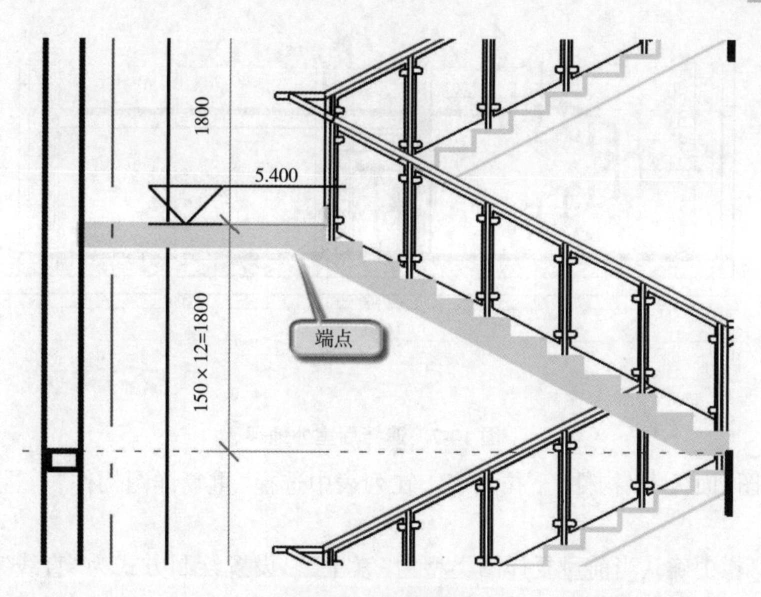

图 10-5　楼梯细部

③使用类似的方式变价 F1 的楼梯，如图 10-6 所示，Revit 已经采用与楼梯相同的材质生成剖面梯梁。

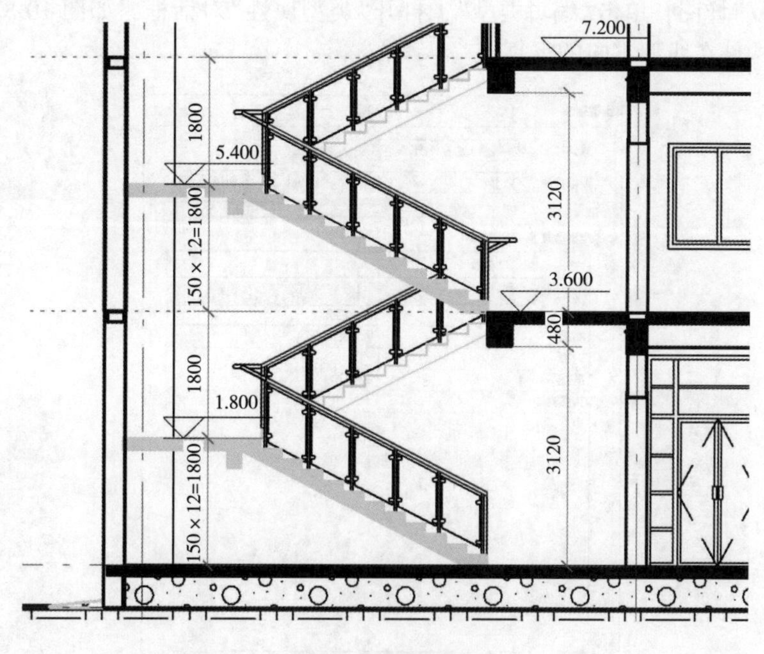

图 10-6　楼梯梯梁

【提示】使用编辑剖面轮廓方式生成的楼梯梁仅仅是在当前剖面视图中显示了楼梯梁，并没有生成三维的楼梯梁，在其他剖面中将无法观测到该梁。

10.1.3　处理剖面中“素土”符号

①单击“注释”选项卡，在“详图”面板中单击“区域”下拉列表，选择“遮罩区域”，设置线样式为“不可见线”，设置绘制方式为“矩形”。

②捕捉室外地坪标高上的任意一点，绘制封闭的矩形轮廓，将当前视图中已有剖面地坪遮挡，完成后单击“模式”面板中“完成编辑模式”按钮，完成当前绘制，如图 10-7 所示已将原有室外地坪区域进行了遮挡。

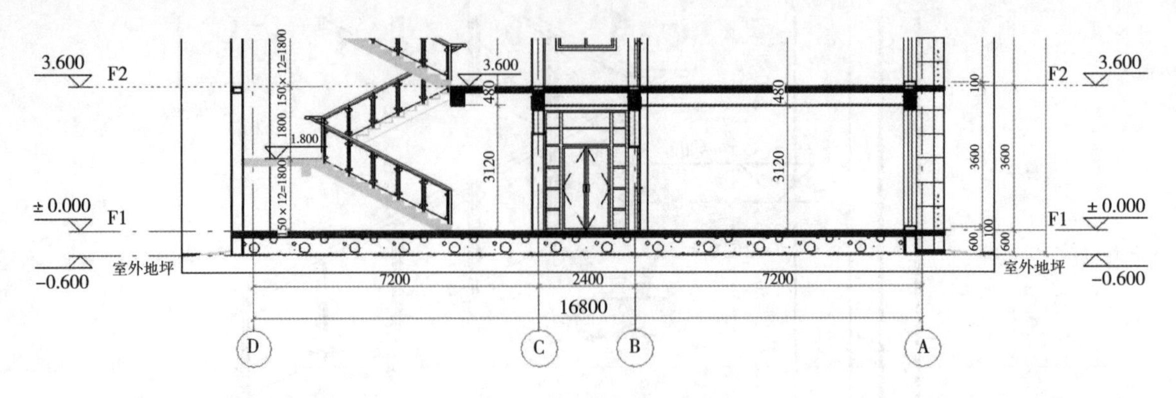

图 10-7 遮挡后室外地坪

③单击“详图”面板中“构件”下拉列表，在列表中选择“重复详图构件”，进入放置重复详图编辑模式。

④在“属性”栏中确认当前重复详图类型为“素土”，设置绘制方式为“直线”，确认选项栏中“偏移量”为 0。

⑤捕捉室外地坪轴线上任意一点单击作为起点，沿轴线方向进行绘制，直到捕捉到右侧任意一点单击确认，按 ESC 键两次，完成重复详图的绘制。

⑥选择“重复”详图，单击“编辑类型”，打开“类型属性”对话框，如图 10-8 所示，“重复详图”对已有详图构件在线型方向的重复。

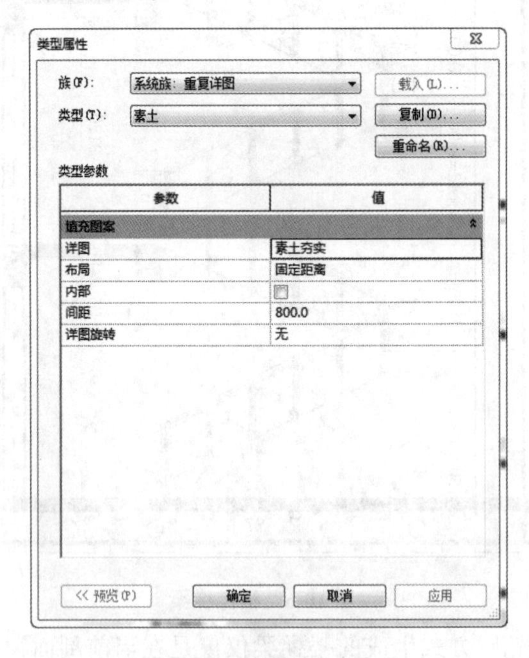

图 10-8 类型属性对话框

10.2 生成详图

10.2.1 生成卫生间大样

①接上节练习，切换至 F1 楼层平面视图。单击“视图”选项卡，在“创建”面板中单击“详图索引”下拉列表，在列表中选择“矩形”命令。

②单击“属性”栏中“编辑类型”按钮，打开“类型属性”对话框。修改详图族为“系统族：详图视图”。单击“复制”按钮，创建新建名称为“综合楼-详图视图索引”新类型。

③单击“详图索引”后面的浏览按钮，将弹出新的“类型属性”对话框。设置类型为“详图索引标头，包括3mm转角半径”，是指转角半径至为3m，单击“确定”返回详图视图的“类型属性”对话框。

【提示】该“类型属性”对话框是用来设置详图索引标志的对话框。

④单击“剖面标记”后面的浏览工具，弹出新的“类型属性”对话框，设置类型为“无剖切符号”，单击“确定”返回详图视图的“类型属性”对话框。

⑤设置参照标签为“类似”，设置“查看应用到新视图的样板”为“无”，继续单击“确定”退出“类型属性”对话框，返回样图索引放置模式。

⑥确定选项栏中不勾选“参照其他视图”选项，沿卫生间位置绘制详图索引的范围。绘制完成后如图10-9所示，双击详图索引标头，进入卫生间视图。

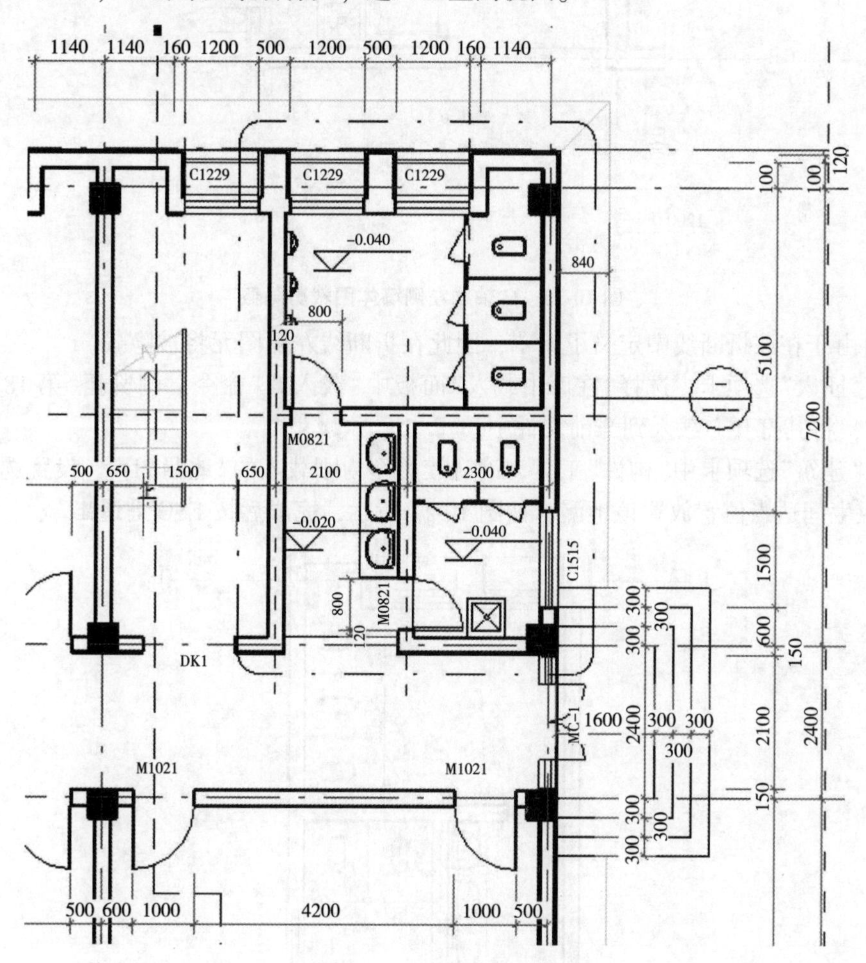

图 10-9　卫生间详图索引

【提示】在绘制详图索引后，会在项目浏览器中生成“详图视图”，并且按照当前详图索引类型名称进行分类。

⑦适当缩放视图，选择详图索引边界，通过调节边界的方式精确调整详图索引范围。可以通过单击视图栏中“隐藏裁剪区域”，将裁剪区域进行隐藏。

⑧选择在视图中不需要显示的轴线，单击鼠标右键，选择“在视图中隐藏”，按“图元”的方式，将轴线进行隐藏。

⑨单击“注释”选项卡，选择“详图”面板中“构件”下拉列表，在列表中单击“详图构件”，进入放置详图编辑模式。在“属性”栏中确认当前的族类型为“折断线”。

⑩移动鼠标至C轴线左侧墙体位置，配合空格键对折断线反转，在墙的位置单击放置该折断线，完成后如图10-10所示。同样在D轴线墙体位置单击，配合空格键，放置该折断线。

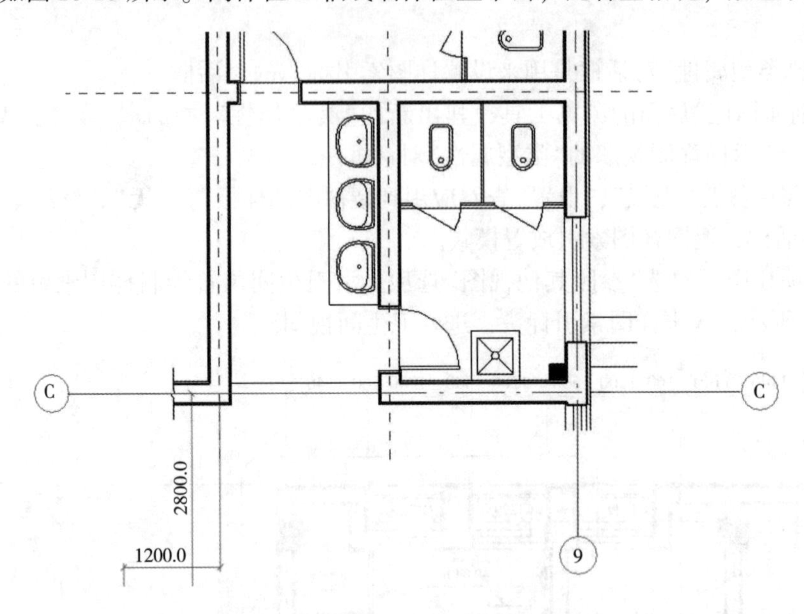

图10-10　C轴线左侧墙体图裁剪隐藏

【提示】由于在该折断线中定义了遮罩，因此在折断线左侧图元将被隐藏。

⑪单击“插入”选项卡，选择“在库中载入”面板中“载入族”命令。浏览至“第18章/RFA/地漏2D”文件，将其打开，载入到当前文件中。

⑫使用“建筑”选项卡中“构件”工具，确认族类型为刚载入的“地漏2D”，设置选项栏中标高为F1，在卫生间适当位置放置该地漏，如图10-11所示，完成后按ESC键退出。

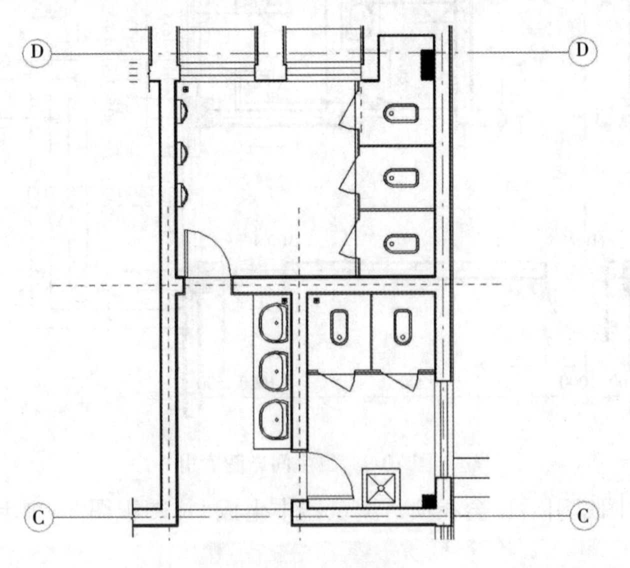

图10-11　放置地漏

⑬单击“注释”选项卡，选择“尺寸标注”面板中“对齐”工具，确认选项栏中捕捉方式为“参照核心层中心”，设置拾取方式为“单个参照点”，确定“属性”中当前类型为“固定尺寸界线”，拾取墙进行标注，完成后如图10-12所示。

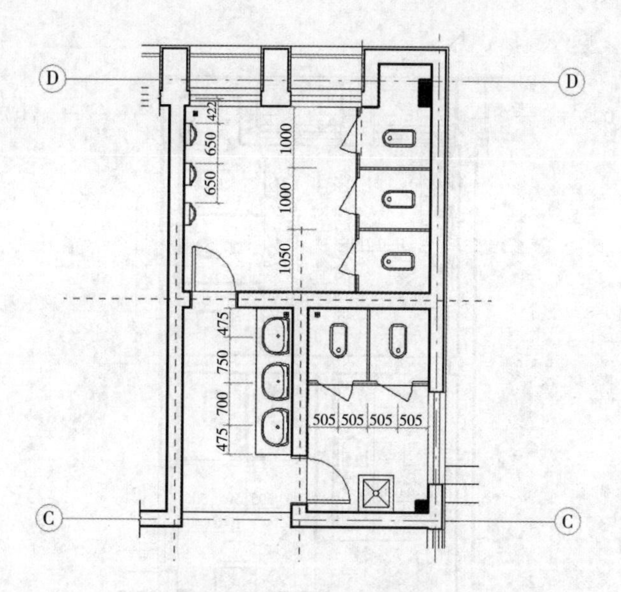

图 10-12 卫生间尺寸标注

⑭单击“注释”选项卡，选择“符号”面板中“符号”命令。在“属性”栏中选择类型为“C_ 排水符号”，勾选“选项栏”中放置后旋转。在视图适当位置单击放置几个符号，将其旋转至适当的角度，如图 10-13 所示，修改排水值为 1%。

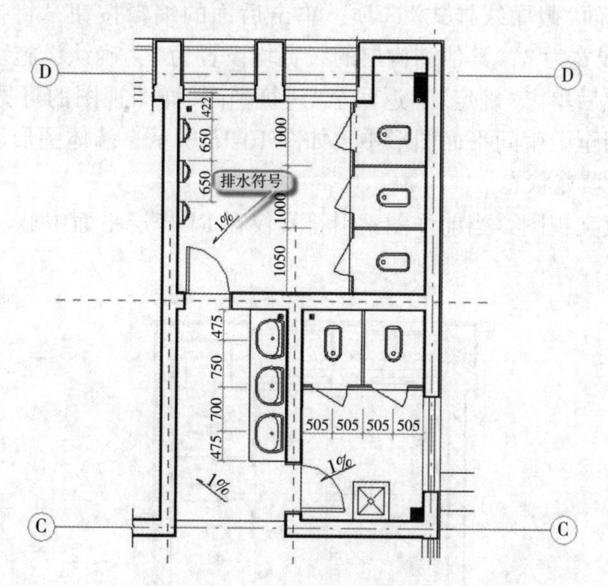

图 10-13 放置排水坡度符号

⑮继续使用“符号”工具，在“属性栏中”设置类别为“相对标高-带下引线”，在视图中适当位置放置合适的标高，如图 10-14 所示，选择放置的标高，修改标高值为“H-0.040”或“H-0.020”。

⑯按 ESC 键退出当前所有的命令，确认不选择任何图元，在“属性”栏中将显示当前详图视图的属性。设置显示在“仅父视图”，修改名称为“卫生间大样”。同时单击“视图样板”后面按钮，将弹出“应用视图样板”对话框。

⑰设置视图类型过滤器为“楼层、结构、面积平面”，在名称列表中选择“建筑平面-详图视图”样板。在右侧视图属性面板中单击“V/G 替换模型”后面“编辑”按钮，弹出“建筑平面-详图视图的可见性/图形替换”对话框。

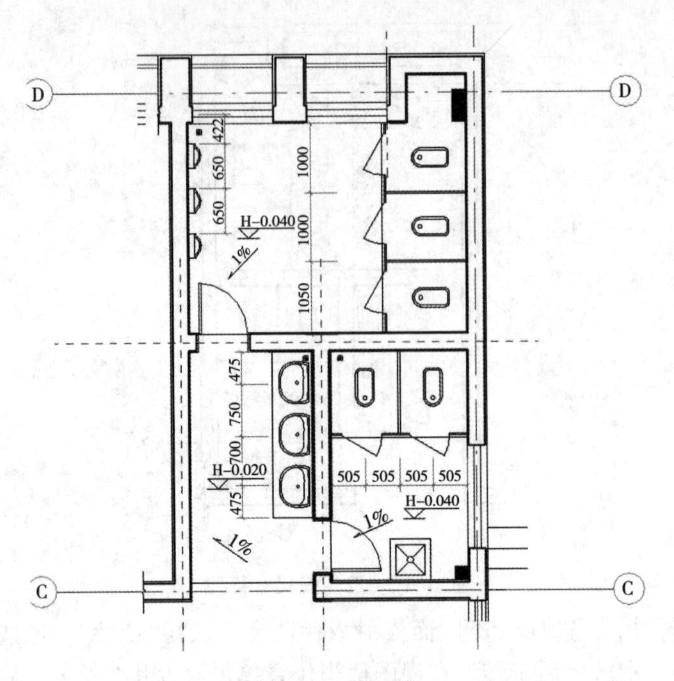

图 10-14 放置标高

⑱确认勾选面板下面“截面线样式”选项，单击后面的编辑按钮，将弹出“主体层样式对话框”，设置“结构[1]”线宽为3，其他结构层的线宽均设置为1，确认设施线颜色为黑色，设置线形图案为“实线”，完成后单击“确定”，返回至“建筑平面-详图视图的可见性/图形替换”。继续单击“确定”，直至返回至卫生间平面图形中，如图10-15所示，墙体图形显示为填充状态，结构柱图形等图形也显示为填充状态。

【提示】显示在：仅父视图，当前详图索引符号仅在F1楼层平面中显示。

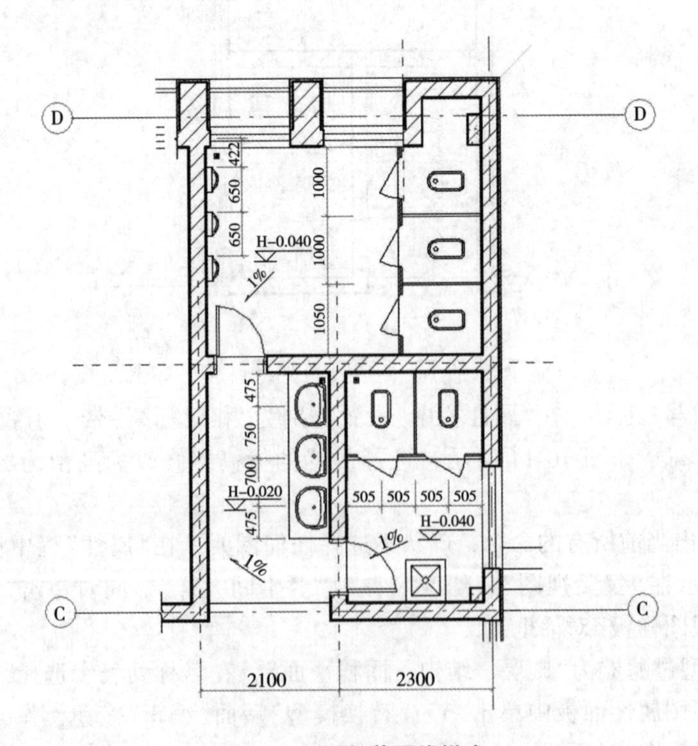

图 10-15 添加截面线样式

10.2.2　楼梯间大样

①切换至 F2 楼层平面视图，单击“视图”选项卡，进入“修改/详图索引”上下关联选项卡中。在“属性”栏的类型选择器中设置当前的详图索引形式为“楼层平面”，不勾选选项栏中“参照其他视图”选项，沿楼梯间位置绘制详图索引范围，完成后单击 ESC 键退出。

【提示】因为详图索引设置为“楼层平面”方式，因此创建的详图索引属于楼层平面的一部分，将显示在楼层平面的类别中。

②双击索引符号，进入该视图。在“属性”栏中修改视图名称为“楼梯 1#平面大样”，单击“应用”。

③单击“属性”栏中“视图样板”后面的按钮，打开“应用视图样板”对话框。选择视图样板名称为“建筑平面-详图视图”，其他保持默认不变，单击“确定”，大样将显示如图 10-16 所示正确状态。

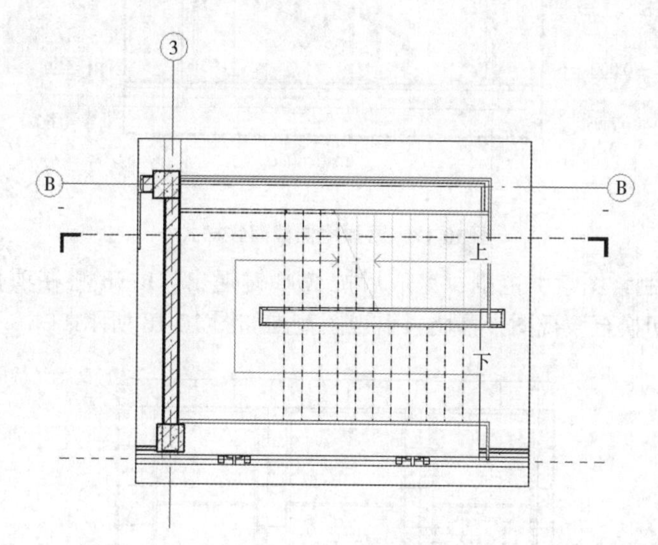

图 10-16　入口处楼梯大样

④按照上一节所述方式，隐藏不需要的图元。切换至剖面 2 视图，修改剖面 2 名称为“楼梯 2#剖面大样图”。单击“属性”栏中“视图样板”后面的按钮，打开“应用视图样板”对话框。设置“视图类型过滤”为“立面、剖面、详图视图”，选择名称为“建筑剖面-详图视图”的视图样板。在右侧“视图”属性面板中单击“V/G 替换模型”后面编辑按钮，弹出“建筑剖面-详图模式的可见性/图形替换”对话框。确认勾选“截面线样式”选项，单击后面“编辑”按钮，打开“主体层线样式”对话框，保持与上一节“主体层线样式”一样的设置，多次单击“确定”将样板设置应用于当前视图，Revit 将以如图 10-17 所示样式显示视图。

【提示】在 Revit 中合适的视图样板加快设置当前视图样式，因此可以通过视图样板方式对视图显示进行控制，而不是对视图进行一一设置。

⑤使用类似方式可以完成办公楼其他的楼梯以及雨蓬的大样，在这里不做详细说明，其操作方式与前面操作一致，请读者自行操作。

10.2.3　入口处详图视图

①切换至南立面视图，单击“视图”选项卡，在“创建”面板中单击“详图索引”下拉列表，在列表中选择“矩形”命令。确认“属性”栏类型选择其中详图类型为“详图索引-指向索引”类型，不勾选选项栏中“参照其他视图”选项。

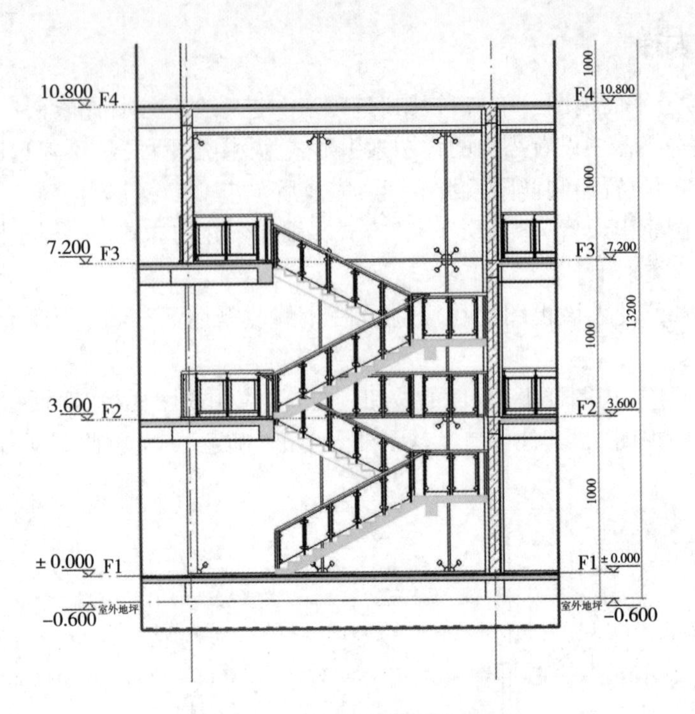

图 10-17 添加楼梯截面线样式

②沿幕墙位置绘制详图索引范围，完成后按 ESC 键退出，Revit 将在项目浏览器中生成“详图视图”新的类型，切换至该视图，幕墙索引视图范围如图 10-18 所示。

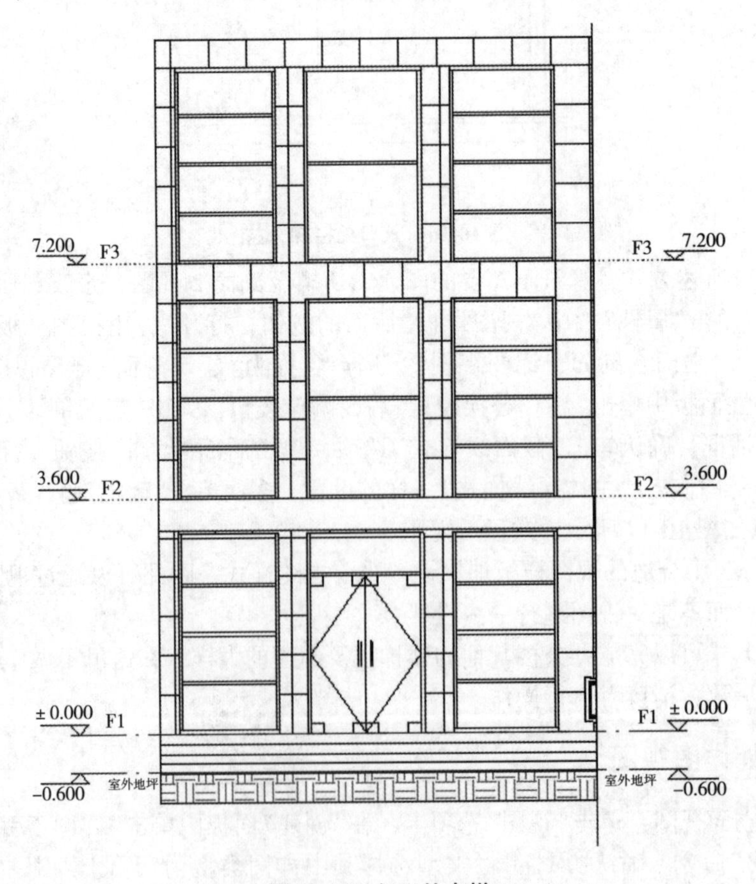

图 10-18 入口处大样

③选择裁剪边界，将其修改至合适位置。在这里启用了注释剪裁，通过单击底部“隐藏裁剪区域”工具将裁剪区域进行隐藏，按 ESC 键退出所有命令以及所有的选择集。

④修改“属性”栏中修改当前符号显示在“仅父视图”中，修改视图名称为“入口幕墙详图”后单击“应用”。

⑤单击标高线，不勾选☑，将不需要的标头隐藏，同时拖动标高标头，修改其长度，完成后按 ESC 键退出，完成后标高视图如图 10-19 所示。

【提示】修改的标高长度处在 2D 模式下。

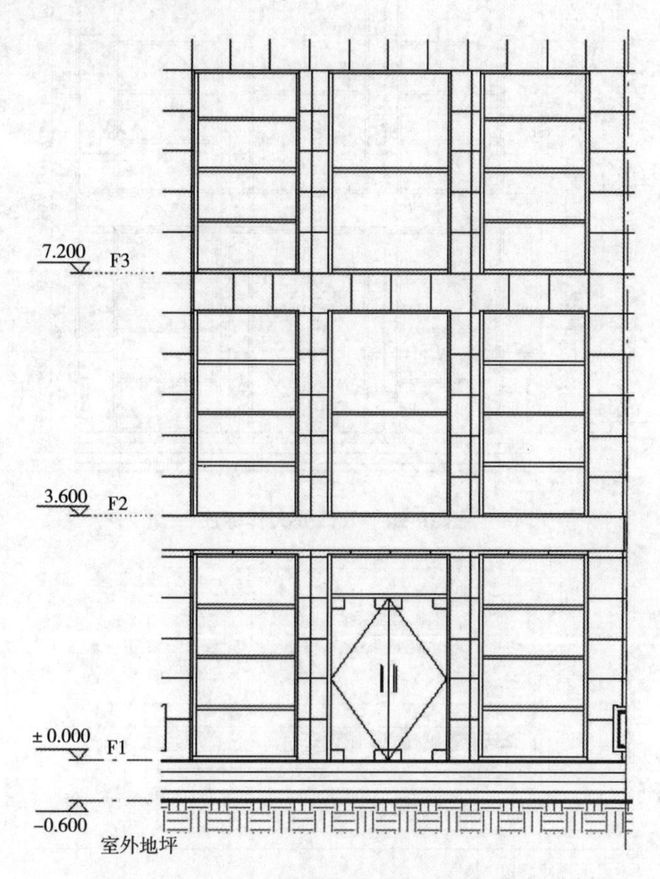

图 10-19　隐藏标头入口处大样

⑥继续使用“注释”选项卡中对齐标注工具，按照图 10-20 所示方式对尺寸生成标注。

【提示】在这里启用了注释剪裁，标注只能放在注释范围内，否则将无法显示。

⑦在使用“详图索引”工具时，通过单击“管理”选项卡，在“设置”面板中单击“其他设置”下拉列表，在列表中单击“详图索引标记”，弹出详图索引“类型属性”对话框，如图 10-21 所示。在“类型”中包含所有可以使用标记的类型，在这里可以对详图索引标记做进一步设计。

10.3　绘制视图及 DWG 详图

10.3.1　女儿墙大样

①切换至“剖面 1”平面视图，使用“视图”选项卡→“创建”面板→“详图索引”→“矩形”索引工具。在“属性”栏中确认当前索引类型为“综合楼-详图视图索引”，勾选选项栏中“参照其他视图”选项，在后面列表(列举了所有与当前视图类型相同的已有视图)中选择“新视图绘图”选项。

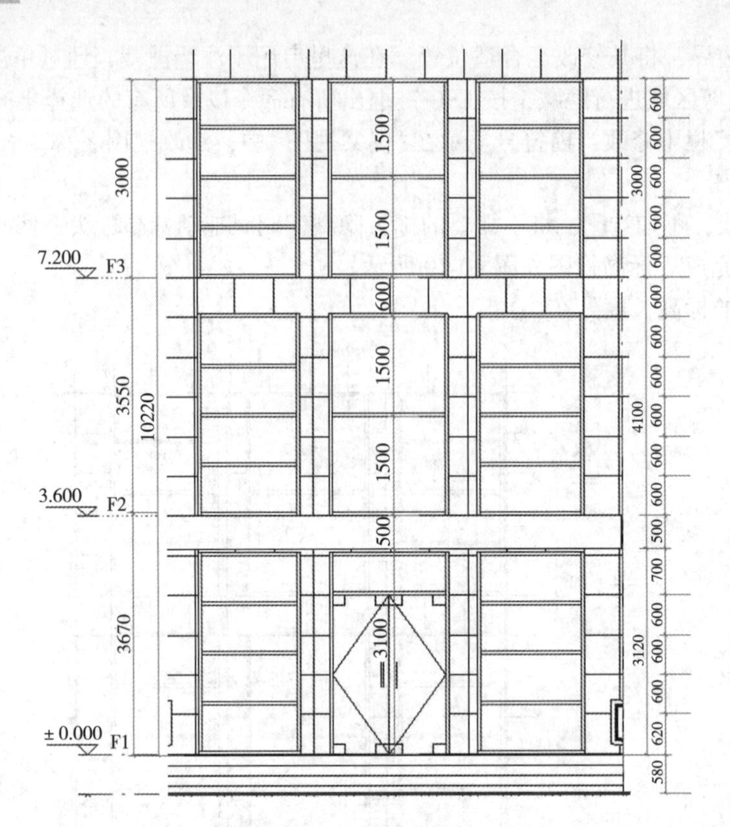

图 10-20　入口处大样标注

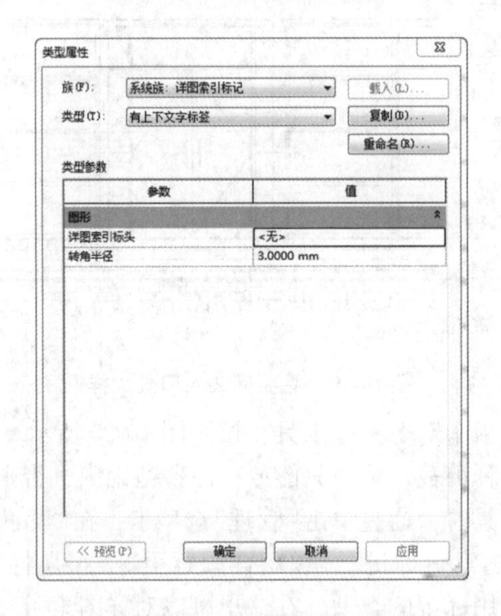

图 10-21　类型属性对话框

②适当放大视图 D 轴线与 F4 标高位置，如图 10-22 所示，框选女儿墙与屋顶交界位置绘制详图索引位置。完成后选择交界处索引，单击鼠标右键，选择“转到视图”选项，进入当前视图。

【提示】因为使用了新绘制视图选项，因此在视图中显示空白。

③在“属性”栏中修改当前“视图比例”为“1∶5”，设置视图“详细程度”为“精细”，修改视图名称为“女儿墙防水大样”，设置完成后单击“应用”。

④单击“插入”选项卡，在“导入”面板中单击“导入 CAD”命令。浏览至“第 10 章/DWG/女儿墙防水大样 . dwg”文件，设置导入“颜色”为“黑白”，确认“图层/标高”中导入“全部”图层，设

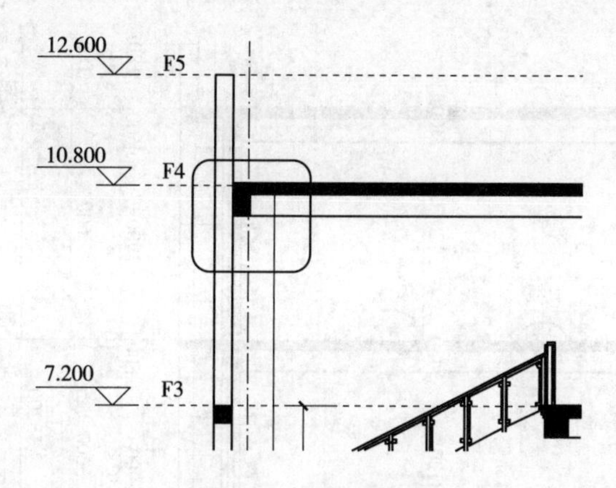

图 10-22 女儿墙索引

置导入单位为“毫米”，定位方式为“自动-中心到中心”的方式，单击“打开”导入该 DWG 文件，导入后 DWG 视图如图 10-23 所示。

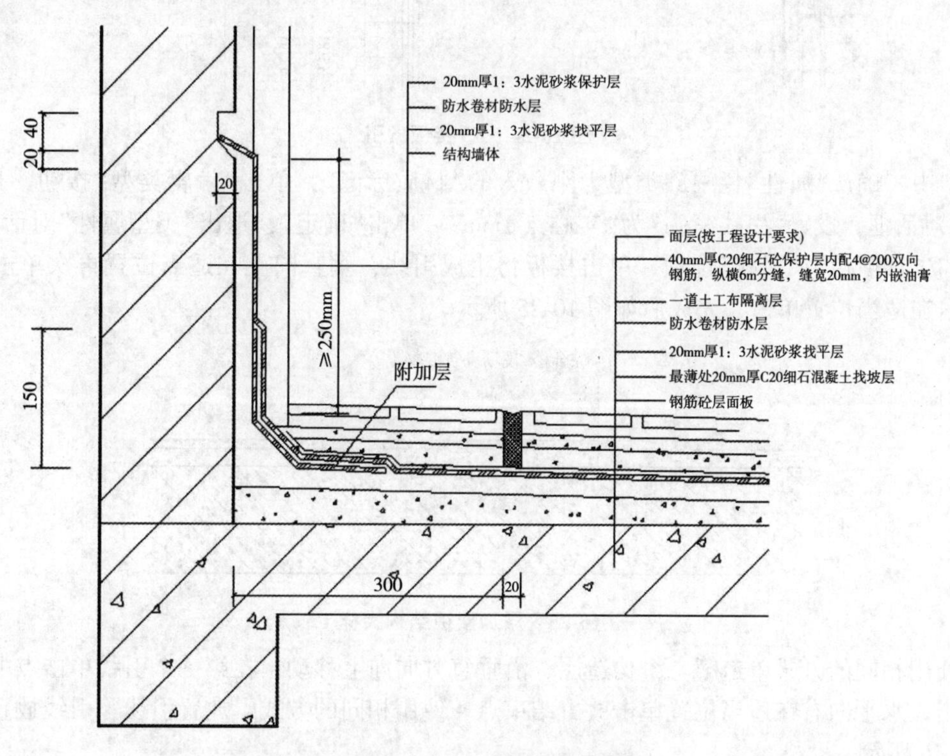

图 10-23 女儿墙防水大样

⑤切换至剖面 1 视图，使用“视图”选项卡中“矩形-详图索引”工具，确认“属性”栏中试图视图类型为“综合楼-详图视图索引”，不勾选选项栏中“参照其他视图”选项。

⑥按照图 10-24 所示，在 F3 位置绘制详图索引范围，完成后双击详图索引标头，进入该视图。

⑦在“属性”栏中，修改当前“视图比例”为“1：5”，修改“详细程度”为“精细”模式，修改当前视图名称为“楼板做法大样”，单击“应用”，并隐藏当前视图“裁剪区域”，同时当前视图“标高”按类别方式隐藏。

⑧单击“插入”选项卡，选择“在库中载入”面板中“载入族”工具，浏览至课件“第 18 章/RAF/材质标记”族文件，单击“打开”，载入到当前文件中。

⑨单击“注释”选项卡中，选择“标记”面板中“材质标记”工具，进入“修改/材质标记”上下

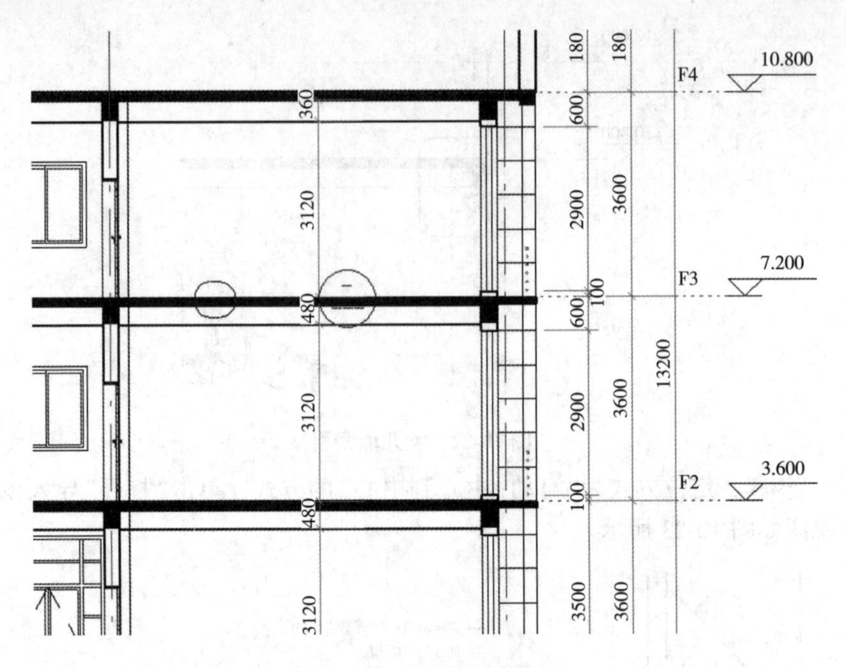

图 10-24　F3 楼板索引

文选项卡中。确认“属性”栏中族类型为刚载入的“材质标记”，单击“编辑类型”按钮，打开“类型属性”对话框，设置“引线箭头”为“实心点 1mm”，单击“确定”，退出“类型属性”对话框。

⑩勾选选项栏中“引线”选项，单击楼板将生成引线，垂直向上在适当位置再次单击，然后水平向右在适当位置单击，完成后如图 10-25 所示。

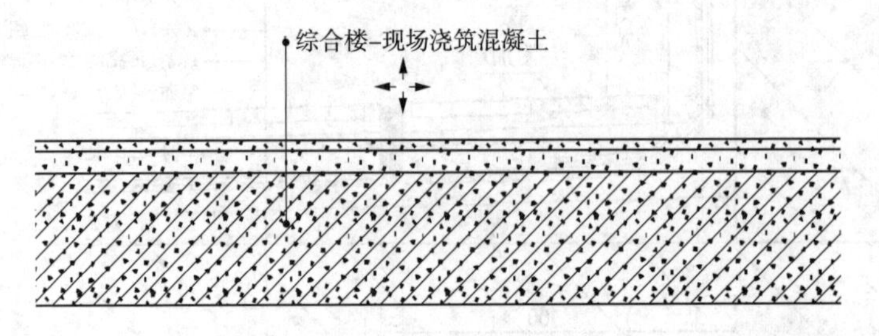

图 10-25　添加楼板结构大样 1

⑪使用相同的方式单击第二个构造层，沿垂直方向向上移动，在第一个引线单击点上方适当位置单击，水平向右在适当位置单击放置结束点。使用相同的方式，放置引线，引线放置完成后如图 10-26 所示。

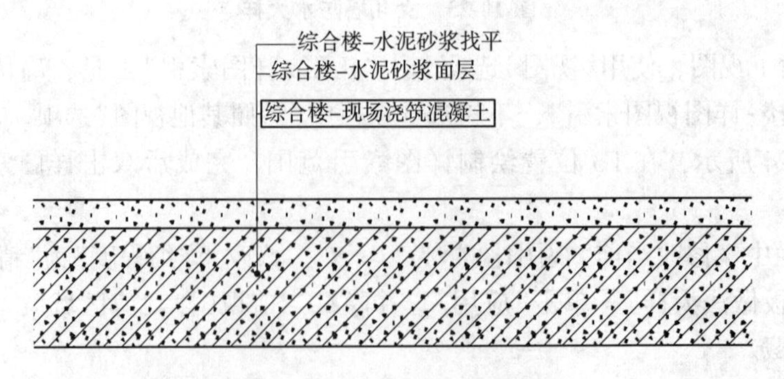

图 10-26　添加楼板结构大样 2

⑫选择楼板，打开其“类型属性”对话框。单击“结构”后面的“编辑”按钮，打开“编辑部件”对话框，如图 10-27 所示，当前的材质标记提取的是材质名称，每一级的材质名称与构造层材质

名称一一对应。

【提示】在这里可以知道对材质名称规格命名是有必要的。

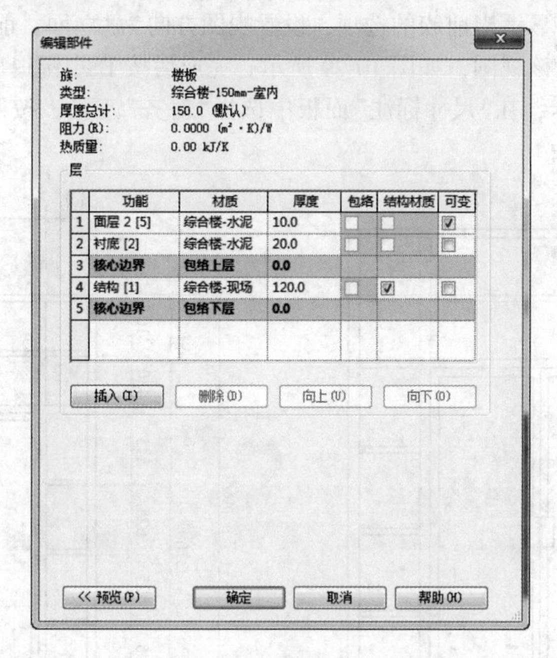

图 10-27　楼板编辑部件对话框

10.3.2　设置当前视图显示方式

①单击“视图”选项卡中“可见性/图形”命令，打开“详图视图楼板做法大样的可见性/图形替换”对话框。勾选“替换主体层”下面的“截面线样式”，单击后面“编辑”按钮，打开“主体层线样式”对话框。

②设置“结构[1]”线宽为3，其余结构层线宽均设置为1，确认“线颜色”均为“黑色”，“线形图案”全部设置为“实现”，单击“确定”多次，直至返回新设置的楼板大样视图，如图10-28所示。

【提示】该设置将以粗线方式显示结构层，细线方式显示其他构造层。

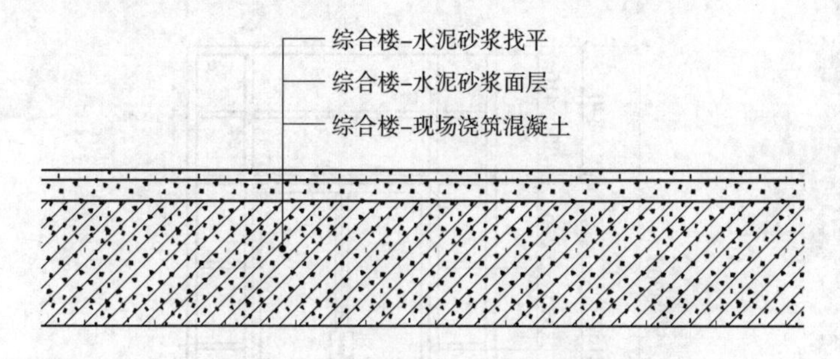

图 10-28　更改线样式的楼板结构大样

10.3.3　创建门、窗大样

①单击“视图”选项卡，“创建”面板中“图例”下拉列表，在列表中单击选择“图例”，将弹出“新图例视图”对话框。

②输入视图名称为“门窗大样”，确认当前比例为“1∶50”，单击“确定”，Revit将在“项目浏览器”中创建新的“图例”类别。

③在“项目浏览器”中找到“族”类别，展开“门”类别，找到“MLC-1”类别，继续展开，将“MLC-1”族类型拖动到视图中。

④这时在选项卡中将显示当前族的选项，设置视图方向为“立面：前”，这是Revit将会切换该图为正视图，单击放置该视图，如图10-29所示，完成后按ESC键退出当前命令。

⑤单击“注释”选项卡，在“尺寸标注”面板中选择“对齐”工具，按照图10-30所示方式对门进行标注。

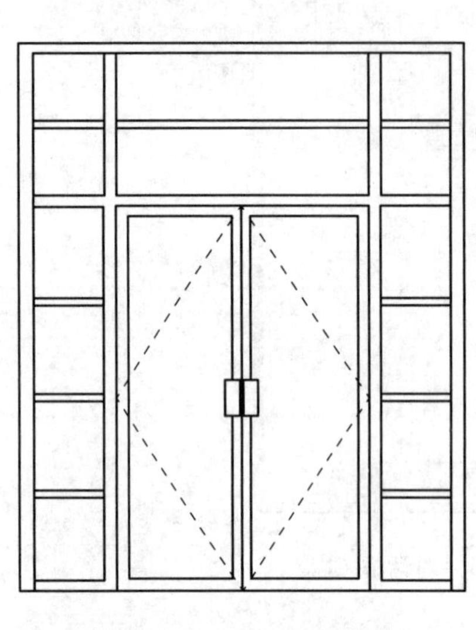

图10-29　MLC-1大样

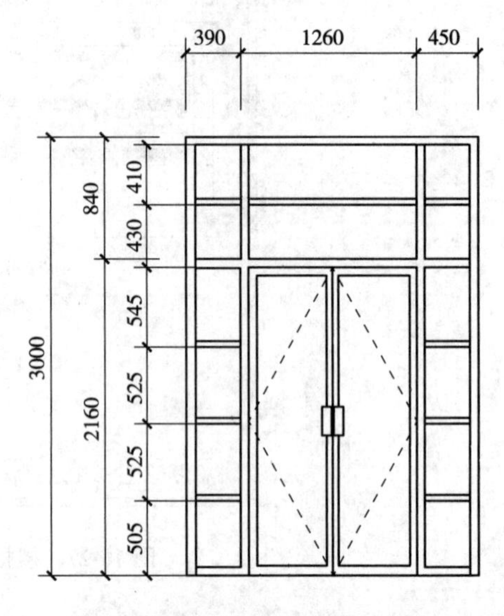

图10-30　MLC-1大样尺寸标注

⑥单击“插入”选项卡，在“从库中载入”面板中选择“载入族”工具，浏览至课件“第18章/RFA/符号_视图标题”，单击“打开”，载入当前视图中。

⑦单击“注释”选项卡，在“符号”面板中选择“符号”工具，将视图标题放置在视图适当位置。选择视图标题，修改“属性”栏中“比例”为“1：50”，修改名称为“MLC_1”，完成后单击“应用”，将生成视图标题，如图10-31所示。

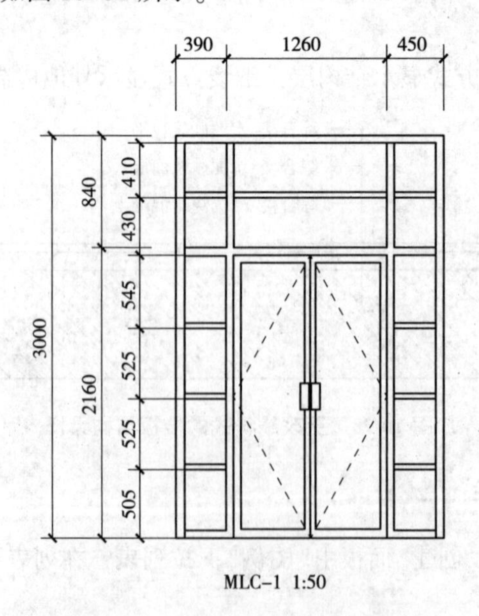

图10-31　MLC-1大样添加名称

⑧使用详图方式创建其他门窗的大样详图，这里不再做重复操作，请读者自行尝试。

本章小结

Revit Architecture 可以根据四个立面符号自动生成四个正立面视图，并可以通过绘制剖面线来自动创建剖面视图。但自动生成的立、剖面图不能完全满足出图要求，需要手动调整轴网和标高的标头位置、隐藏不需要显示的构件、创建标注与注释等，并将其快速应用到其他立、剖面视图中，以提高设计效率。Revit 在平面、立面和剖面视图中直接创建详图索引和详图剖面，从而快速创建大样和节点详图的基础图形，因此只需要在这些基础图形上进行尺寸标注及细节补充后即可完成详图设计。

练习

对下图中柱 Z1 进行放样，并自主添加信息。

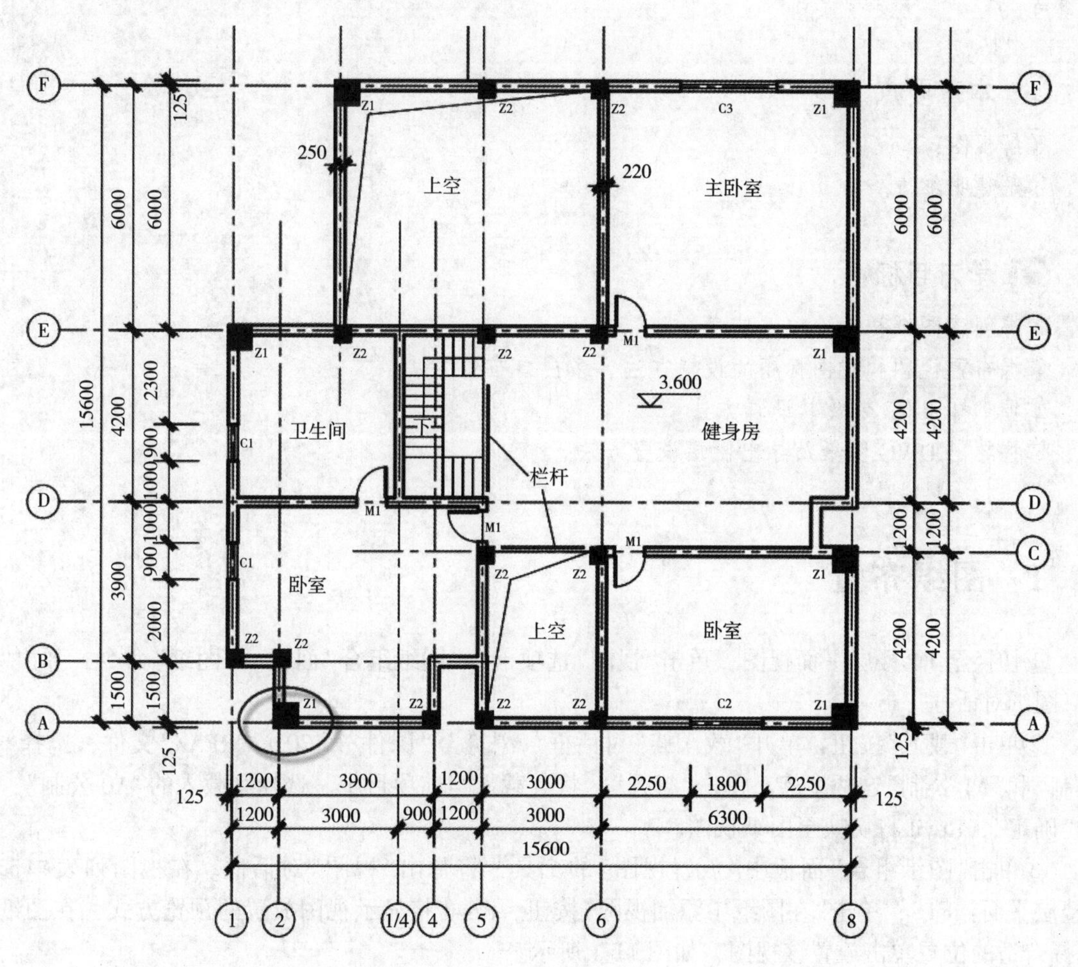

▶▶▶第 11 章　布图与打印

本章导读

在 Revit 中创建图纸后可以向同一个图纸中添加多个视图或明细表，然后打印和发布施工图纸。在施工现场，客户、工程师和施工作业人员可以对施工图纸上的设计进行标记，一般进行修订。本章将重点讲解布图与打印的有关内容，包括在 Revit 项目内创建施工图图纸、设置项目信息、布置视图及视图设置、多视口布置，以及将 Revit 视图导出为 DWG 文件、导出 CAD 时图层设置等。

本章要点

了解视图；
了解建明细表。

学习目标：

掌握创建图纸和设置项目信息；
掌握布置视图和视图标题的设置方法、多视口布置方法；
掌握“打印”命令及其设置方法；
掌握导出 DWG 图纸及导出图层设置方法。

11.1　图纸布置

①切换至 F1 楼层平面视图，单击“视图”选项卡→“图纸组合”面板→“图纸”命令，弹出“新建”图纸对话框。

②单击“载入”按钮，单开“载入族”对话框。浏览至“课件/第 20 章/RFA/”文件，选择“A0 公制”和“A1 公制”这两个族，单击“打开”，将其载入当前项目中。选择刚载入的“A0 公制”，单击“确定”，Revit 将切换至图纸视图。

③单击“图纸组合”面板中“放置视图”的工具，将弹出“视图”对话框。在视图列表中选择“楼层平面：F1”，单击“在图纸中添加视图”按钮。Revit 将显示视图放置的预览方式，在图纸中选择合适的位置单击放置该视图，如图 11-1 所示。

④在这里可以观察到 F1 楼层平面视图中的裁剪框并未发挥作用。在图纸中单击选择已经放置的视图，在“属性”栏中将显示“视口国际表示法”。下拉“属性”栏列表，找到“范围”中“裁剪视图”，勾选该选项，单击应用，如图 11-2 所示，Revit 将自动剪裁当前的视图。

⑤单击“插入”选项卡→“从库中载入”面板→“载入族”工具，单开“载入族”对话框。浏览至课件“课件/第 20 章/RFA/视图标题”项目文件，单击“打开”，将这个族载入当前项目中。

⑥选择视图下方的标题，单击“属性”栏中“编辑类型”按钮，打开“类型属性”对话框。单击“复制”按钮，输入名称为“综合楼-视图标题”新的视图类型。设置“标题”为刚载入的“视图标

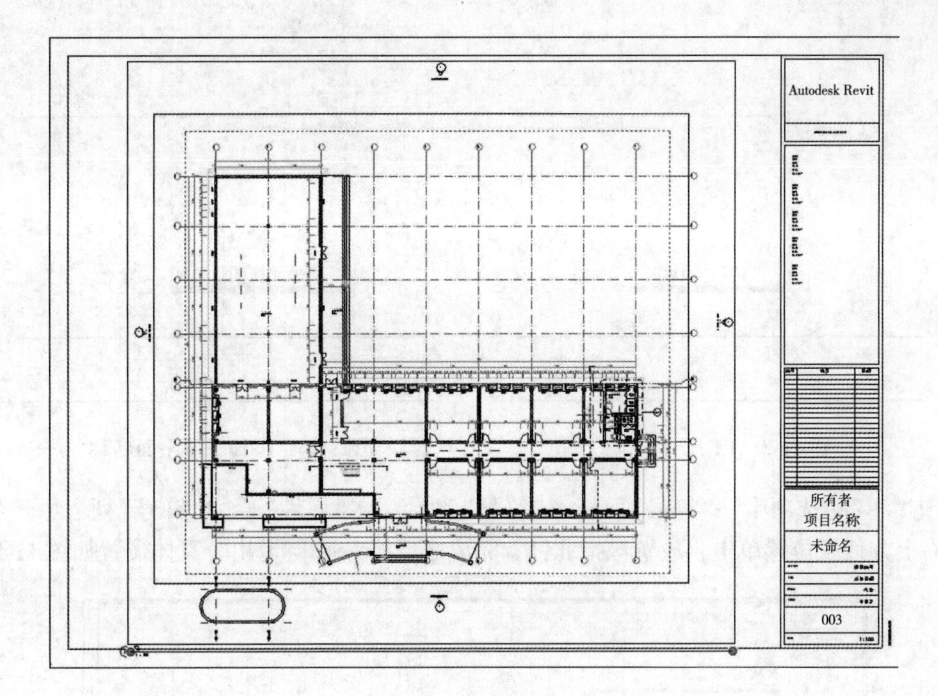

图 11-1　放置图纸框

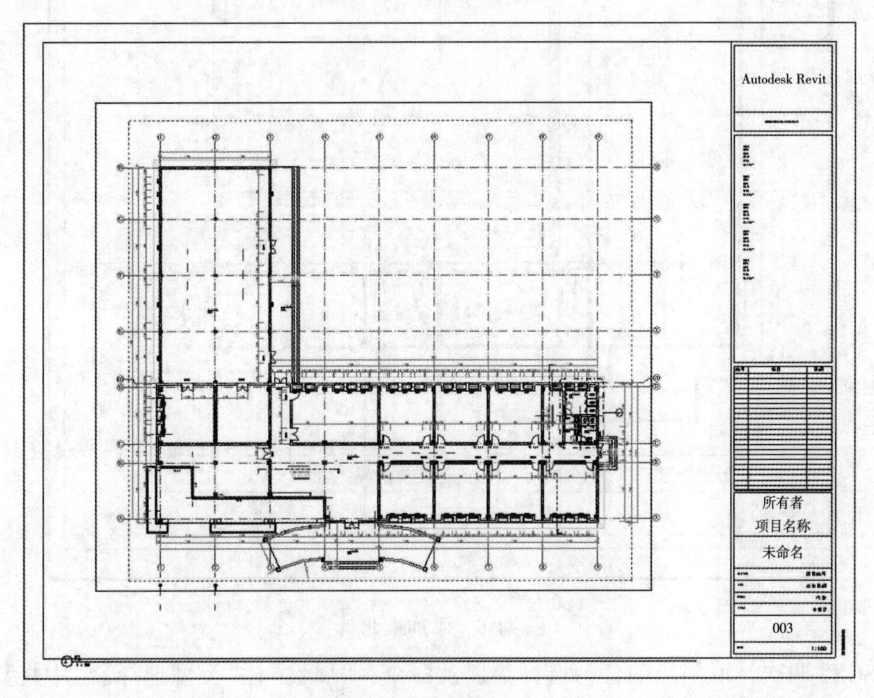

图 11-2　锁定图纸框

题”，确认“显示标题”为“是”，不勾选“显示延伸线”，修改“线宽为 2”，设置“颜色”为蓝色，设置“线形图案”为“实线”，单击“确定”。Revit 将修改视图的形式，按住将其拖至视图适当的位置，如图 11-3 所示。

⑦确保标题处于选择状态，修改“属性”栏中“图纸上的标题”为“一层平面图”，单击应用，修改后的标题，显示样式如图 11-4 所示。

【提示】选择视图标题的方式，视图参数与楼层平面视图“属性”栏中修改参数是相同，两者是相互关联的。

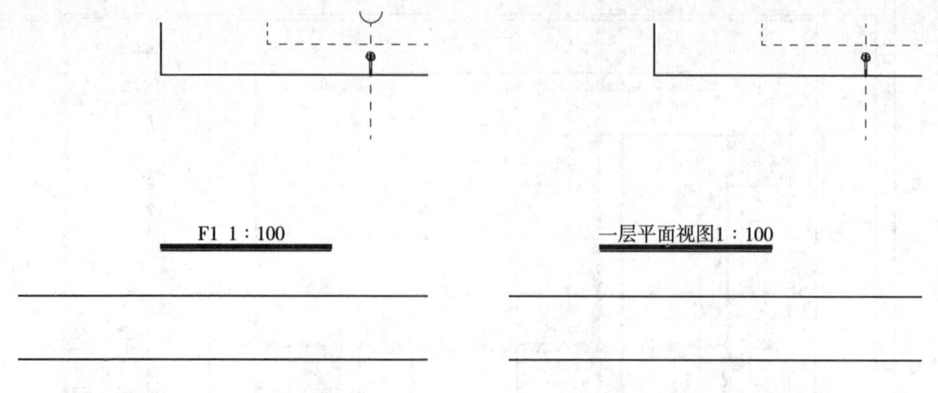

图 11-3　F1 尺寸比例　　　　图 11-4　添加一层平面名称

⑧单击“注释”选项卡→“符号”面板→“符号”工具，在“属性”栏的“符号”列表中选择“指北针”，在右上方任意位置单击，放置该指北针，完成之后按 ESC 键退出，具体位置如图 11-5 所示。

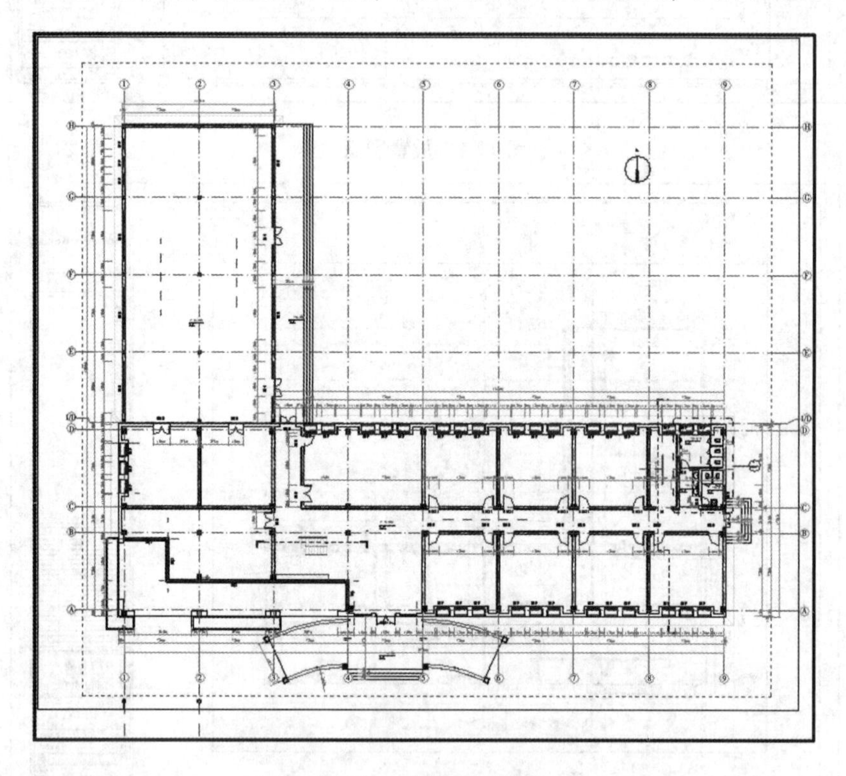

图 11-5　添加指北针

⑨按 ESC 键两次，取消当前任何选择集以及命令，“属性”栏“类型选择器”中将显示“图纸”属性。下拉列表，修改“图纸名称”为“一层平面图”。根据自己需要，修改“设计者”以及“审图员”，单击应用。

⑩使用类似的方式，创建其他的图纸。

11.2　项目信息设置

①接上节练习，单击“管理”选项卡，在“设置”面板中单击“项目信息”工具，将弹出“项目属性”对话框，如图 11-6 所示。

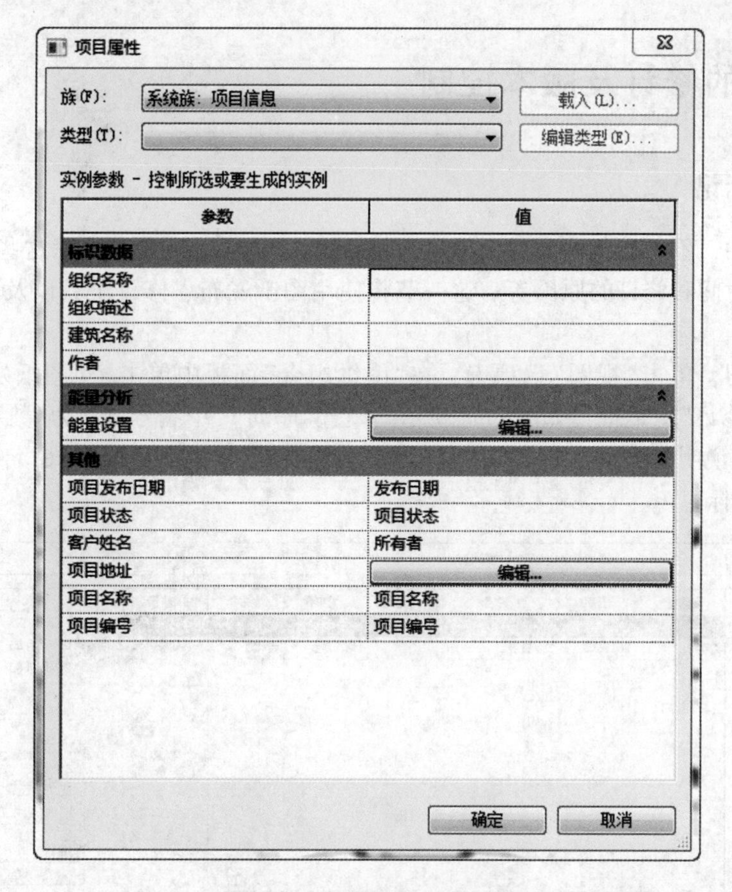

图 11-6　项目属性对话框

②在“项目属性”对话中对项目信息做进一步的修改。首先修改项目发布日期为“2017-7-1”，修改项目状态为“施工图”，填写客户名称为“某某开发有限公司”，填写项目名称为“综合楼项目”，修改项目编号为“A09-100”，完成设置后单击“确定”按钮，退出“项目属性”对话框。如图 11-7 所示，Revit 将自动将相关信息填写到图框相应位置。

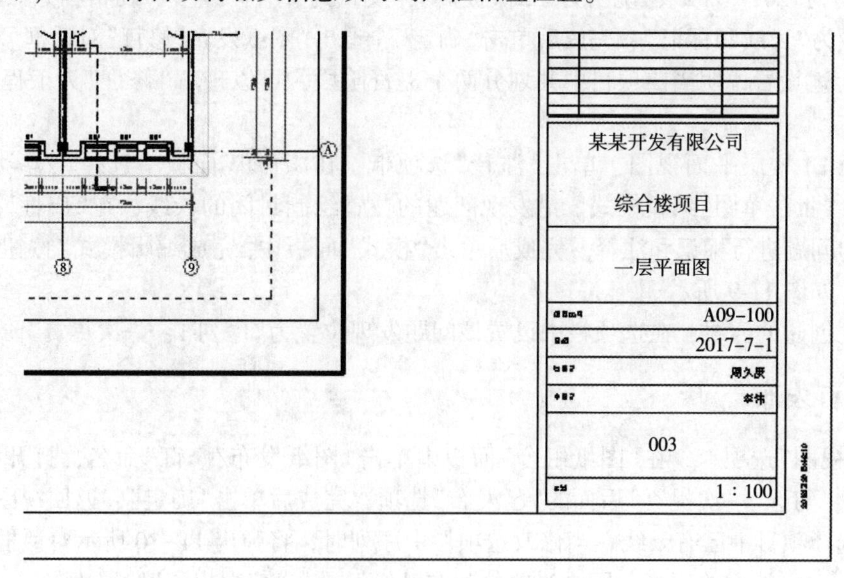

图 11-7　项目信息

【提示】在其他视图中，Revit 也将自动更新信息。

11.3 图纸的修订及版本控制

11.3.1 图纸标记

在项目进行中，不可避免地要对图纸进行修订，Revit 可以记录和追踪这些信息，比如修订的位置、修改的时间和修订的原因等。这一节将使用图纸发布、修订工具以及云线来对“修订”进行管理。

①接上节练习，单击“视图”选项卡，在“图纸组合”面板中单击（图纸发布/修订）按钮，打开“图纸发布/修订”对话框，如图11-8所示。设置“序列1”中编号方式为“数字”，并设置日期为“2017.1.1”、“说明”为“一次提资”、发布到“结构专业”，将“发布者”命名为“建筑师”，设置显示为“云线和标记”。

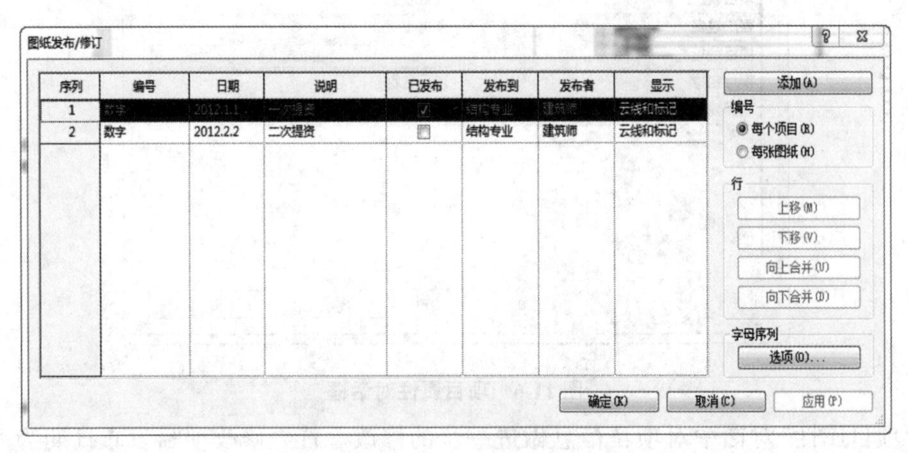

图11-8 图纸发布/修订对话框

②单击“图纸发布/修订”面板右上角“添加”按钮，添加一个新修订。同样设置编号方式为“数字”、日期为“2017.2.2”，说明为“二次提资”，发布到“结构专业”，发布者为“建筑师”，同样将显示设置为“云线和标记”。完成后单击“确定”，退出“图纸发布/修订”对话框。

【提示】上述设置说明当前项目中共划分两个提资阶段，可以理解“修订”为工程变更阶段或者工程节点。

③切换至F1楼层平面视图，单击“注释”选项卡，在“详图”面板中选择“云线批注”工具，进入“创建云线批注草图”编辑模式。沿发现问题的位置绘制封闭的云线，在“属性”栏中可以对当前所发现的问题进行标记和注释。完成后单击“模式”面板中“完成编辑模式”按钮，完成当前的云线绘制，如图11-9所示。

④选择刚创建的云线，在选项栏中设置该问题发现位置为“序列1：一次提资”阶段。

11.3.2 修订发布

①单击“视图”选项卡，在“图纸组合”面板中单击“图纸发布/修订”命名，打开“图纸发布/修订”对话框。勾选“一次提资”后面的“已发布”选项，完成后单击“确定”，返回视图。

②再次选择项目中已有云线，当修改选项栏中序列时，将弹出11-10所示对话框。

【提示】此时无法修改序列，因为当前的问题已经记录在“依次提资”阶段中。

③切换至包含当前视图的“003-—层平面图”的图纸中，如图11-11所示，图纸已在说明中显示出当前图纸的变更情况。

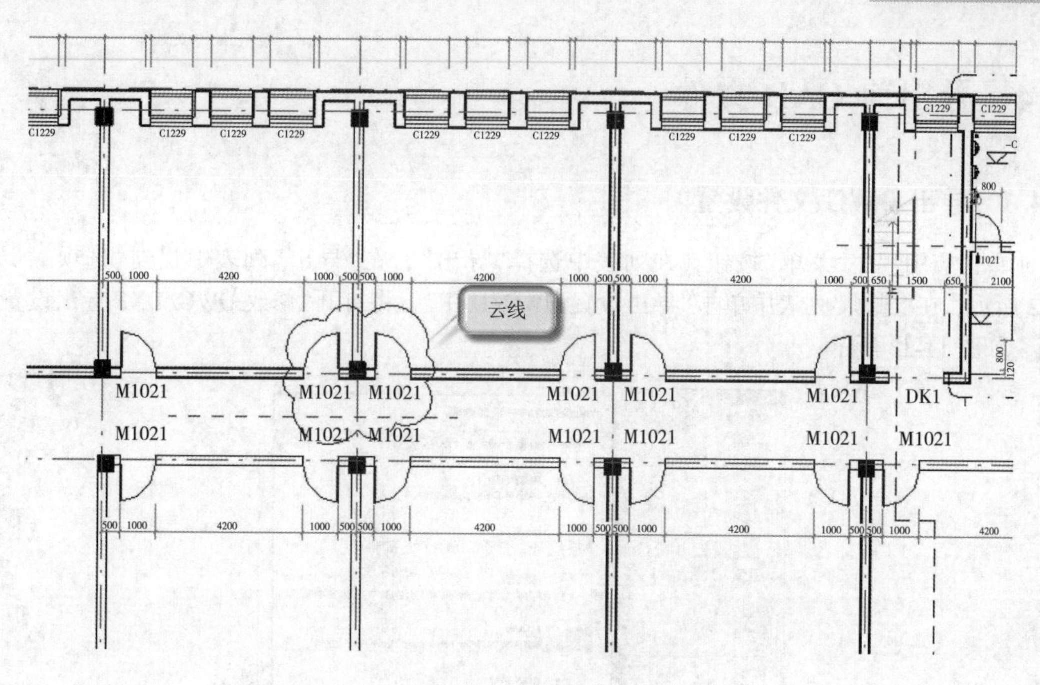

图 11-9 云线批注

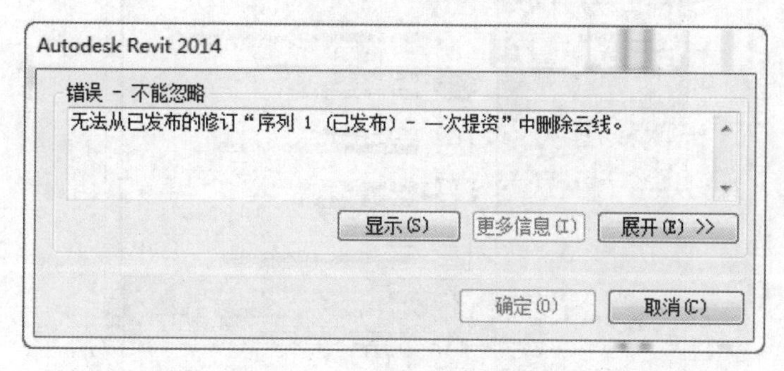

图 11-10 错误提示对话框

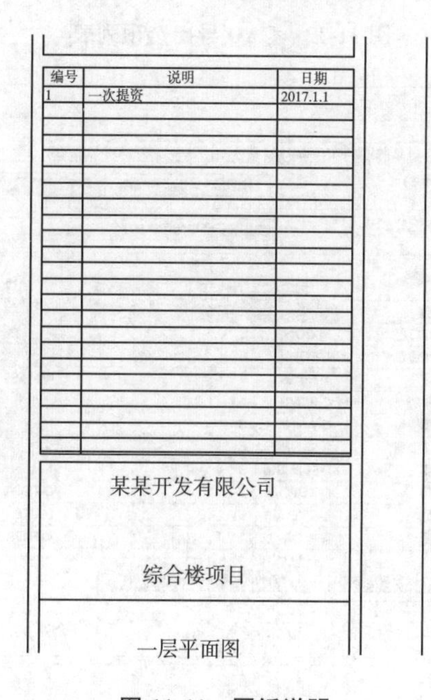

图 11-11 图纸说明

11.4 导出为 CAD 文件

11.4.1 导出 DWG 文件设置

①单击应用程序“菜单”按钮，在列表中选择“导出”，在“导出”列表中找到“选项”，如图11-12 所示。在“选项”列表中单击“导出设置 DWG/DXF”，将打开“修改 DWG/DXF 导出设置”对话框，如图 11-13 所示。

图 11-12 CAD 导出选项列表

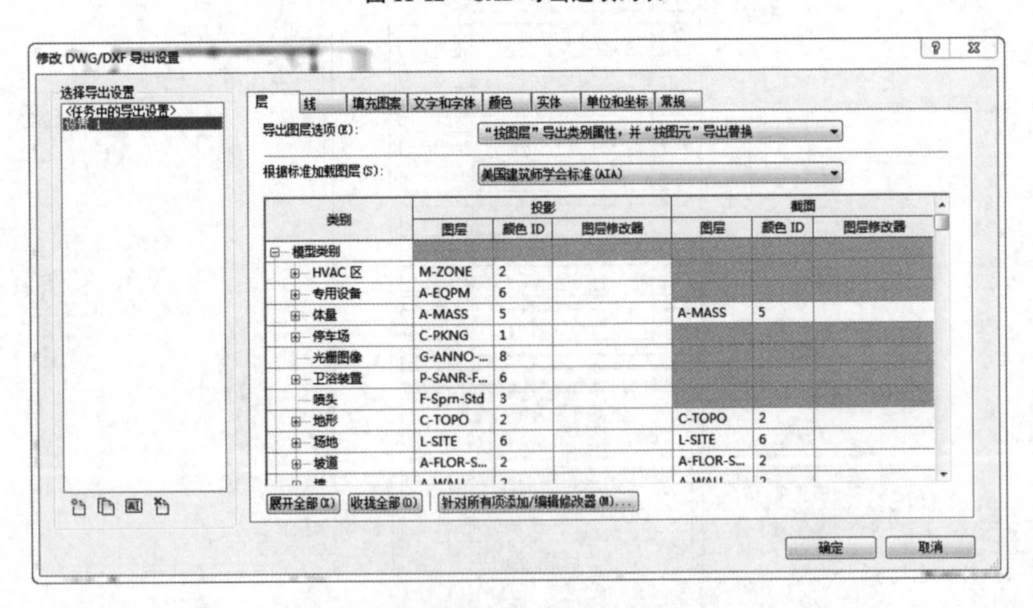

图 11-13 修改 DWG/DXF 导出设置对话框

在 Revit 中使用的是构件类别方式来对对象进行管理，而在 DWG 图纸中是使用图层的方式进行管理，因此，必须在修改 DWG/DXF 导出设置中对 Revit 构件类别以及 DWG 当中的图层进行映射的设置。

②确认当前的选项卡为“层”，在“根据标准加载图层”后面的选项中选择“新加坡标准 83”来加载图层，将弹出如图 11-14 所示“导出设置-从标准载入图层”对话框，在对话框中单击“是”。此时 Revit 将墙的图层进行了修改。

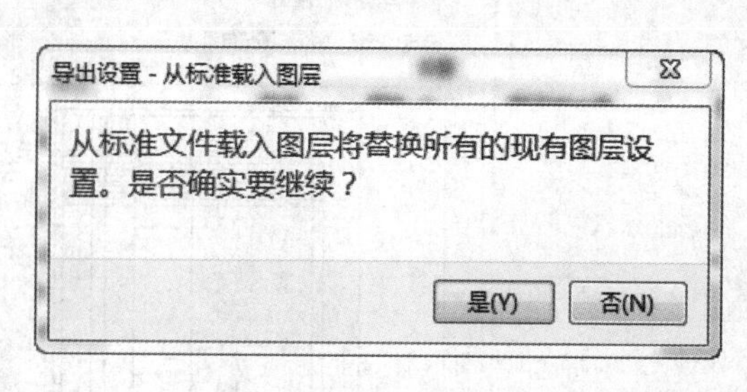

图 11-14 提示对话框

③在“根据标准加载图层”后面的选项中选择“从以下文件中加载”，将弹出上述的“导出设置-从标准载入图层”对话框，单击“是”。浏览至课件“第 20 章/other/ exportlayers-Revit-tangent”文件，单击“打开”，将文件载入项目中，将自动修改图层的映射。

④单击(新建导出设置)按钮，可以将当前设置保存在导出设置对话框中，方便后续选择。

定义完“图层”后还可以对“线”型做进一步的定义。

⑤切换至“线”选项卡，首先单击“设置线形比例”后的列表，设置线形比例为“图纸空间”。在“将 Revit 线条图案映射到 DWG 内的线形”中可以将 Revit 定义的所有线形以及与 Autodesk 中对应的所有支持线形进行一一映射的关系。例如，单击左侧“GB 轴网线”，然后在右侧映射列表中选择某种标准线型。

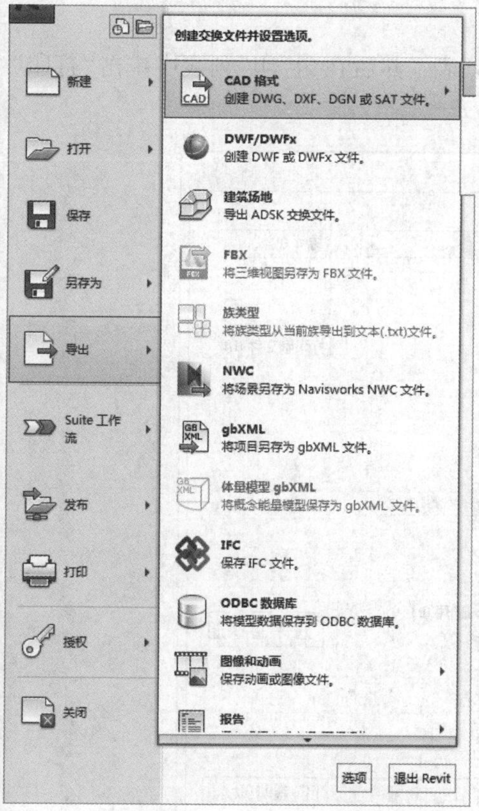

⑥切换至“填充图案”选项卡，单击“Revit 中国的填充图案”左侧任意名称，在右侧可以将 Autodesk 中 DWG 文件进行一一对应，达到精确的转换效果。同时在“填充图案类型”中可以设置“绘制”填充图案映射，“模型”填充图案映射。

⑦切换至“文字和字体”“颜色”“实体”“单位和坐标”“常规”等选项卡，设置导出 DWG 文件的格式，单击“确定”，完成映射 DWG 文件设置。

11.4.2 导出 DWG 文件

①单击应用程序“菜单”按钮，选择“导出”列表。在“导出”列表中单击“CAD 格式”列表，如图 11-15 所示。在列表中选择“DWG”，将弹出“DWG 导出”对话框，如图 11-16 所示。

图 11-15 导出 CAD 列表

②在“选择导出设置”中设置上节所述打印设置“设置 1”，“导出”中设置为“设置 1”，“按列表显示”中设置为“集中的所有视图和图纸”。确认勾选所有图纸，然后单击“下一步”，将弹出“导出 CAD 格式-保存到目标文件类”对话框，选择要保存的文件夹。设置文件类型为“Autodesk 2010”，不勾选“将图纸上的视图和链接作为外部参照淡出(X)”，完成后单击“确定”，导出图纸。

【提示】不勾选“将图纸上的视图和链接作为外部参照淡出(X)”框时，图纸和视图导成一个 DWG 文件，否则 Revit 将以链接的方式来导出图纸。

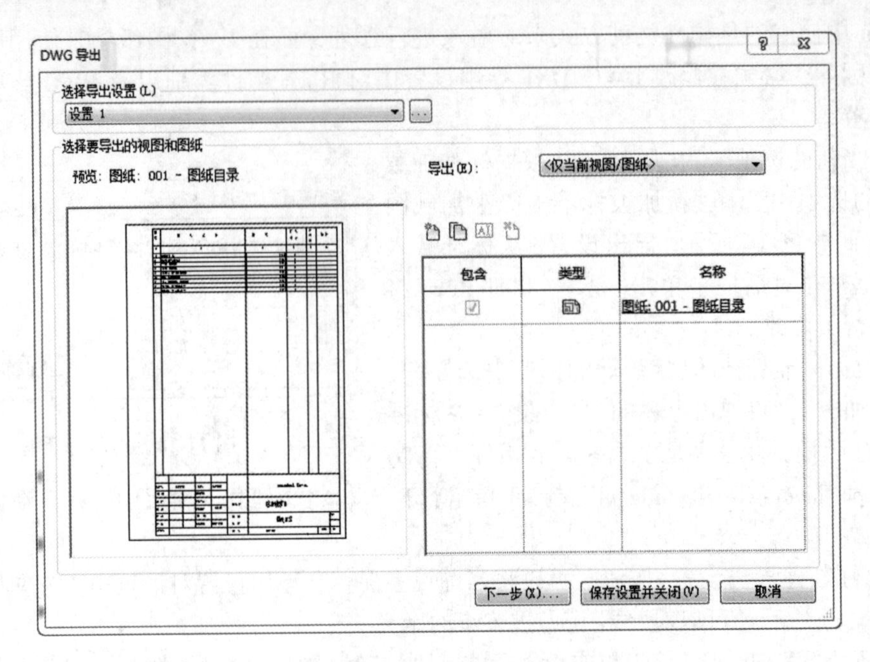

图 11-16　DWG 导出对话框

11.5　图纸打印

①单击应用程序“菜单”按钮，在列表中单击“打印”列表，然后在“打印”列表中单击“打印”命令，打开“打印”对话框，如图 11-17 所示。

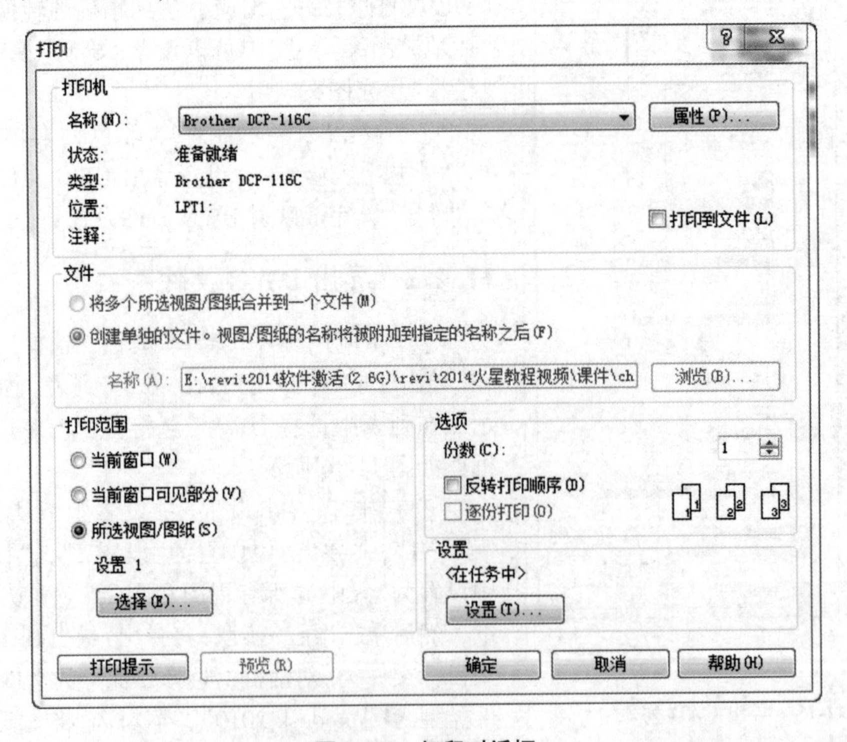

图 11-17　打印对话框

②在“名称”中选择“Foxit Reader PDF Printer”类型打印机，将“打印范围”切换至“所选视图/图标(F)”选项。单击底部的“选择”按钮，打开“视图/图纸集”对话框，如图 11-18 所示。在对话

框中列举了项目中所有的图纸以及可打印的图纸，在“显示”中勾选“图纸”，不勾选“视图”选项，在列表中勾选“一层平面图”“二层平面图”“三层、屋顶平面图”以及“南、北平面图”。完成后单击“保存”，设置保存为“设置 1”。完成后单击“确定”，返回至“打印”对话框。

图 11-18　视图/图纸集

③单击“设置”中的“设置”按钮，打开“打印设置”对话框，如图 11-19 所示。设置纸张打印尺寸为“A2”，打印“页面位置”为“从角度偏移”→“无页边距”，设置打印“缩放”方式为“缩放”，缩放大小为“100%”。设置“隐藏线视图”显示为“矢量处理”，提高打印精度。设置渲染外观颜色为“黑白线条”，在选项中“隐藏参照平面/工作平面”，同时勾选“隐藏范围框”和“隐藏范围边界”，保证更纯粹的图纸。完成后单击“另存为”，将当前配置设置一个新的配置名称，方便后面进行修改，完成后单击“确定”，返回至“打印”对话框。

【**提示**】勾选“隐藏参照平面/工作平面”时，在视图中即使没有隐藏参照平面，Revit 在打印时将其自动隐藏。

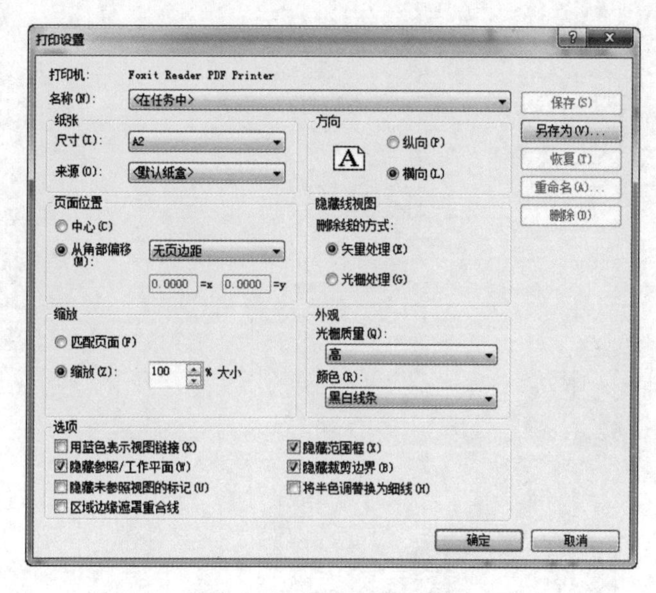

图 11-19　打印设置对话框

【**提示**】如果需要将文件打印成 PLT 文件格式，只需要勾选“打印”对话框中“打印到文件”选项。

④完成后单击“确定”，Revit 将自动进入打印状态，完成后保存该文件。

本章小结

在本章中介绍了成品图纸的布置及设置方法，用于控制最终的成品外观效果；介绍了图纸打印的几种方法。这些都将直接影响最终的施工图设计产品，是对以前在 Revit 中所有设计工作的最基本的展现。本章重点掌握在 Revit 项目内创建施工图图纸、设置项目信息、布置视图及视图设置、多视口布置，以及将 Revit 视图导出为 DWG 文件、导出 CAD 时图层设置等。

练习

将办公楼各层及屋顶平面图导出为 Auto CAD2010 的 DWG 文件，将图纸上的视图和链接作为外部参照导出，以各层楼命名，并输出打印为 PDF 格式。

▶▶▶第 12 章　设计表现

本章导读

本章将首先介绍 Revit 的阴影与日光研究功能：在 Revit 中，无须渲染即可模拟建筑静态的阴影位置，也可动态模拟一天和多天建筑阴影的走向，以计算自然光和阴影对建筑和场地的影响。在 Revit 中，利用现有的三维模型，还可以创建效果图和漫游动画，全方位展示建筑师的创意和设计成果。Revit 可以生成建筑模型的照片级真实感图像，可以及时看到设计效果从而可以向客户展示设计或将它与团队成员分享。Revit 渲染设置非常容易操作，只需要设置真实的地点、日期、时间和灯光即可渲染三维及相机透视图。设置相机路径，即可创建漫游动画，动态查看与展示项目设计。

本章要点

了解项目北与正北的设置方法；

了解静态阴影设置及一天和多天日光研究的设置方法，并将日光研究导出为视频文件或系列静帧图像；

了解新建材质，给构件赋材质。

学习目标

项目北与正北的设置方法；

静态阴影的设置方法；

一天与多天日光研究的设置方法；

如何导出日光研究为视频文件或系列静帧图像；

掌握创建平行相机视图、鸟瞰图等各种室内外相机视图；

掌握室内外场景的设置和渲染方法、光源设置方法；

掌握创建和编辑漫游的方法。

12.1　视觉样式

打开“课件/13 章/RVT/13-1-1”，切换至默认三维视图。在视图底部 Revit 提供了视觉控制栏，单击（视觉样式）按钮，弹出“视觉样式”列表，可以观察到 Revit 增加“光线追踪”新的视觉样式。

①切换至“线框”模式，Revit 将以“线框”样式显示当前图元，如图 12-1 所示。

②切换至“隐藏线”，视觉效果如图 12-2 所示。

③切换至“着色”，Revit 将会为图元进行着色，若图 12-3 所示。

④单击“一致颜色”，Revit 将会去除图元上的明暗阴影关系，使其颜色保持一致，如图 12-4 所示。

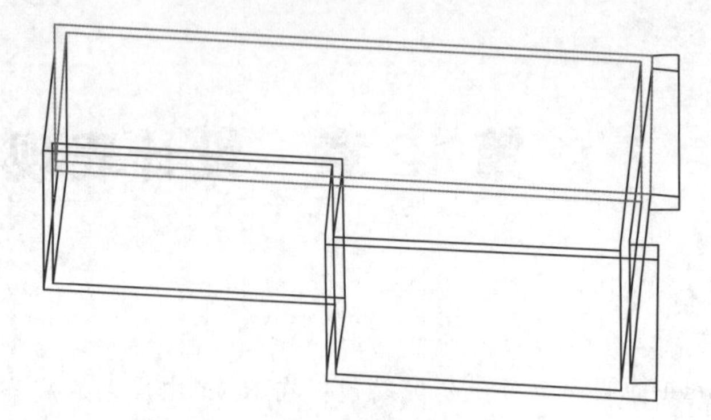

图 12-1　线框显示

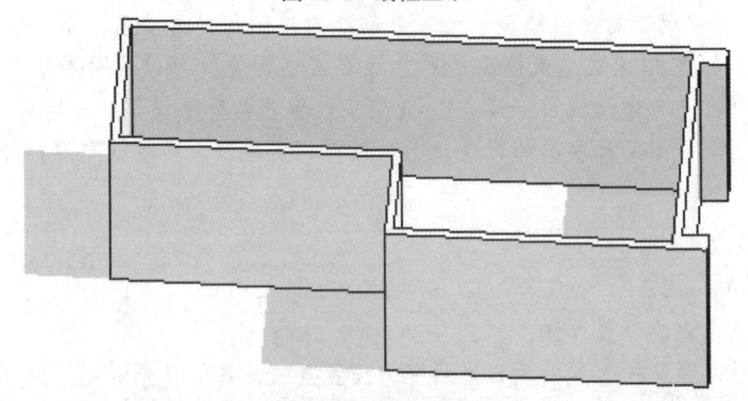

图 12-2　隐藏线显示

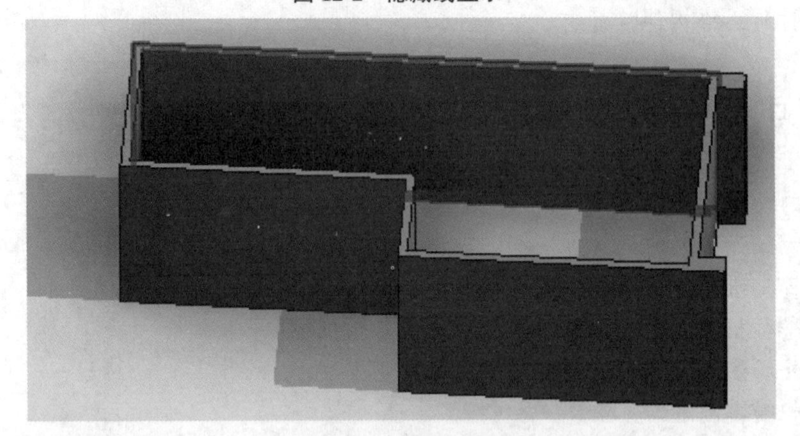

图 12-3　着色显示

图 12-4　一致颜色显示

⑤切换至“真实”，Revit 将保持真实的状态，显示效果最好，如图 12-5 所示。

图 12-5 真实显示

⑥切换至着色模式，选择任意墙图元，单击“编辑类型”，打开“类型属性”对话框。打开“结构”后面的“编辑”按钮，打开“编辑部件”对话框，可以观察到当前的墙体使用的材质是“砌体－瓷砖”，如图 12-6 所示。

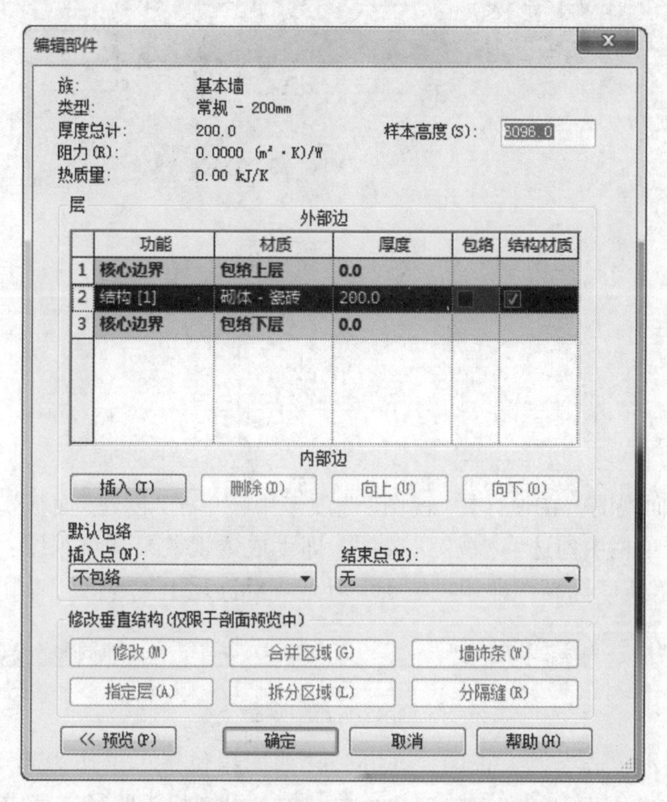

图 12-6 墙编辑部件对话框

⑦退出“类型属性”对话框，单击“管理”选显卡，在“设置”面板中单击(材质)按钮，将弹出材质浏览器，搜索“瓷砖”，可以找到当前图元的材质“瓷砖”。单击“外观”修改器，修改图形颜色为“黄色”，Revit 将修改着色状态下颜色为黄色，如图 12-7 所示。

⑧当切换至“真实”的状态时，观察到修改图形颜色将绘制改变材质的真实颜色。

⑨切换至“着色”，继续返回材质浏览器，勾选“使用渲染外观”，Revit 将会是渲染外观的材质颜色应用为着色视图，如图 12-8 所示。

图 12-7　添加黄色瓷砖显示

图 12-8　渲染显示

12.2　漫游

12.2.1　创建漫游

①切换至 F1 平面视图，在设计栏“视图”选项卡中，单击“创建”面板“三维视图”工具下的“漫游”命令。选项栏中勾选“透视图”选项，即生成透视效果三维视图；设置“偏移”高度为 1750，测量“自”选择“F1”标高，即相机位于室外地坪标高之上 1750 处，如图 12-9 所示。

修改 | 漫游　☑透视图　比例: 1 : 100　偏移量: 1750.0　自 室外地坪

图 12-9　选项栏

②按图 12-10 所示，适当放大视图，在办公楼西南角位置单击作为起点，移动光标在转弯处、单元门入口处等关键点位置单击放置几个关键帧，绘制相机路径。完成后单击选项栏“完成漫游”按钮或按 ESC 键结束命令。Revit 自动在项目浏览器中添加“漫游”类别。

【提示】在绘制漫游路径时，鼠标单击的位置被称为“关键帧”。在绘制时，可以通过修改选项栏“偏移”值，为每个关键帧定义相机高度。漫游绘制完成后，在项目浏览器漫游视图名称上单击鼠标右键，在菜单中选择“显示相机”命令，可在平面视图中重新显示漫游路径。

③完成漫游路径后，单击“修改/相机”上下关联选项卡→“漫游”面板→“编辑漫游”工具，在选项栏控制活动列表中选择“活动相机”，将可以拖动相机至漫游路径第二个关键帧的位置。通过单击相机上 ϕ 按钮，控制视图的范围。通过单击按钮，调节相机的视图方向。

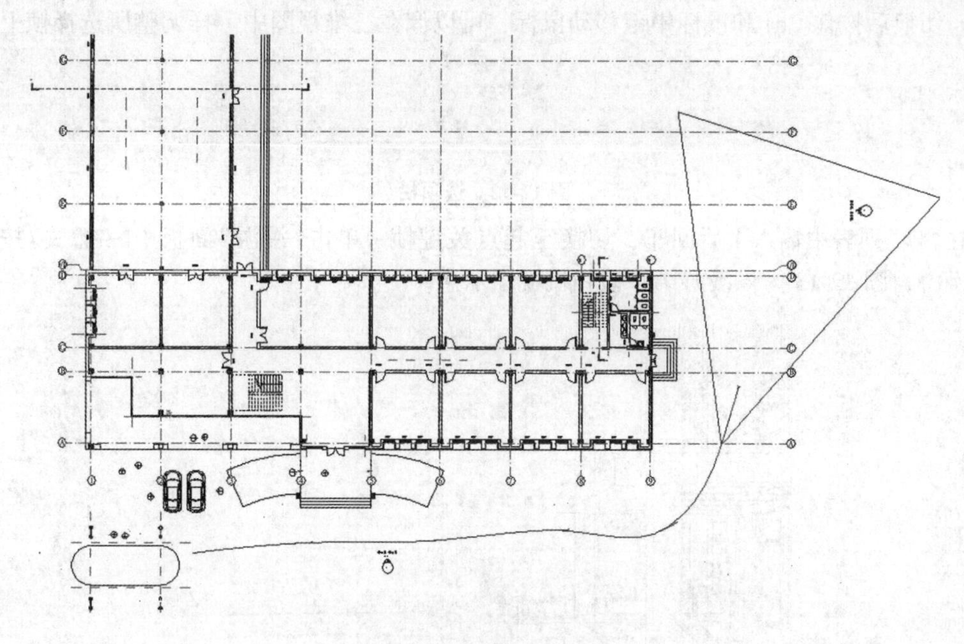

图 12-10　漫游路径线

【提示】在“控制”选项栏中，可控制的功能有“活动相机”“路径”“添加关键帧”“删除关键帧”。

④Reuit 将在项目浏览器中创建“漫游”视图类别，选择视图边框，进入“修改/相机”上下关联选项。单击“属性”栏中“漫游帧”参数后的按钮，弹出“漫游帧”对话框，如图 12-11 所示。设置总帧数为勾选“匀速”选项，设置速率“帧/秒”为 15，单击“确定”按钮返回“图元属性”对话框，Revit 将自动重新计算各关键帧时间轴。再次单击“确定”按钮关闭对话框。

漫游帧

总帧数(T)：300　　总时间：20

☑匀速(U)　　帧/秒(F)：15

关键帧	帧	加速器	速度(每秒)	已用时间(秒)
1	1.0	1.0	2889 mm	0.1
2	57.6	1.0	2889 mm	3.8
3	109.2	1.0	2889 mm	7.3
4	161.1	1.0	2889 mm	10.7
5	228.1	1.0	2889 mm	15.2
6	300.0	1.0	2889 mm	20.0

☐指示器(D)

帧增量(I)：5

确定　取消　应用(A)　帮助(H)

图 12-11　漫游帧

⑤单击“修改/相机”上下关联选项卡→“漫游”面板→“编辑漫游”工具，进入漫游编辑状态，如图 12-12 所示。“帧”列表中的值表示当前所在漫游帧位置；单击“上一关键帧”按钮或“下一关键帧”按钮，可在前后关键帧视图间切换；单击“上一帧”按钮或“下一帧”按钮，可以逐

帧切换。切换后按住 Ctrl 和鼠标中键移动鼠标，可以像在三维视图中一样调整所选择帧上相机的视角。

图 12-12 选项栏

⑥在“帧”列表中输入 1 后回车，切换至起点关键帧。单击“漫游”面板中▷(播放)按钮，即可预览漫游，图 12-13 为该漫游第 1 帧相机视图示意。

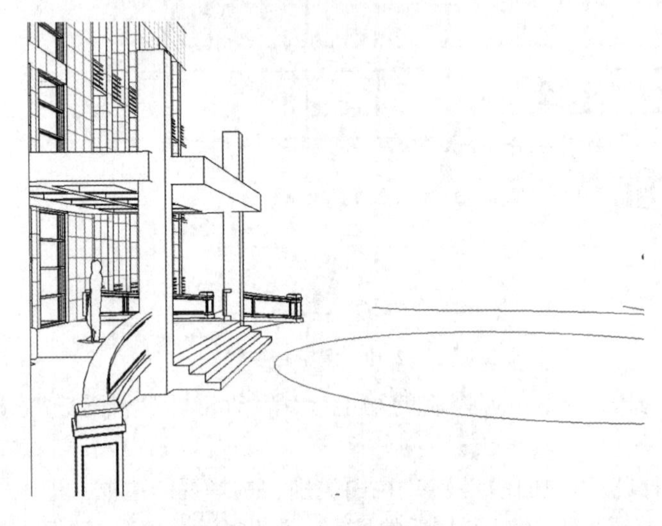

图 12-13 漫游第 1 帧

12.2.2 导出漫游

创建好的漫游动画可以导出为外部 AVI 格式的电影文件，使用媒体播放器独立播放，不需要启动 Revit 便可观看漫游。

①单击“文件”下拉菜单，选择“导出”→“图像和动画”→“漫游”命令，弹出“长度/格式”对话框，如图 12-14 所示。设置漫游“输出长度”为“全部帧”，速率为 15 帧/秒，设置输出“视觉样式”为“隐藏线”，输入图像尺寸“缩放为实际尺寸”的 100%。

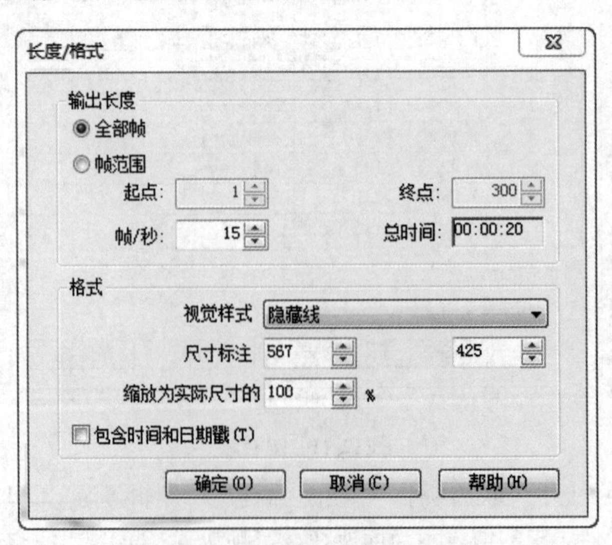

图 12-14 长度/格式对话框

【提示】漫游的显示方式与当前视图的显示方式相同。

②单击“确定”打开“导出漫游”对话框，选择漫游动漫保存位置，并命名为“漫游 1”，单击“保存”按钮打开选择“视频压缩”格式对话框。

③在对话框中，选择压缩程序为“Microsoft Video”，如图 12-15 所示。单击“确定”按钮，Revit Architecture 开始导出漫游动画到指定位置，同时视图右下角的进度条用于指示漫游导出的进度。

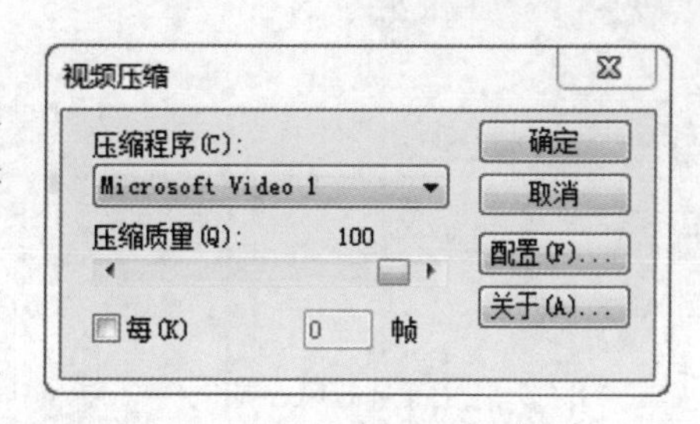

图 12-15　视频压缩

【提示】压缩程序用于指定视频压缩的算法。Revit 并未提供任何编码器，用户如需更多高级编码器，需事先在 Windows 系统中安装。

④导出的文件请参考课件“课件/第 13 章/漫游 1”文件，使用 Windows MediaPlayer 等视频播放工具即可播放。

⑤保存文件，完成后的漫游视图请参考课件“课件/第 13 章/13-2-1”文件。

12.3　阴影与日光研究

Revit 可以根据项目所在地的大地坐标、年月日及时分秒，来静态、动态地模拟日光阴影的位置及变化过程，而无须渲染。该功能可以快速进行简单的日照分析。

12.3.1　修改侧轮廓样式

在日照研究之前，为了加强视图显示对比效果，可以将模型构件的外轮廓加粗显示。

①修改视图显示方式为“隐藏线”。单击视图控制中(视图样式)按钮，选择“图形显示选项”，如图 12-16 所示，打开“图形显示选项”对话框。

②如图 12-17 所示，设置下面的“轮廓”选项为“宽线”，单击“确定”按钮关闭对话框。Revit 使用宽线加粗显示模型轮廓边缘，如图 12-18 所示。

图 12-16　图形显示选项 1

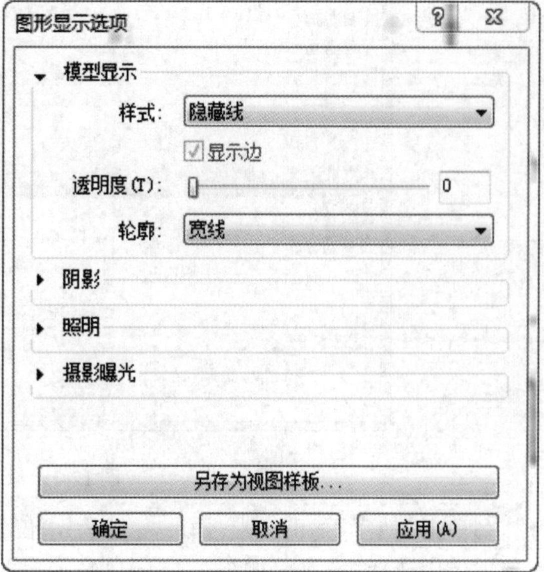

图 12-17　图形显示选项 2

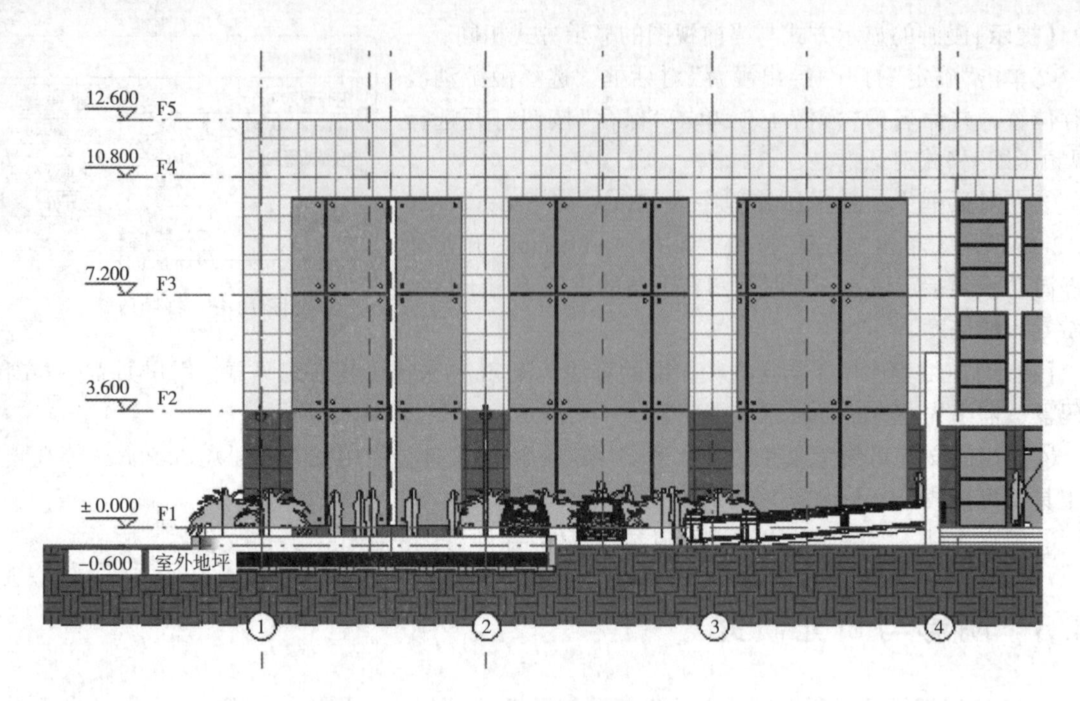

图 12-18 加粗显示三维

12. 3. 2 阴影与日光研究

下面接上节练习，开始对项目进行阴影与日光研究。

①切换至南立面视图，修改视图显示方式为“隐藏线”。单击视图控制中（视图样式）按钮，选择“图形显示选项”，打开“图形显示选项”命令对话框。单击“照明”工具下“日光设置”对话框，如图 12-19 所示。选择“日光研究”为“静止”，设置栏中设置“地点”为“武汉，中国”，日期为“2018/1/30”，时间为“10：00”。

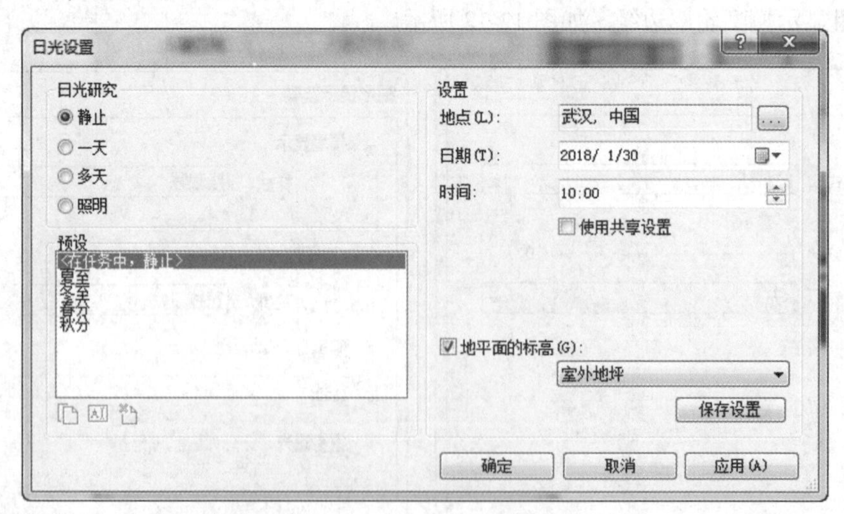

图 12-19 日光设置对话框

②单击“地点”后的浏览按钮，弹出“位置、气候和场地”对话框。如图 12-20 所示，在地点选项卡中选择“武汉，中国”，单击“确定”按钮两次，返回“图形显示选项”对话框。

③在“图形显示选项”对话框中，勾选“投射阴影”选项，如图 12-21 所示。单击“确定”按钮关闭对话框。

图 12-20　位置、气候和场地对话框

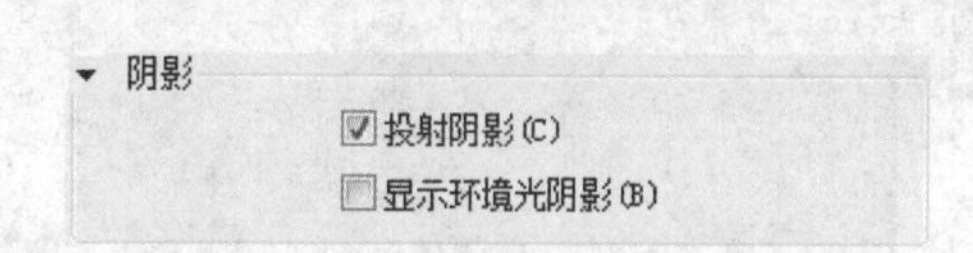

图 12-21　阴影设置

【提示】阴影亮度越高，视图中的阴影越淡，反之则越暗。

④Revit 按项目所在地点和时间开始计算并显示阴影，结果如图 12-22 所示。

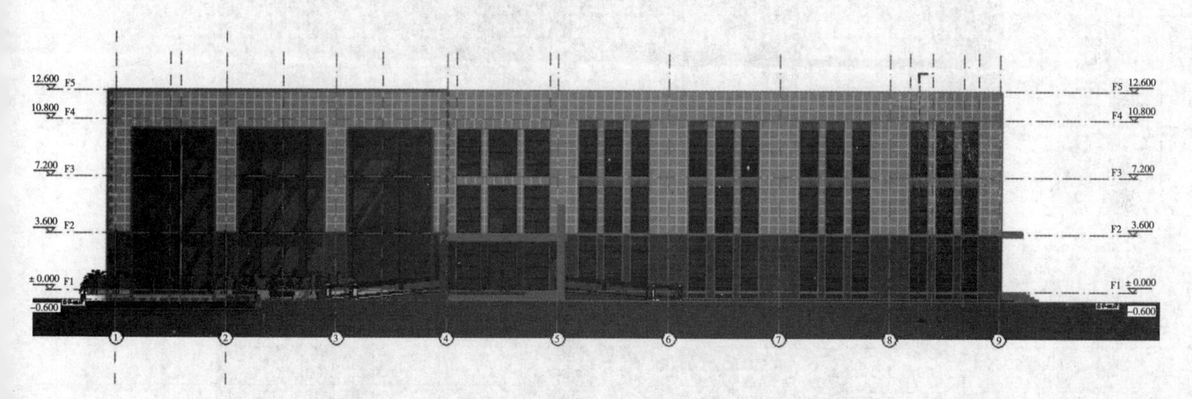

图 12-22　阴影显示

⑤切换至“场地”，按前述方法打开“图形显示选项”对话框，单击“照明”中“日光设置”后编辑按钮，打开“日光设置”对话框。

⑥切换至“多大”选项卡，设置日期范围为“2017-1-1 ”至“2018-12-31”，设置时间为“12：00”至“13：00”，“时间间隔”为“一天”；勾选“地平面的标高”选项，设置“地平面的标高”为“室外地坪”，如图 12-23 所示。单击“确定”返回“图形显示选项”对话框。

⑦勾选“投射阴影”选项，单击“确定”关闭对话框。

⑧单击视图控制栏中按钮，选择“日光研究预览”命令，如图 12-24 所示。

⑨选项栏单击“播放”按钮，Revit 将以 1 天为间隔，逐日显示自 2017 年 1 月 1 日至 2017 年 12 月 31 日，全年每天中午 12 点的阴影变化情况。图 12-25 所示为 2017 年 6 月 10 日 12 点的阴影情况。

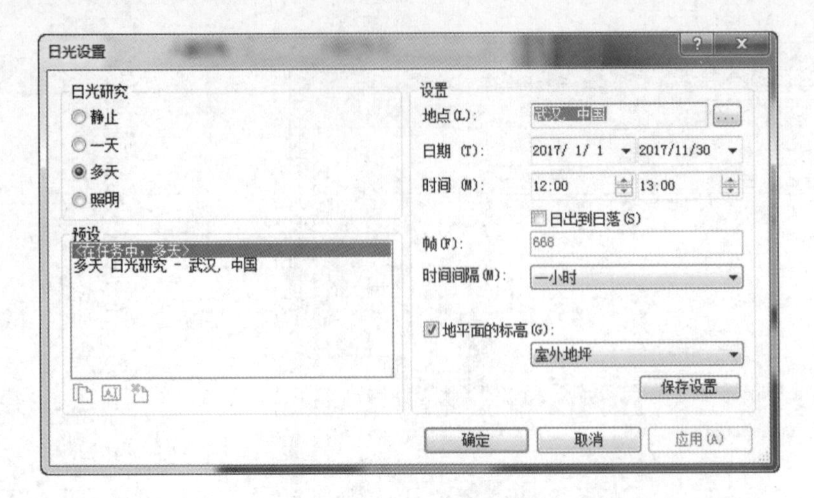

图 12-23　日光设置对话框

图 12-24　日光研究预览

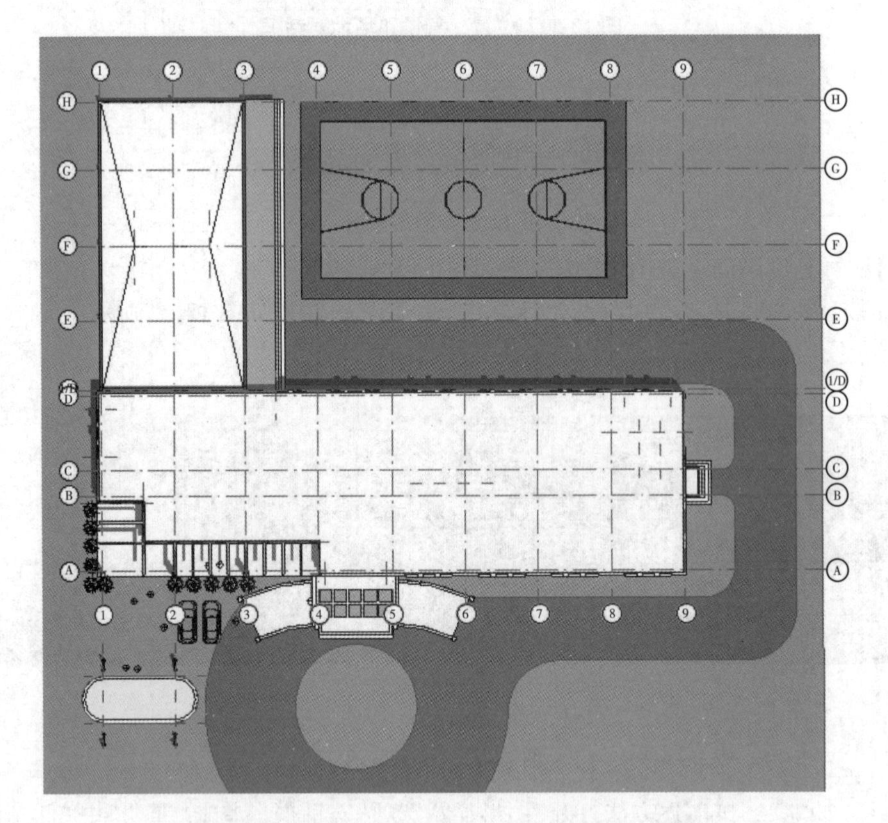

图 12-25　2017 年 6 月 10 日 12 点的阴影显示情况

⑩单击“文件”下拉菜单，选择“导出”→“图像和动画”→“日光研究”命令，打开“长度/格式”对话框。如图 12-26 所示，选择“输出长度”为“全部帧”，设置帧速率为 15 帧/秒。设置“视觉样式”为“着色”，“缩放为实际尺寸的 30%”。

⑪单击“确定”按钮，打开“另存为”对话框，指定动画保存位置及文件名称，单击“保存”按钮，打开“视频压缩”对话框。选择视频压缩程序为“Microsoft Video 1”，单击“确定”开始导出日光研究动画到指定位置。

【提示】在“日光和阴影设置”对话框中的“一天”选项卡中，可以对视图按指定日期不同时段进行日光阴影研究。

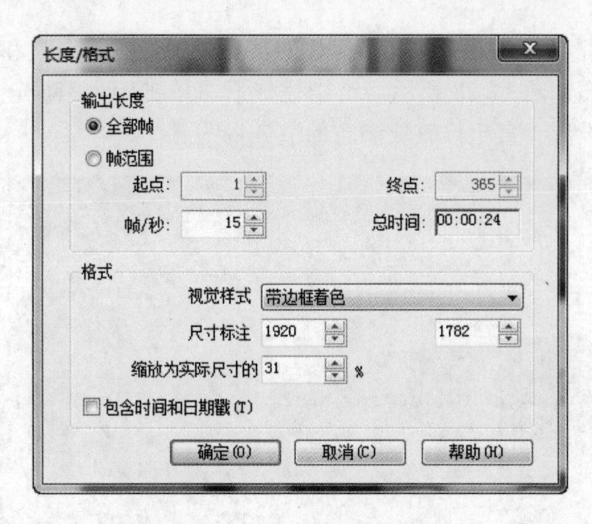

图 12-26 长度/格式对话框

12.4 渲染

(1)办公楼部分渲染

①单击“项目浏览器”中“三维视图”下的“室外”视图，单击“视图”栏中“显示渲染对话框”的工具，打开“渲染”对话框，如图 12-27 所示。设置渲染的“质量”为“高”。“输出设置”分辨率为“打印机 300DPI”。设置“照明”方案为“室外：仅日光”，“日光设置”为“来自右上角的日光”。设置“背景”样式为“天空：多云”，薄雾设置为“清晰”，设置完成后单击渲染。

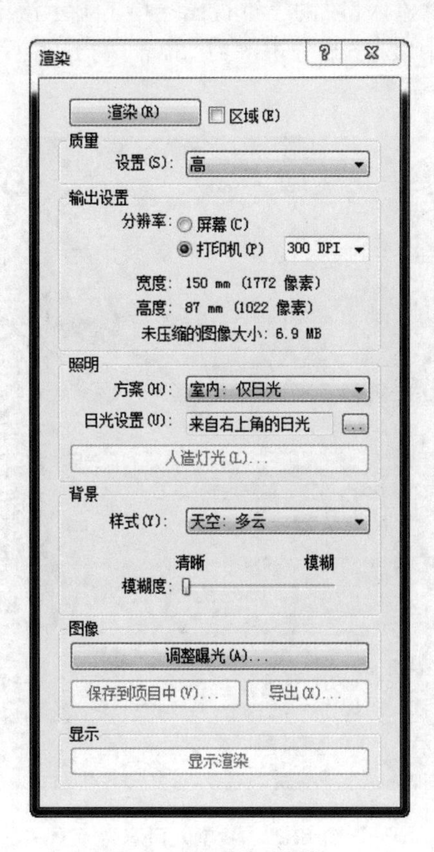

图 12-27 渲染对话框

【提示】单击渲染质量后面的编辑按钮，可以对渲染的特性进行调整和自定义。

②渲染完成后的视图如图 12-28 所示。渲染完成后，单击“调整曝光”，弹出“曝光控制”对话框。通过调整不同的设置，直至修改成满意的渲染视图。

图 12-28 调整曝光渲染

③渲染完成后，单击“保存到项目中”，弹出“保存到项目中”对话框，输入名称为“室外_10”单击确定，将渲染的结果保存到项目当中。

(2)食堂部分渲染

切换至“项目浏览器”中“食堂入口”的三维视图，单击显示渲染对话框。为了加快渲染的速度，将渲染的“质量”修改为“中”，修改分辨率为“屏幕”的方式，其他保持默认不变。单击“渲染”，进行渲染，如图 12-29 所示。

图 12-29 食堂入口渲染

(3) 室内渲染

切换至“楼梯”三维视图，单击视图底部“显示渲染”对话框，打开“渲染”对话框。在“渲染质量”中单击“设置”下拉列表，单击“编辑”，打开“渲染质量设置”对话框。修改“Image Precision”设置为 1，“Maxinum number of reflection”设置为 2，下拉列表至采光口，勾选“Windows、Curtion Walls”，单击确定。修改照明方式为“室内：仅日光”，其他参数保持默认，单击“渲染”，进入渲染，渲染效果如图 12-30 所示。

图 12-30　室内渲染

本章小结

Revit 除了可以自动生成前述各种平面、立面、剖面、大样和节点等施工图设计内容外，还可以完成建筑表现的设计内容，例如进行阴影与日光研究分析、创建室内外建筑效果图、创建项目的室内外漫游动画等，以静帧图像和动画视频方式全方位展示项目设计。

练习

练习 1：对前章作业对房屋不同部位附着材质，外墙体采用红色墙面涂料，勒脚采用灰色石材，屋顶及棚架采用蓝灰色涂料，立柱及栏杆采用白色涂料。

练习 2：对房屋的三维模型进行渲染，设置蓝色背景，结果以“房屋渲染 . JPG”为文件名。

练习 3：根据下图，在一楼轴线 1、2 间的卫生间内设置相机，使相机照向蹲便器和洗手，调整生成的三维视图，使蹲便器和洗手间可见，将该三维视图命名为“相机—卫生间”；在一楼轴线 2、4 间的客厅处设置相机，使相机照向餐厅方向，调整生成的三维视图，使厨房、卫生间门可见，将生成的三维视图命名为“相机—餐厅”。

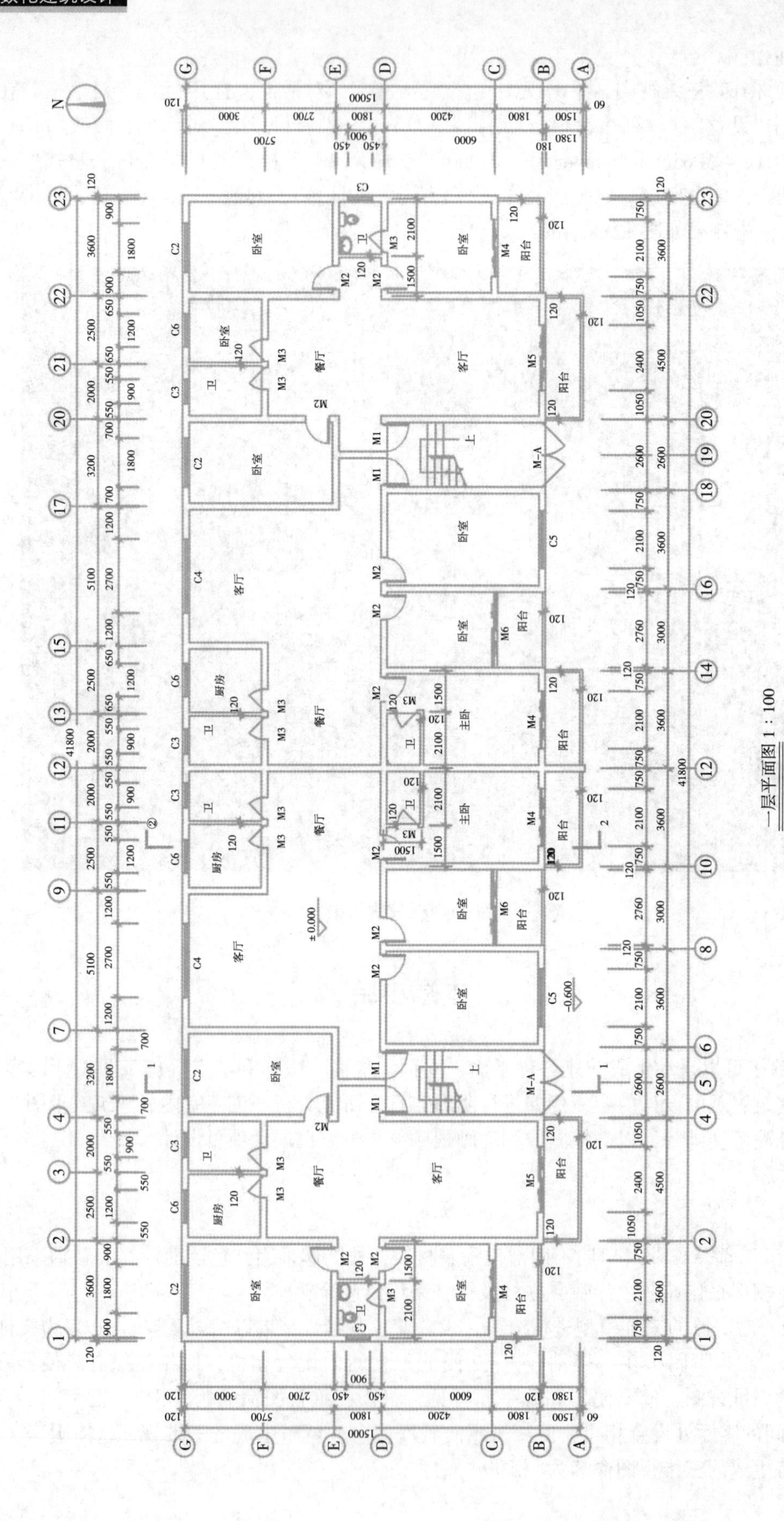
N
卧室
卫
厨房
餐厅
客厅
阳台
主卧
上
±0.000
-0.600
M1
M2
M3
M4
M5
M6
M-A
C2
C3
C4
C5
C6
41800
15000

一层平面图 1：100

▶▶▶第 13 章　族

本章导读

Revit 中，族是项目的基本元素。使用模型族可以建立项目模型，使用注释族可以添加门、窗标记等注释图元，完善图纸注释信息。Revit 提供了族编辑器，允许用户自定义任何类别、任何形式的族。灵活定义族是完成项目的基础。

在 Revit 安装完成后，即提供了一个很大的族库，可以直接载入使用。用户也可以在设计过程中，不断积累各种自定义族，形成完整的常用构件族库，这将大大提高后继项目的设计效率。本章将介绍如何使用族编辑器自定义族。

本章要点

了解族的概念；
了解系统族。

学习目标

掌握三大类型族的编辑、应用以及它们之间的异同；
掌握系统族的编辑方法；
掌握系统族在不同项目间的传递与复制方法。

13.1　族的基本概念

13.1.1　族类型

Revit 中，族分为两种类型：模型族和注释族。模型族用于生成项目的模型图元、详图构件等，注释族用于提取模型图元的参数信息，例如办公楼项目中，门标记提取门“族类型”参数。

Revit 的每个族都可以由后缀名为“. rft”的族模板生成。Revit 根据族的不同用途与类型，提供了多个常用构件类型的族模板。在模板中，预定义了构件图元所属的族类别和默认参数。当族载入到项目中时，Revit 会根据族定义中的所属类别，归类到设计栏的对应命令的类型选择器中。如属于门类别的族，将自动归类在“门”命令中。

Revit 的模型类族分为如下几类：独立个体和基于主体的族。如图 13-1 所示，独立个体是指不依赖于任何主体的构件，例如桌子。基于主体的族是指不能独立存在而必须依赖于主体的构件，例如门、窗等图元必须依赖于墙体为主体。基于主体的族根据其主体的不同，分为：基于墙的样板、基于天花板的样板、基于楼板的样板、基于屋顶的样板、基于线的样板、基于面的样板。

图 13-1　桌子

13.1.2　族参数

在办公楼案例的设计过程中，多次应用“属性”按钮，在“类型属性”对话框中调节构件各种参数，例如门的宽度、高度等。Revit 允许用户在族中自定义任何需要的参数。在族中，可以在定义参数时选择“编辑类型”将出现在“类型属性”对话框中。

图 13-2 所示为“桌”族中定义的类型属性，当在项目中使用该族时，在类型参数可调节所有族中定义的参数。

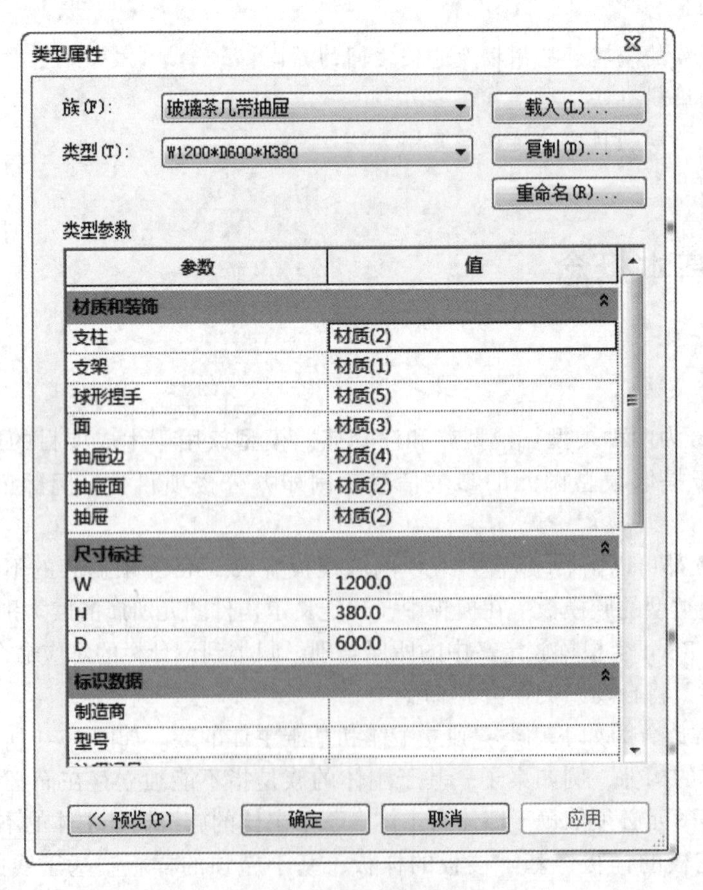

图 13-2　抽屉类型属性

13.2 建立窗族

①单击“文件”菜单，所示，选择选择“新建一族”命令，打开“新族一选择样板文件”对话框。如图13-3所示，选择“基于墙的公制常规模线.rft”文件，单击“打开”按钮，进入族编辑器模型。

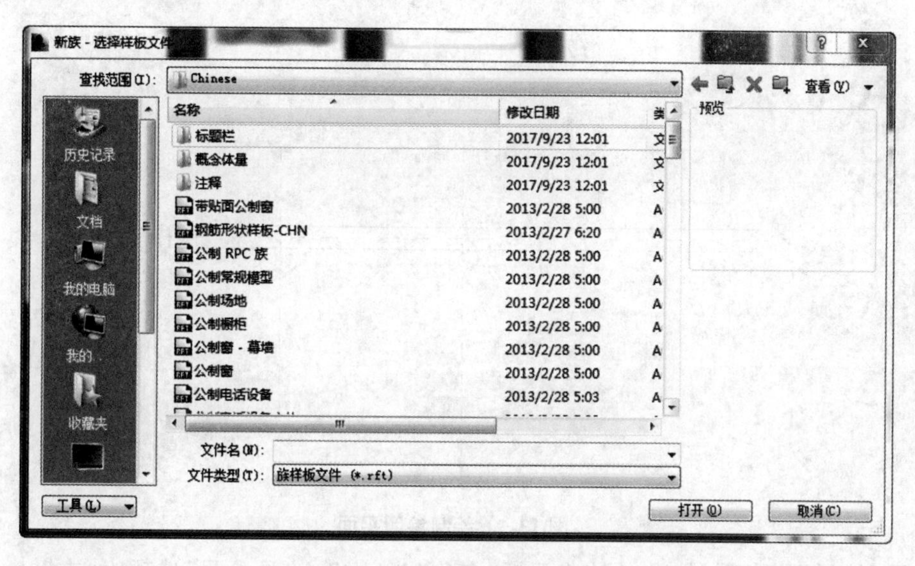

图 13-3 载入文件对话框

②在项目浏览器中，切换至“参照标高”楼层平面视图，该样族样板默认提供了一面墙体和正交的参照平面。单击“属性”面板中“族类别和参数”命令打开“族类别和参数”对话框。如图13-4所示，在“族类别”列表中选择“窗”，勾选“总是垂直”选项，设置窗始终与墙面垂直，不勾选“共享”选项，单击“确定”按钮关闭对话框。

族类别和族参数
族类别(C)
过滤器列表：〈全部显示〉
专用设备
体量
停车场
卫浴装置
喷头
场地
安全设备
家具
家具系统
常规模型
护理呼叫设备
数据设备
机械设备
族参数(P)

参数	值
总是垂直	☑
加载时剪切的空心	☐
可将钢筋附着到主体	☐
零件类型	标准

确定　取消

图 13-4 族类别和参数对话框

【提示】“共享”参数用于当构件被用于嵌套族，允许在明细表中单独统计构件数量。当族载入到项目中时，族模板中提供的主体墙不会载入。

③使用“参照平面”命令，在名称为“中心(左/右)”参照平面两侧绘制两条参照平面，如图 13-5 所示。

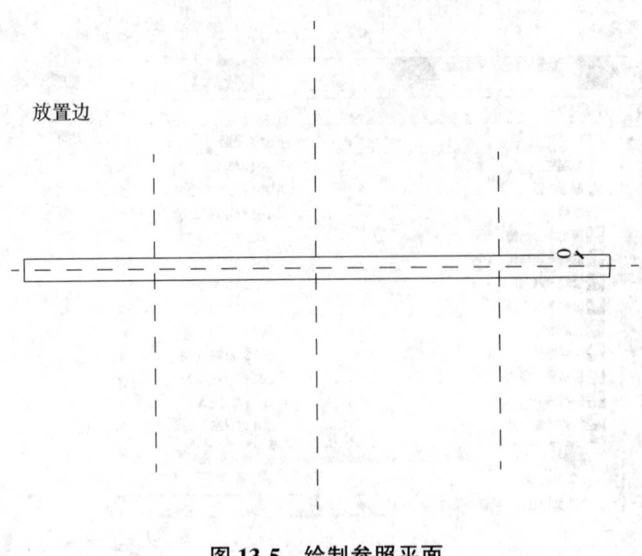

图 13-5　绘制参照平面

④选择左侧参照平面，修改“属性”面板“名称”为“左”，“是参照”选项为“左”，不勾选“定义原点”选项，如图 13-6 所示，单击应用。

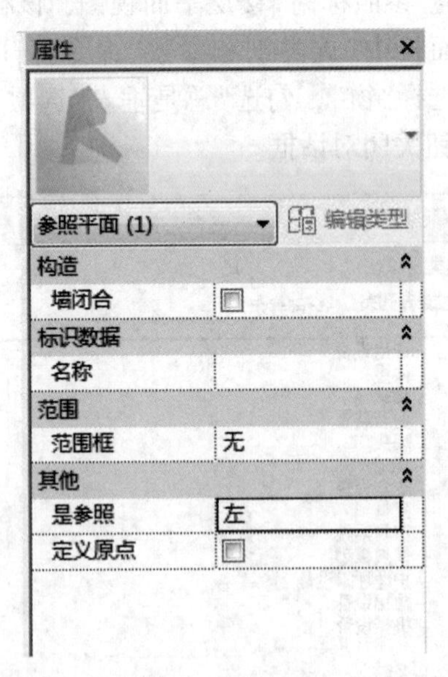

图 13-6　属性栏

【提示】载入项目后，参照平面的“是参照”参数决定该参照平面位置是否能被尺寸捕捉。强参照的优先级高于弱参照的优先级，当使用尺寸标注工具选择标注方式为“整个墙”时，如果选择捕捉门窗洞口边缘，则 Revit 会自动捕捉“是参照”参数设置为“左”和“右”的参照平面位置。“定义原点”参数用于定义放置构件时鼠标所在的插入点位置。一个族中，仅能设置一个参照平面具有“定义原点”选项。

⑤选择右侧参照平面，在“属性”对话框中，修改“名称”参数为“右”，设置“参照”选项为“右”。

⑥单击“注释选项卡”→“尺寸标注”面板→“对齐”工具。单击拾取平面中三个参照平面，单击空白处放置尺寸线，创建参照平面尺寸标注，单击尺寸线上的“EQ”选项，将尺寸等分，如图13-7 所示。

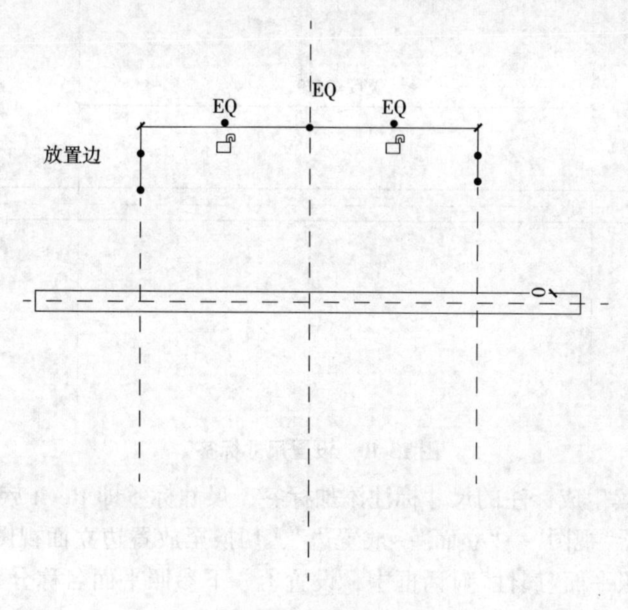

图 13-7　EQ 等分

⑦使用“尺寸标注”命令，使用“对齐标注”选项，标注左、右参照平面间距离，如图 13-8 所示。

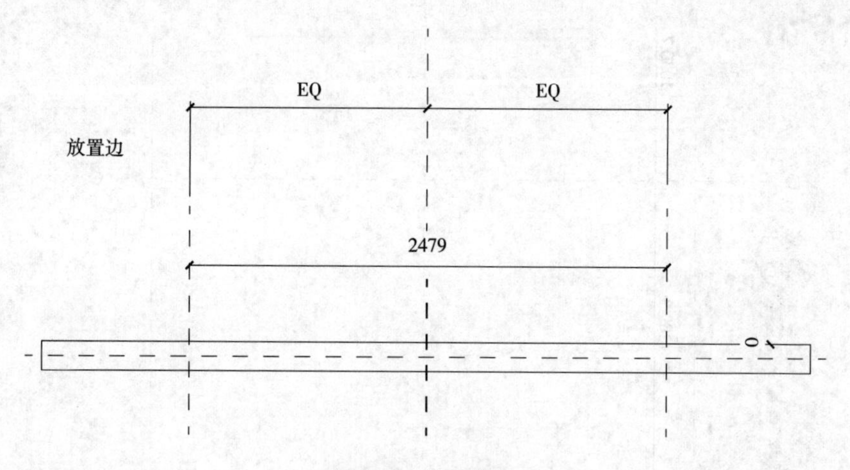

图 13-8　尺寸标注

⑧选择左右参照平面间尺寸线，单击选项栏中“标签”下拉列表，选择“宽度”，作为尺寸标签，如图 13-9 所示。此时尺寸标注线将显示标签名称，如图 13-10 所示。

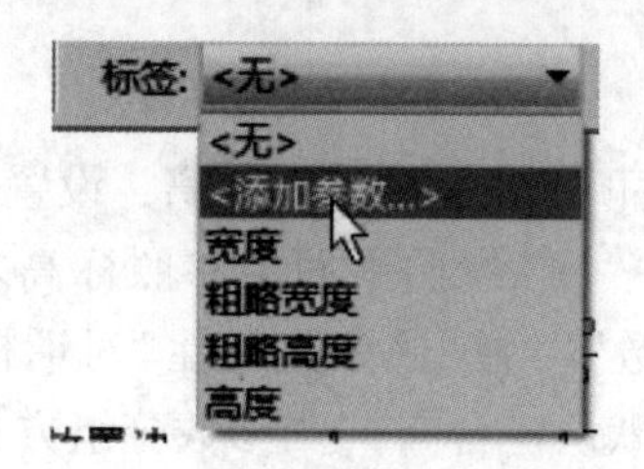

图 13-9　添加参数列表

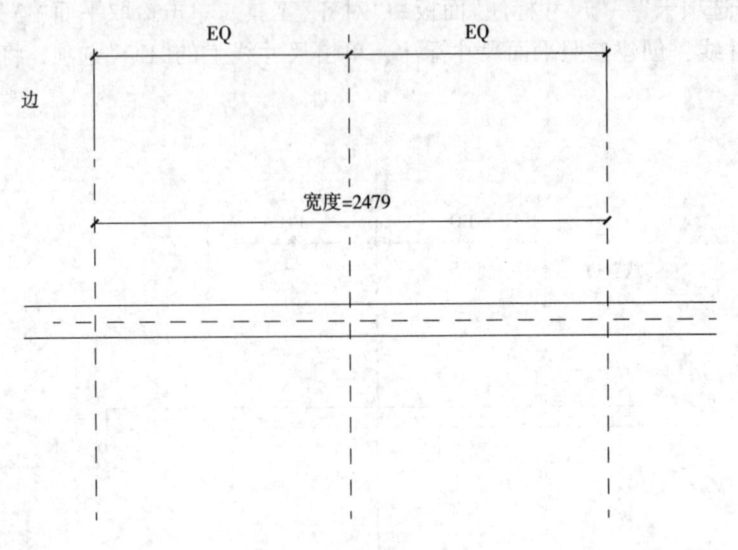

图 13-10　设置尺寸标签

【提示】不能为连续生成标注的尺寸标注添加标签，尺寸标签即 Revit 族参数名称。

⑨双击项目浏览器"视图"→"立面"→放置边"，切换至放置边立面视图。按照图 13-11 所示绘制参照平面。在参照平面"属性"对话框中，设置上、下参照平面名称分别为"顶"和"底"，设置"是参照"分别为"顶"和"底"。

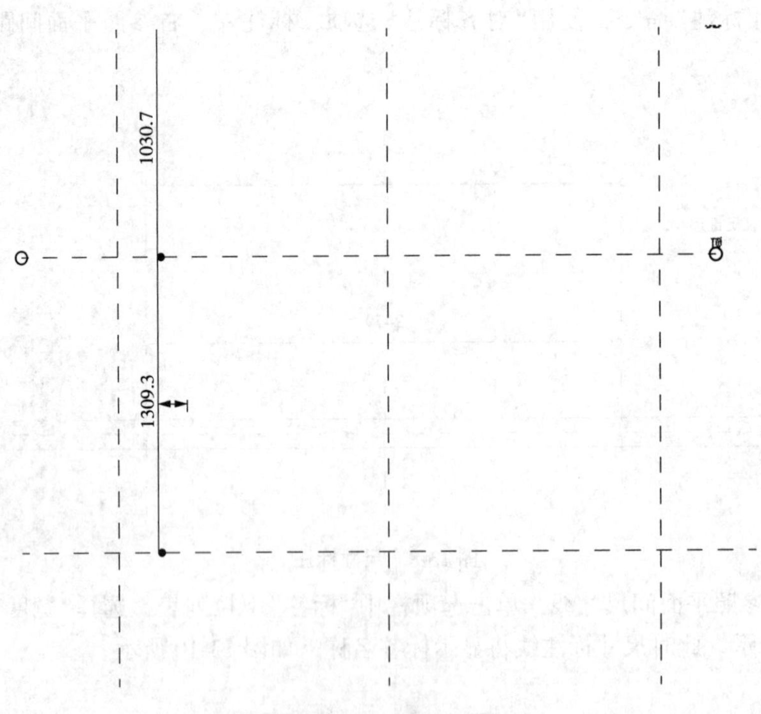

图 13-11　参照平面

⑩使用"尺寸标注"命令，标注顶、底参照平面距离，设置尺寸标签为"高度"。

⑪使用"尺寸标注"命令，标注"底"参照平面与参照标高之间的尺寸标注。选择标注尺寸，设置选项栏中标签选项为"添加参数"，弹出"参数属性"对话框。如图 13-12 所示，选择参数类型为"族参数"，设置参数名称为"默认窗台高"，"参数分组方式"为"其他"，设置参数为"类型"参数。单击"确实"按钮关闭对话框。尺寸标签将设置为"默认窗台高"。

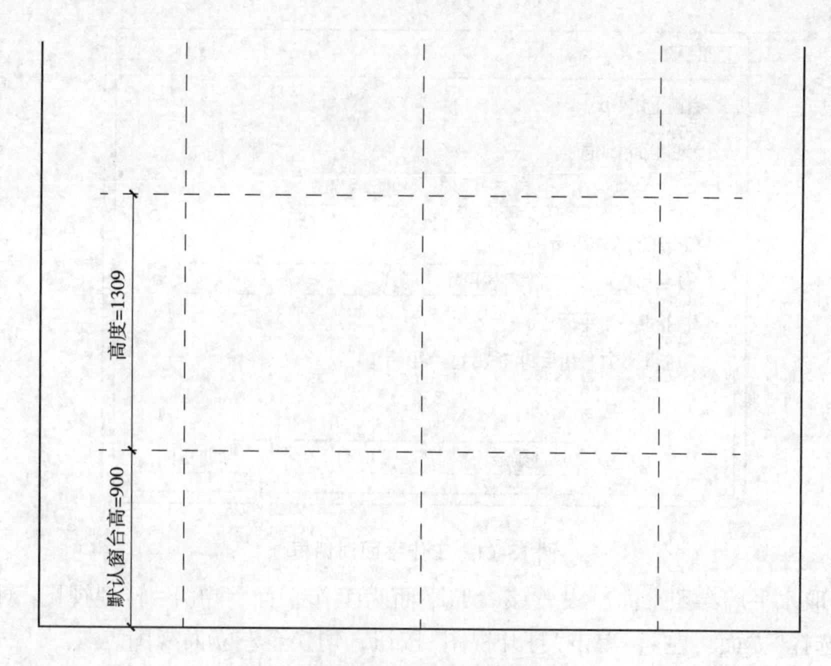

图 13-12 设置尺寸标签

【提示】Revit 提供了多种不同的参数类型，分别是文字、整数、编号、长度、面积、体积、角度、坡度、货币、URL、材质、是/否和族类型等。不同的参数类型仅能应用于特定功能的参数，例如，对于尺寸标注，仅能应用长度类型参数。自定义的族参数不能在明细表中统计。如果希望在明细表中统计该参数，则设置参数类型为"共享参数"。

⑫单击"创建"选项卡→"模型"面板→"洞口"工具，进入洞口绘制模式，选项栏绘制方式为"矩形"，沿上、下、左、右参照平面绘制矩形洞口轮廓，单击"锁定"符号标记，锁定轮廓线与参照平面间位置，如图 13-13 所示。单击"完成绘制"，完成洞口创建。

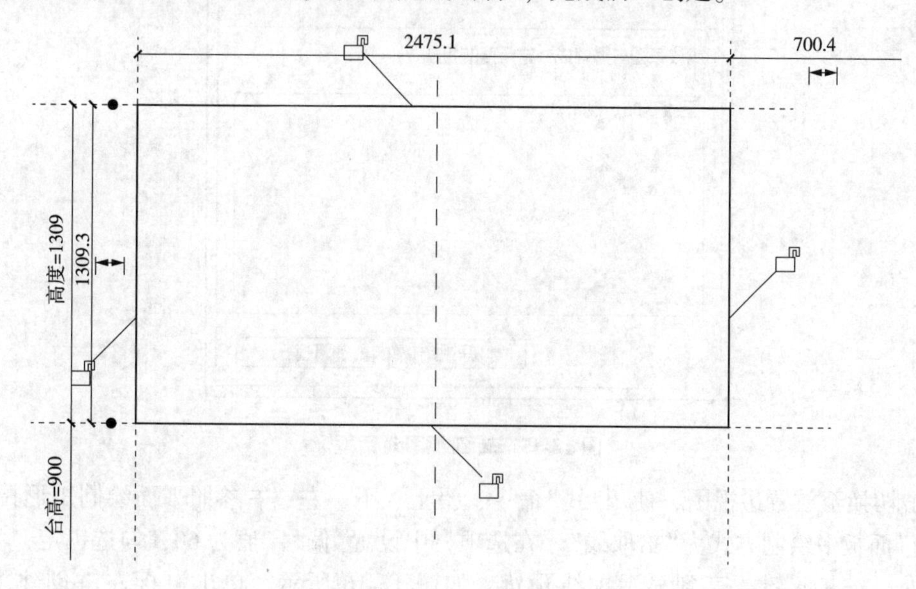

图 13-13 洞口轮廓

⑬切换至参照标高楼层平面视图，单击"形状"面板"拉伸"命令，讲入草图绘制模式。

⑭单击"工作平面"面板中"设置"命令，弹出"工作平面"对话框，如图 13-14 所示。选择"拾取一个平面"工具选项，单击"确定"按钮关闭对话框，鼠标指针变为╋。

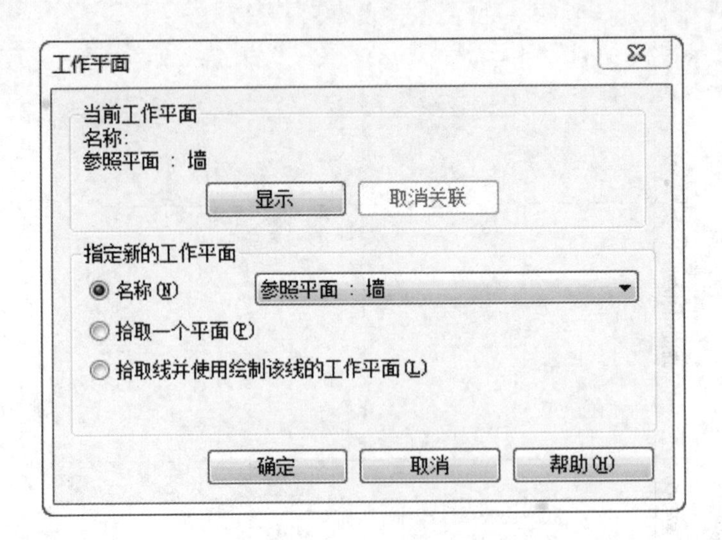

图 13-14　工作平面对话框

⑮单击拾取水平墙参照平面，设置该参照平面为工作平面，单开“转到视图”对话框。如图13-15所示，选择“立面：左”，单击“打开视图”按钮，切换至左立面视图。

转到视图
要编辑草图，请从下列视图中打开其中的草图平行于屏幕的视图:
立面: 右
立面: 左
或该草图与屏幕成一定角度的视图:
三维视图: 视图 1
打开视图
取消

图 13-15　转到视图对话框

⑯单击切换至放置边视图，使用“线”命令，沿上、下、左、右参照平面绘制矩形拉伸轮廓。选择“绘制”面板中绘制方式为“拾取线”，在选项栏中设置“偏移”值为60，勾选锁定，移动鼠标至轮廓线处，按Tab键，直到显示虚线预览，如图13-16所示。单击鼠标左键创建内部拉伸轮廓。

⑰修改“属性”对话框中“材质”后面“参数关联”按钮，将弹出“参数关联”对话框。单击“添加参数”按钮，弹出“参数属性”对话框，设置“参数类型”为“族参数”，设置“参数名称”为“窗框材质”，单击确定。

⑱单击“模式”面板“完成绘制”按钮，创建拉伸窗框。

⑲同理使用“实心拉伸”命令，创建左侧扇窗，如图 13-17 所示。设置拉伸属性中“拉伸终点”为 20，“拉伸起点”为-20，其余设置参见上一次窗框拉伸属性设置。

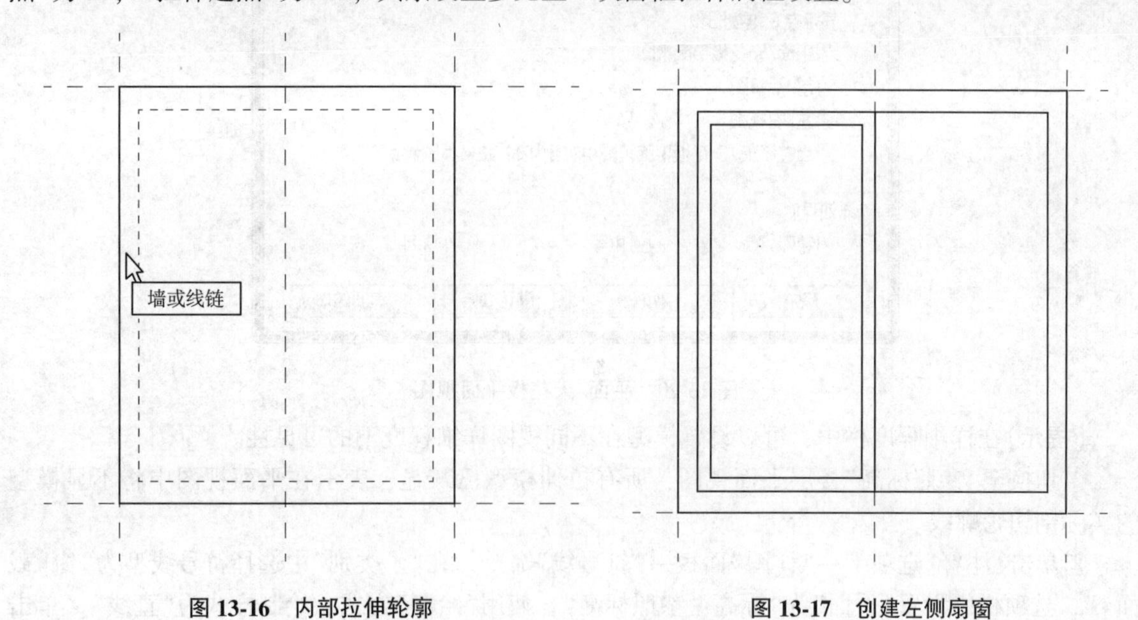

图 13-16 内部拉伸轮廓　　　　图 13-17 创建左侧扇窗

⑳继续拉伸右侧窗框。切换至默认三维视图，此时窗模型如图 13-18 所示。单击“族类型”，调节各宽度、长度参数，观察窗框模型随参数的调整而变化。

㉑切换至放置边立面视图，使用实体拉伸工具，绘制窗玻璃拉伸了轮廓，如图 13-19 所示。设置拉伸属性中拉伸终点为 3，拉伸起点为-3，设置子类型为“玻璃”。单击完成绘制完成拉伸。

图 13-18 窗框模型

图 13-19 添加玻璃

㉒按建筑设计标准的要求，窗在平面视图中显示为双线，而 Revit 显示的是窗框和玻璃模型的实际剖切结果。因此需要隐藏窗框和玻璃，并绘制两条符号线。

㉓选择所有的窗框和玻璃模型，单击“模式”面板中“可见性设置”，打开“族图元可见性设置”对话框。如图 13-20 所示，取消勾选“平面/天花板平面视图”和“当在平面/天花板平面视图中被剖切时(如果类别允许)”选项，单击“确定”按钮关闭对话框。

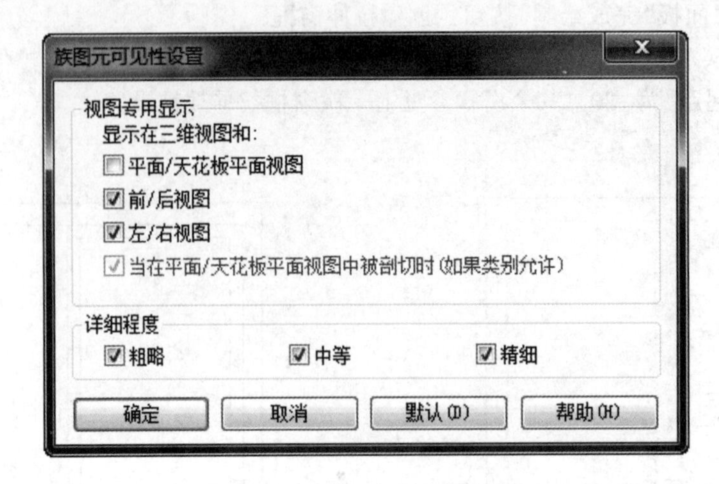

图 13-20　平面/天花板平面视图

【提示】在详细程度栏中，可以设置模型在不同视图详细程度下的可见性。

㉔切换至"参照标高"楼层平面视图，所有拉伸模型已灰显，表示在平面视图中将不显模型的实际剖切轮廓线。

㉕单击"注释"选项卡→"详图"面板→"符号线"命令，在"子类别"中选择符号线型为"窗[截面]"，选项栏中设置"平面"为"标高：参照标高"，使用"绘制"方式，绘制样式为"直线"，单击捕捉左参照平面为起点，右参照平面为结束点，在窗模型两侧绘制符号线。

㉖使用"尺寸标注"命令，使用"对齐标注"方式，设置捕捉参照"首选"为"墙表面"，标注墙面与符号线尺寸。选择尺寸标注，单击"等分"符号，将符号线在墙宽度中均分布置，如图 13-21 所示。

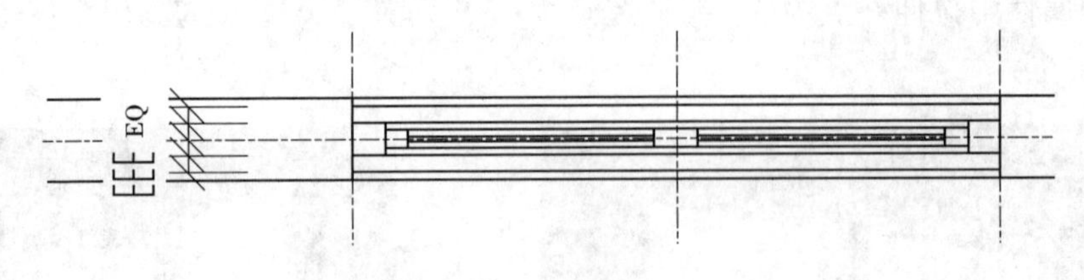

图 13-21　墙面等分

【提示】使用类似的方法，在"族图元可见性设置"对话框中，去除"左/右视图"选项，在族中添加剖面视图，在剖面视图中绘制符号线。当窗被剖开时，显示双线。

㉗保存该族，并重命名为"双扇窗 . rfa"。

13.3　门标记族

除模型族外，注释族也是 Revit 非常重要的一种族，它可以自动提取模型族中的参数值，自动创建构件标记注释。本节以门标记为例简要说明。

①单击"文件"菜单，选择"新建"→"族"命令，在"新建族一选择族样板"对话框中，打开"注释"文件夹，选择"公制门标记 . rft"作为族样板。单击"打开"按钮进入族编辑器状态。该族样板中，默认提供了两个正交参照平面。

【提示】参照平面交点位置表示标签的定位位置。

②单击"创建"选项卡，"文字"面板中"标签"工具，进入"修改/放置标签"上下关联选项卡中，设置标签的位置为"水平对齐，在水平方向正中"的位置。

③设置属性选项栏中为“标签 3mm”，单击“类型编辑”对话框，弹出“类型属性”对话框。单击“复制”，输入名称“3. 5mm”标签类型。修改标签的颜色为蓝色，设置线宽为 1，设置文字字体为“仿宋”，修改文字大小为“3. 5mm”，修改“引线/边界偏移量”为“0”。其他参数保持默认不变，单击确定按钮，退出类型属性对话框，如图 13-22 所示。

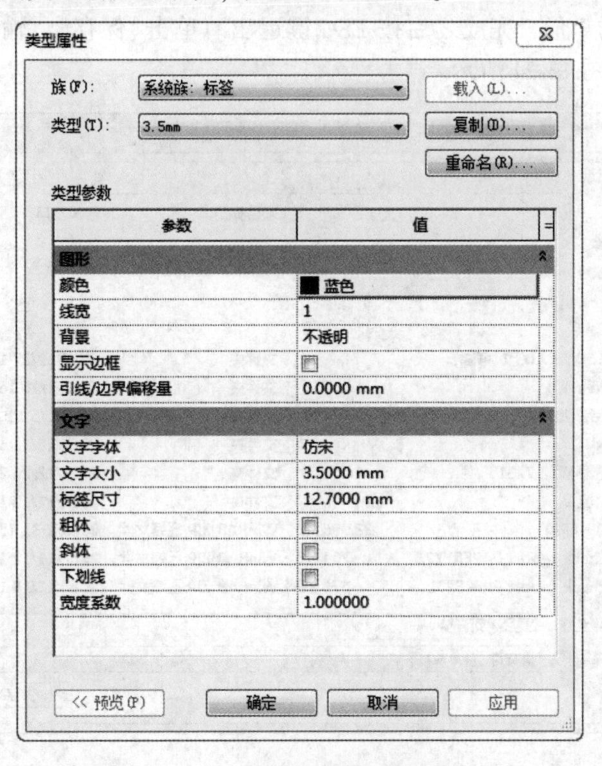

图 13-22 标签类型属性对话框

④在参照平面交点的位置单击，打开“编辑标签”对话框。如图 13-23 所示，在左侧“类别参数”列表中，选择“类型注释”参数，单击中间的“将参数添加到标签”按钮，将参数添加到右侧“标签参数”栏中。修改“样例值”为 M1021，单击“确定”按钮关闭对话框，将标签添加到视图中，按 ESC 键两次退出。

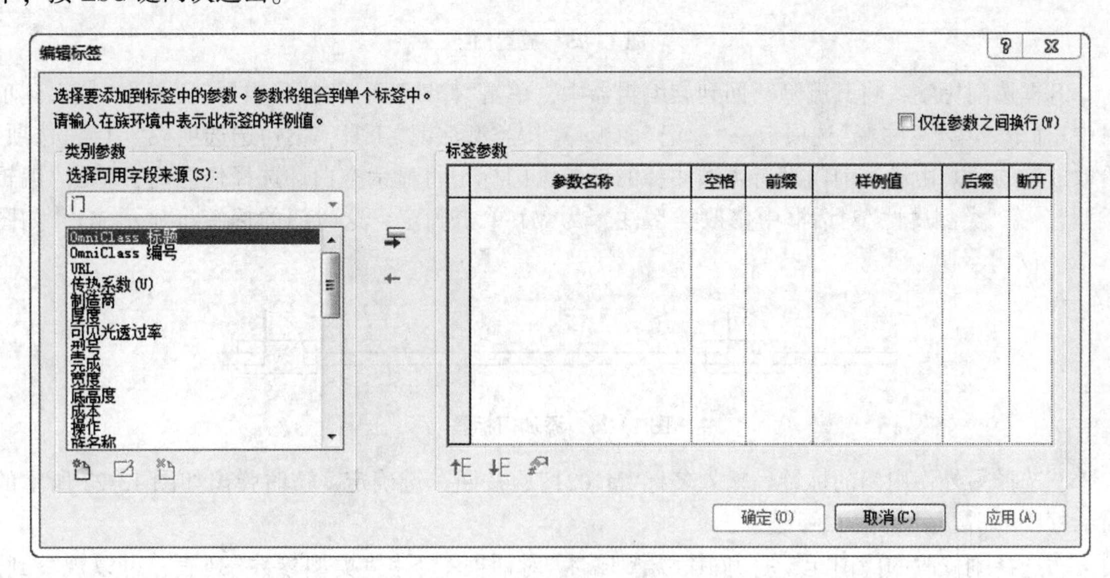

图 13-23 编辑标签对话框

【提示】单击添加参数按钮，可在标签中添加共享参数。样例值用于设置在标签族中显示的样例文字，在项目中应用标签族时，该值会被项目中相关参数替代。

⑤选择刚创建的标签族，将其移动放置参照平面交点。

⑥单击“创建”选项卡，单击“详图”面板中“直线”工具，使用绘制方式为“矩形”。沿当前标签绘制一个大小合适的矩形，完成之后按 ESC 键退出。单击“保存”，输入名称为“自定义门标记”，保存至桌面，如图 13-24 所示。

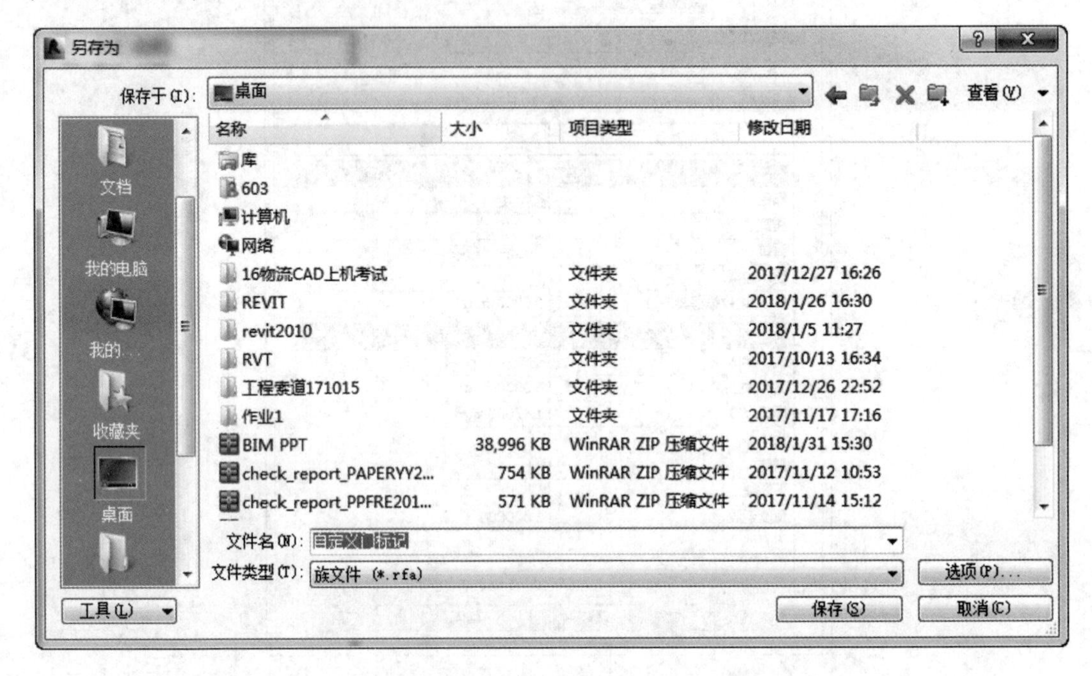

图 13-24　文件另存为对话框

⑦创建任意空白项目，在项目中创建任意墙体，放置两扇门，效果如图 13-25 所示。

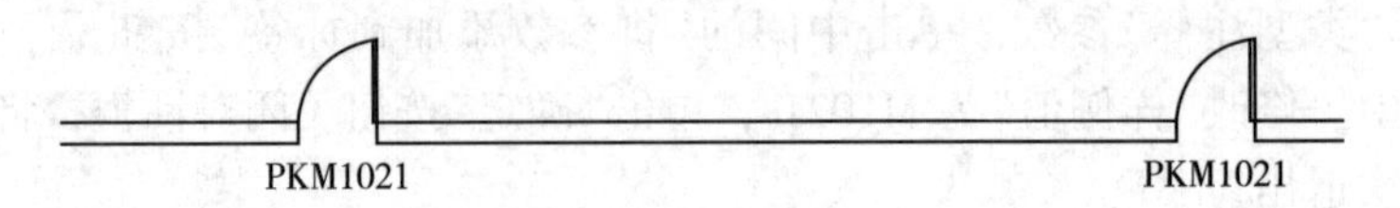

图 13-25　放置门

⑧框选门标签，将其删除。回到族编辑器中，单击“修改”面板“族编辑器”面板中“载入到项目中”命令。单击“注释”选项卡→“标记”面板→“按类型标记”工具，不勾选选项栏“引线”选项，拾取放置的门。由于当前门没有类型注释的参数，门标记将显示空白。选择任意门，单击“编辑类型”，在“类型属性”对话框中修改类型注释为 M1 单击确定，这时门的标签将显示 M1，如图 13-26 所示。

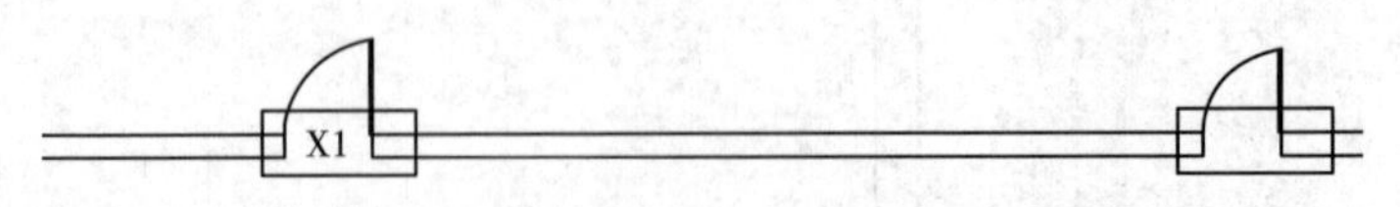

图 13-26　添加门标签

⑨选择另外一扇门的标签，输入名称“M1021”，按回车键确定，这时弹出如图 13-27 所示的对话框，单击“是”，按 ESC 键退出。

⑩选择刚修改的门图元，打开其“类型属性”对话框，下拉“类型参数”列表，可以观察到，通过标签已经修改了“类型注释”为“M1021”，如图 13-28 所示。

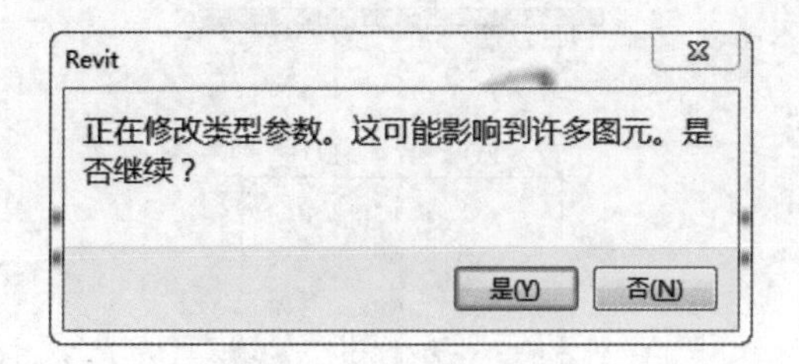

图 13-27　提示对话框

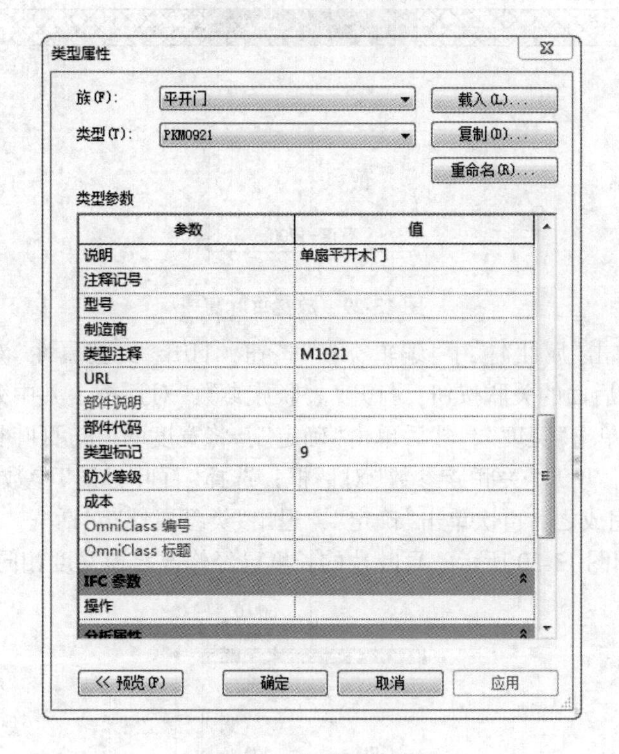

图 13-28　平开门对话框

13.4　嵌套族

在定义族时，可以将多个简单的族嵌套组合在一起，组成复杂的族构件。下面以一个百叶窗为例说明在 Revit 中如何制作嵌套族。

①打开课件“课件/第十章/RFA/嵌套族百叶窗_ 初始 . rfa”族文件，该族文件中，使用实心拉伸完成了百叶窗框。

②单击“插入”选项卡，在“从库中载入”面板中“载入族”命令，浏览到课件“课件/第十章/RFA/嵌套族百叶片 . rfa”，单击“打开”按钮导入百叶窗族。

③单击“参照标高”，切换至“参照标高”楼层平面视图。单击“创建”选项卡，在“模型”面板中单击“构件”命令，在平面视图中放置百叶片。在“类型选择器”中选择当前的构件为刚刚载入的“嵌套族_ 百叶片”。在视图的任意位置单击，放置该百叶片，按 ESC 键两次退出放置构件的模式。

④单击“修改”选项卡，在“修改”面板中单击“对齐工具”，选择窗的中心参照平面为对齐的目标位置，再次选择百叶片中心的位置单击将其对齐到窗的中心位置，单击(锁定)工具，将中心位置锁定，完成后按 ESC 键退出，如图 13-29 所示。

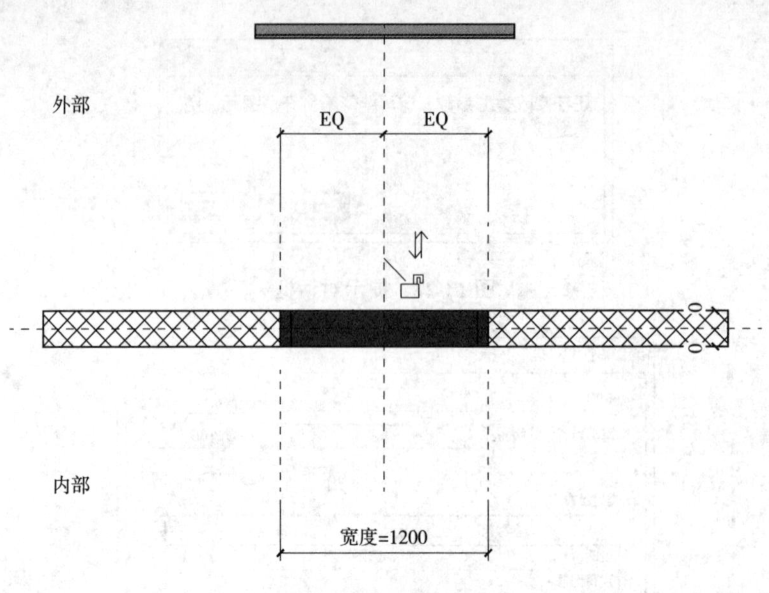

图 13-29　放置百叶窗

⑤选择百叶片，单击“属性”栏中“编辑类型”按钮，打开“类型属性”对话框。下拉“类型参数”，单击“百叶长度”后面的关联按钮，打开“关联族参数”对话框，其中列举了所有可以“兼容类型的现有组参数”。单击“宽度”，然后单击“确定”，将宽度的值与百叶长度关联。单击“百叶材质”后面的关联按钮，单开“关联族参数”对话框，选择“百叶材质”参数，单击“确定”，将其与“百叶材质”关联。完成之后再次单击“确定”，退出“类型属性”对话框。

⑥回到视图中，如图 13-30 所示，百叶片的长度已经修改与窗宽度相同的值。

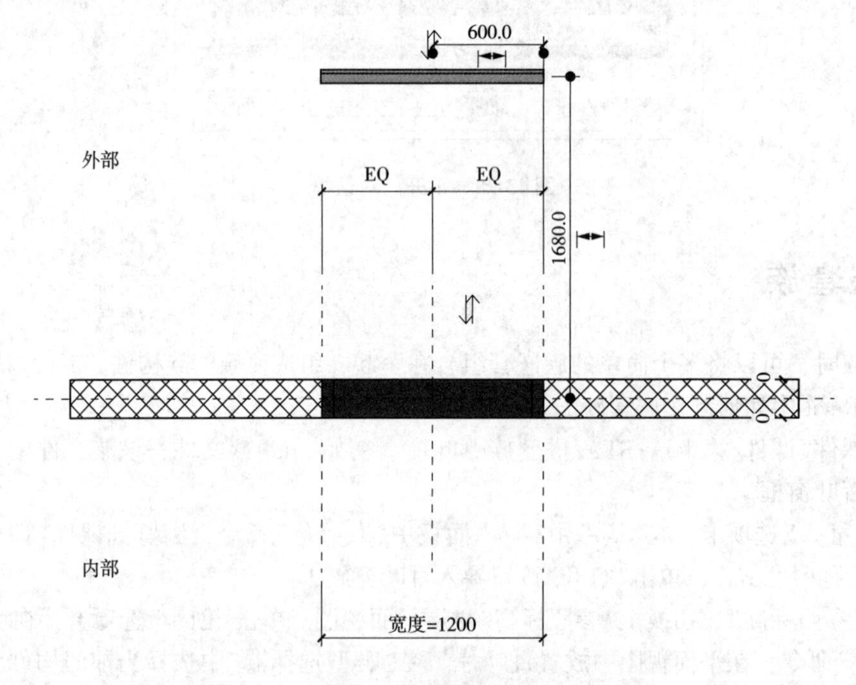

图 13-30　修改百叶窗

⑦切换至“外部”平面视图，单击“创建”面板，在“基准”面板中单击“参照平面”工具，在百叶窗底部绘制一个参照平面，修改参照平面的名称为“百叶底”，修改“百叶底”参照平面至洞口底部边缘的距离为“90”，使用“对齐”工具，将其进行对齐尺寸标准，同时锁定这段距离，如图 13-31 所示，完成之后按 ESC 键退出。

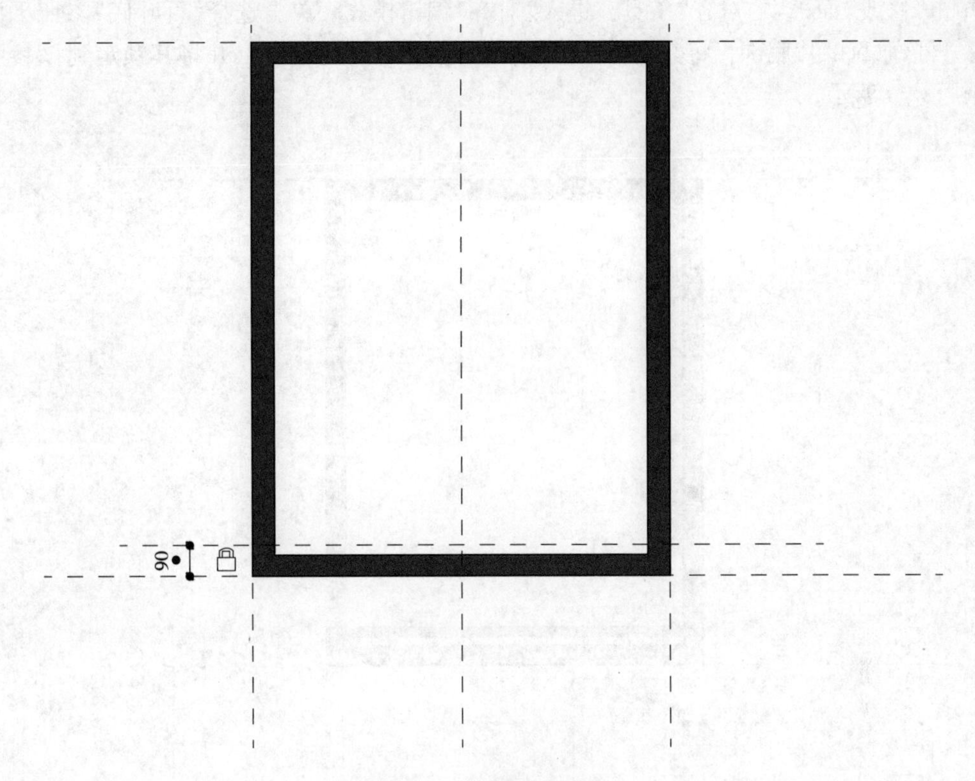

图 13-31 设置变换宽度 1

⑧使用同样的方式，在洞口顶部绘制一个参照平面。在“修改/参照平面”上下关联选项卡，在“测量”面板中单击“对齐”命令。用“对齐”标注方式标注顶部参照平面与洞口顶部距离，并将其修改为 90，将该尺寸值锁定，修改该参照平面的名称为“百叶顶”，如图 13-32 所示。

图 13-32 设置边缘宽度 2

⑨单击“修改”面板中“对齐”工具，进入“对齐”编辑模式。单击选择“百叶底”参照平面为目标位置，再拾取百叶片底部，将其对齐到“百叶底”参照平面的位置，并将其锁定到该参照平面上，如图 13-33 所示。

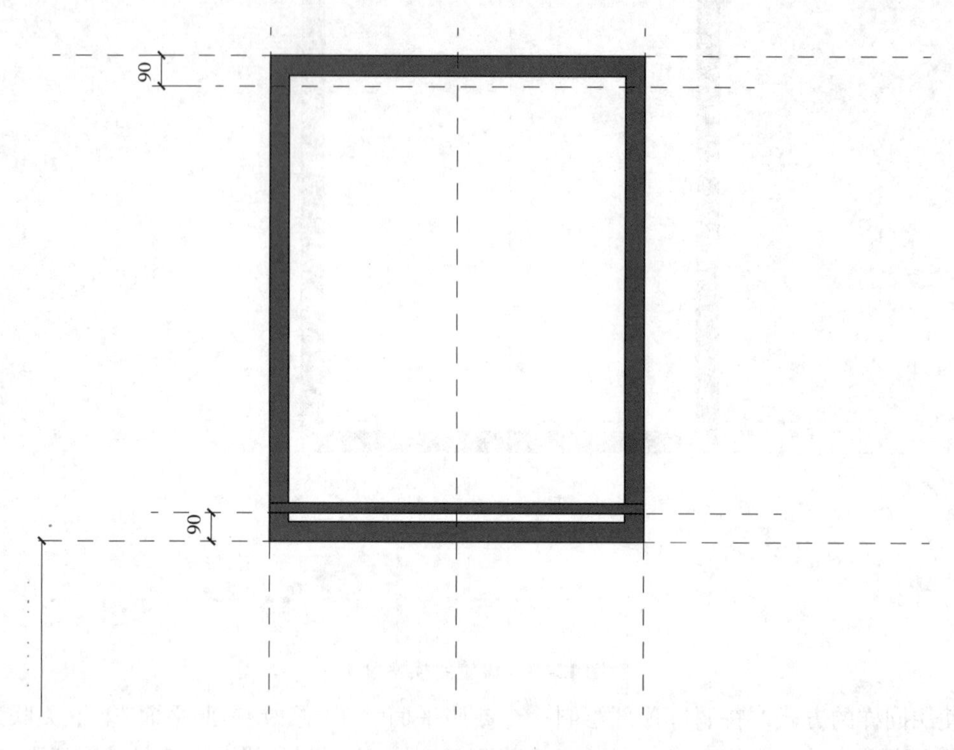

图 13-33　设置边缘宽度 3

⑩切换至参照标高视图，继续使用对齐工具，单击墙的中心线为目标位置，选择百叶片的中心线将其对齐，同时使用锁定的方式将其锁定，如图 13-34 所示。

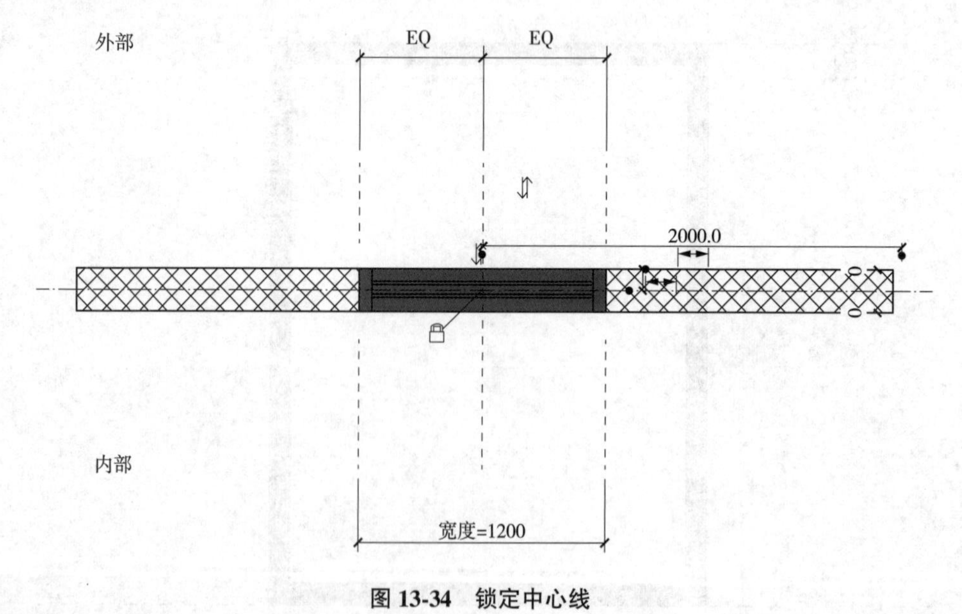

图 13-34　锁定中心线

⑪切换至外部立面视图，选择百叶片，在“修改/常规模型”上下关联选项卡的“修改”面板中单击“阵列”命令。设置阵列的方向为“线型”，勾选“成组并关联”选项，设置默认项目数为 2，设置“移动到：最后一个”的方式。

⑫拾取百叶片上任意位置作为阵列的基点，直到移动到百叶顶参照平面上的任意位置，输入阵列数目为6，将在指定距离之间生成6个百叶片，完成之后如图13-35所示。

图 13-35 添加百叶片

⑬选择任意的百叶片，Revit将显示阵列数量预览，如图13-36所示。选择阵列数量值，在选项栏中单击“标签”下拉列表，打击“添加参数”，打开“参数属性”对话框。设置名称为“百叶数量”，确定方式为“类型参数”，单击“确定”退出“参数属性”对话框。

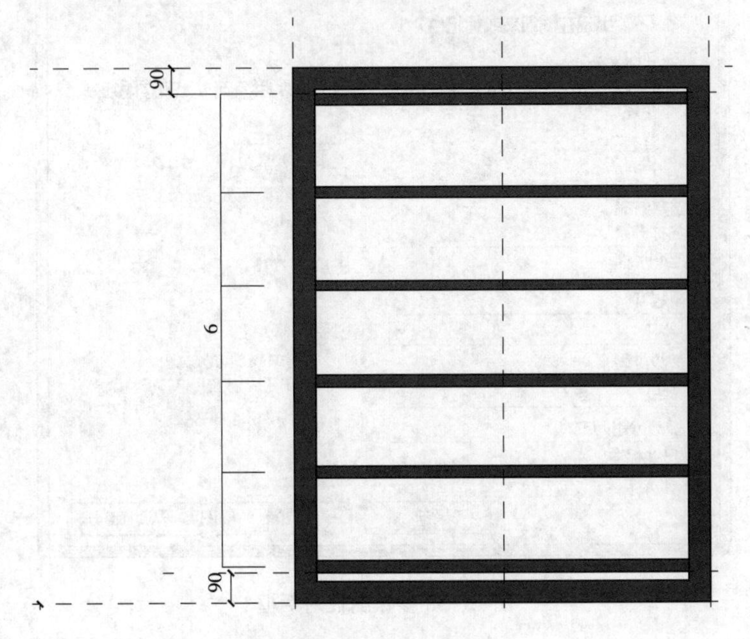

图 13-36 百叶片预览

⑭切换至默认三维视图，单击“属性”面板中“族”命令，打开“族类型”对话框。修改宽度为1500，修改百叶数量为18，单击应用，如图13-37所示，Revit将按照指定的数值修改，同时修改了百叶的宽度以及百叶的数量。

图 13-37　调整宽度和叶片数量的百叶窗

⑮单击“族类型”对话框中，单击参数下“添加”工具，弹出“参数属性”对话框。输入参数名称为“百叶间距”，修改参数类型为“长度”，设置参数方式为“类型参数”，如图 13-38 所示。单击“确定”按钮返回“族类型”对话框。

图 13-38 参数属性对话框

⑯修改“百叶间距”值为 50，单击“应用”按钮应用该参数。

⑰在“百叶数量”参数后公式栏中，输入“(高度-180)/百叶间距”，如图 13-39 所示。单击“确定”按钮关闭对话框，Revit 会自动根据公式计算百叶数量，修改高度值为 1800，单击“应用”，然后单击“确定”退出“族类型”对话框。

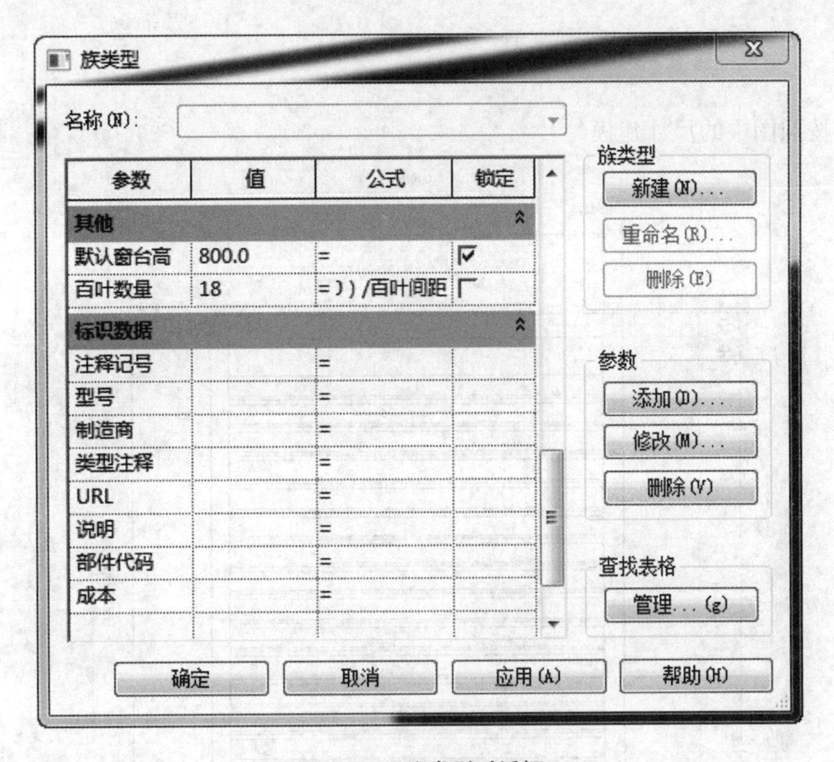

图 13-39 族类型对话框

⑱单击“新建”，弹出“新建项目”对话框，创建任意的项目文件。用“窗命令”插入百叶窗如图 13-40 所示。

图 13-40 百叶窗

使用嵌套族可以做出各种复杂的族构件。配合族类型编辑器中的公式，可以使用族具备的自动计算的功能。Revit 允许用户自由指定各类参数间的高级关系，而不需要运用编辑手段。方便用户使用。

本章小结

本章介绍了 Revit 最重要的族概念。Revit 为用户提供了多种常用族模板，可以创建各种族构件。可以通过嵌套族，由多个简单族文件构成复杂的构件。

练习

练习 1：按照图中的尺寸建模。

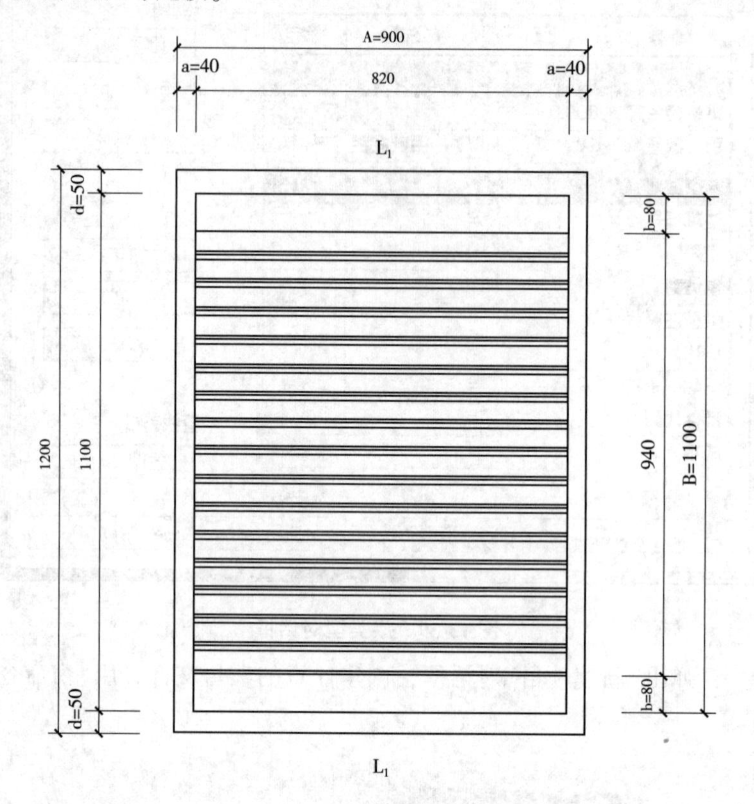

主视图　　1：20

练习 2：所有参数采用图中参数名字命名，设置为类型参数、扇叶个数可以通过参数控制，并对窗框和百叶窗百叶赋予合适材质，请将模型文件以“百叶窗”为文件名保存到文件夹中。

练习 3：将完成的“百叶窗”载入项目中，插入任意墙中示意。

参考文献

[1]黄强．论 BIM[M]. 北京：中国建筑工业出版社，2016.
[2]沈嵘枫．机械三维创新设计[M]. 北京：中国林业出版社，2017.
[3]沈嵘枫．计算机辅助设计——AutoCAD2015[M]. 北京：中国林业出版社，2015.
[4]丁烈云．BIM 应用·施工[M]. 上海：同济大学出版社，2015.
[5]TC184/SC4. ISO10303：1994-Industrial Automation Systems and Information and Integration-Product Data Representation and Exchange[S]. USA：ISO，1994.
[6]BIM 工程技术人员专业技能培训用书编委会．BIM 技术概论[M]. 北京：中国建筑工业出版社，2016.
[7]何关培．如何让 BIM 成为生产力[M]. 北京：中国建筑工业出版社，2015.
[8]廖小烽，王君峰．Revit 2013/2014 建筑设计火星课堂[M]. 北京：北京大学出版社，2013.
[9]中国安装协会标准工作委员会．建筑机电工程 BIM 构件库技术标准[M]. 北京：中国建筑工业出版社，2015.
[10]查克·伊斯曼，泰肖尔兹，等．BIM 手册：适用于业主、项目经理、设计师、工程师和承包商的建筑信息模型指南[M]. 北京：中国建筑工业出版社，2016.
[11]欧阳东．BIM 技术[M]. 北京：中国建筑工业出版社，2013.
[12]中华人民共和国住房和城乡建设部．建筑信息模型应用同一标准[S]. GB/T 51212—2016，2016.
[13]杨秀仁．城市轨道交通工程 BIM 设计实施基础标准研究[M]. 北京：中国铁道出版社，2016.
[14]秦军．Autodesk Revit Architecture 201x 建筑设计全攻略[M]. 北京：中国水利水电出版社，2010.
[15]何关培．BIM 应用决策指南 20 讲[M]. 北京：中国建筑工业出版社，2016.
[16]闫崇京．CAD/CAM 技术基础[M]. 北京：国防工业出版社，2013.
[17]Egle A，Harris A W，Bouillet P，et al. Bim is a suppressor of Myc-induced mouse B cell leukemia[J]. Proceedings of the National Academy of Sciences of the United States of America，2004.

参考文献